U0901559

人性 兽性

科考人本

Human Nature and Animalism
Science about the Essence of Man

宋健 著

人民出版社

责任编辑：涂 潇
装帧设计：周涛勇

图书在版编目（CIP）数据

人性·兽性：科考人本／宋健 著．–北京：人民出版社，2015.3
ISBN 978–7–01–013371–3

I. ①人… II. ①宋… III. ①人性论–研究 IV. ① B82-061

中国版本图书馆 CIP 数据核字（2014）第 060005 号

人性·兽性
RENXING SHOUXING
——科考人本

宋 健 著

人民出版社 出版发行
（100706 北京市东城区隆福寺街 99 号）

北京汇林印务有限公司印刷 新华书店经销

2015 年 3 月第 1 版 2015 年 3 月北京第 1 次印刷
开本：710 毫米 ×1000 毫米 1/16 印张：22.75
字数：284 千字

ISBN 978–7–01–013371–3 定价：56.00 元

邮购地址 100706 北京市东城区隆福寺街 99 号
人民东方图书销售中心 电话（010）65250042 65289539

目 录 CONTENTS

前　言

进化论肇始于 19 世纪，辉煌于 20 世纪。

150 年前的 1858 年 7 月 1 日，两位勇敢的英国人，49 岁的达尔文（Darwin, Charles Robert, 1809—1882）和 35 岁的华莱士（Wallace, Alfred Russel, 1823—1913）在伦敦林奈学会各自发表了关于进化论的论文，阐明世上千姿百态的生物物种是自然进化而成，人类的祖先不是天上来的，而是大地之子，由兽类进化而成。文艺复兴以降自然科学的伟大发现都没有涉及人类自身。哥白尼（Copernicus，1473—1543）把地球从宇宙的中心驱逐到太阳系的一个角落，但他终生担任基督教神职。牛顿（Newton，Isaac，1643—1727）一生相信神创论，他的力学三大定律无损于其信仰。进化论直刺基督教神学的心脏。人类竟与猿猴同宗，亵渎了人类的尊严，使世俗人们震惊。帝王和教皇的权利不是神授，而是人类自己的勾当，这激怒了一切封建主君、皇室贵胄和神学大儒，纷斥进化论为反动，宣称达尔文是欧洲“最危险的人物”。霎时间一场批判进化论的狂澜大波席卷英国。华莱士顶不住压力，向宗教界告饶，宣称他的进化论讲的是其他生物，不包括人类在内，人与其他有别，可能不是进化而来，而是神创的。赞成进化论的科学家也纷纷检讨，重新站队。达尔文的老师，最早提出寒武纪和泥盆纪命名的著名地质学家赛奇威克（Sedgwick，Adam，1785—

1878）的站队声明是："作为地质学家，我承认有很多证据表明生物是从低级到高级进化的。但是，作为一个虔诚的基督徒，这些证据还不能使我抛弃神创论。我为达尔文的错误而失望。"[1]只有少数不怕孤立的科学家，如赫胥黎（T. H. Huxley，1825—1895）和德国的生物学家海克尔（Haeckel Ernst, 1830—1919）等，顶住了社会压力，坚持始终为进化论辩护。达尔文不屈不挠，于1859年公开发表了《物种起源》这一革命性著作[2]，迅速被译成各种文字在欧洲广泛传播。宗教改革（1517—1648）和法国大革命（1789—1799）后，基督教已无力像烧死布鲁诺（Bruno G.，1548—1600）和终生监禁伽利略（G. Galilei，1564—1642）那样对达尔文进行迫害。

亘古以来，人们想当然认为，人类与其他动物相比是特殊的，古代神话和《圣经》都把人封于圣坛。基督教说人是神造的，神费了6天创造了天地万物：第1天开辟了光冥昼夜，第2天造了大气和海洋，第3天造山川草木，第4天造天际星辰，第5天造鸟兽飞禽，第6天造了一男一女，亚当和夏娃，人类的始祖。第7天神累了要休息，故至今人们都休礼拜日（《圣经 · 创世论》）[3]。中国人的始祖是神女，而黄帝是女娲用黄泥捏成的，故色黄。三皇之身智为神授，帝王是天子（《太平御览》引《风俗通义》），汉高祖是龙种（《史记》），明太祖是神裔（《明史》）。

进化论的要义是，世上物种是从简单到复杂，从低级到高级，种类由少变多，逐步演化而成，演化的动力是自然选择。因与观察相符，很快得到科学界多数人的支持。进化论把唯物论引入人类学，从根本上否定了神创论和皇权神授的观念，在自然科学和社会科学中引发了一场激烈的革命运动，点燃了全世界从新的角度研究生命科学的热情。

到19世纪末科学界已达成共识：动物进化，有如胎儿发育。脊椎动物始自鱼类，见之于古生代志留纪（4.3 亿—4.1 亿年前）。石炭纪（3.45 亿—2.80 亿年前）出现两栖类，二叠纪（2.80 亿—2.25 亿年前）出现爬虫，中生代（2.25 亿—0.65 亿年前）始有哺乳类，递新生代第三纪（0.65 亿—230 万年前）乃见灵长类。先有狭鼻猴，次生类人猿，无语言，降而能语，出现人类。此乃比较解剖、个体发生及脊椎动物化石所证明了的[4]。但是，因当时缺乏足够证据，物理学、地学尚未发达，很多疑难尚未廓清，如地层未定绝对年龄，遗传机制不明等，进化论尚是一种科学思想，故称为达尔文主义(Darwinism)。在人文领域，社会各界各取所需，滥用其概念，到 20 世纪 30 年代以前仍一片混乱。殖民主义抓住“物竞天择，适者生存”大旗，为其侵略扩张张目。资产阶级创制“自由竞争，优胜劣汰”经济学。“新达尔文主义”宣称穷人是劣等人，不能给予平等自由，否则人类必堕落[5]。纳粹德国要维护雅利安人种的“纯洁”，要“最后解决”犹太人、吉普赛人、以防“污染”。现代革命家们则深信，各民族的祖先都是平行进化而来，每人生来就是平等的，呼号为反殖民、反奴役、反压迫、争自由而战。

严复译《天演论》于 1898 年在中国出版时，清廷正处于大难之中[6]。杀了谭嗣同等变法六君子，赶跑了康有为、梁启超，暂时稳住了局面。《天演论》的传播，给了清廷更致命的一击，拆掉了封建王朝皇权天授的伦理支柱。耆老遗少们茫然无措，一片惊慌，僚儒们预感大厦将倾，遂提出:“旧学为体，新学为用”（张之洞:《劝学篇》）之谬妄，祈求稳住阵脚。以“生存竞争，适者生存”为中心思想的进化论一经传播，即成为中国先进知识界团结奋斗、救亡图存和维新革命的有力暗器。13 年后伟大的辛亥革命终于结束了中国延续 2000 多年的封建统治制度。

进化论昉起至今，现代科学突飞猛进，几乎每一学科的新发现和新理论都直接或间接支持了它的基本思想。物理学的进步为地史和古生物化石的测年提供了可靠的新方法，分子生物学发现并实验证实了生物遗传机制，动物学及比较解剖学对各物种的体态结构和生理特征有了更深刻的认知，地质学和古生物学找到了丰富的化石证据，缕清了大多疑难，为进化论提供了无可质疑的佐证，从而使达尔文的科学思想变成已被证实了的颠扑不破的真理，成就了一门精密科学—进化生物学的出现[5]。反过来，进化论科学地位的提高又进一步把现代科学稳置于唯物主义的基础之上，对自然科学和社会科学的各学科都产生了巨大影响。今天，在现代社会中的各领域，在政治、经济、文化、军事和生产、消费、医药等社会事务中，我们处处感到进化论的科学意义，享用着它的指导作用。

20 世纪自然科学对进化论的贡献，荦其大端如下。

居里夫妇（Pierre Curie，1859—1906，Marie Curie，1867—1934）于 1898 年发现放射性元素钋（Po）和镭（Ra）以后，建立了放射物理学，为测量岩石和化石的绝对年龄提供了新的可靠方法。爱尔兰大主教 1650 年出版的《旧约编年史》曾断言，神创地球于公元前 4004 年 10 月 23 日中午，地球年龄仅 5600 年，今已成笑柄。英国物理学家开尔文(W. Kelvin，1824—1907）猜想地球年龄为 2000 万—4000 万年。也有人根据海水含盐度积累速度推算地球年龄为 1 亿年；另据地质沉积厚度推算为 5.0 亿年。20 世纪利用放射性元素如铀 –238、铀 –235、钾 –40 等的半衰期已准确地测出天落陨石和小行星的绝对年龄，推知太阳系诞生于 50 亿年前。地球和月球同庚，年龄为 45.6 亿年。海洋已存在了 40 亿年。地质学家制定了井然有序的《国际地层时代年表》，精度在 10 万年以内。所有已发现的古生物化石都可按表入座，确定它生存的年代[7，8]。

地球生物进化全景史的测定已基本完成。38 亿年前（太古宙）

出现细菌、藻类等原核单细胞生命。20 亿年前（早元古代）出现硅绿藻、有孔虫等真核生物。10 亿年前（中元古代）出现珊瑚、水母、海绵等多细胞生物。5 亿年前（古生代奥陶纪）海洋中出现鱼类等脊索动物。4 亿年前（志留纪）水生动植物爬上陆地，此前陆上未发现任何生物痕迹。两栖类始见于泥盆纪（4.0 亿—3.6 亿年前）。陆上原始森林始于 3.6 亿—3 亿年前（古生代石炭纪）。恐龙等爬行动物和鸟类始见于中生代三叠纪（2.5 亿—2 亿年前），兴旺于侏罗纪（2 亿—1.5 亿年前）。恐龙灭绝于白垩纪末（6500 万年前）。哺乳类动物始见于晚三叠纪（约 2.0 亿年前），兴旺于新生代（6500 万年前至今）。最早的灵长类猿猴化石发现于新生代渐新世地层（3000 万年前）。与人类已很接近的南方古猿（Australopithecus）曾生活在 400 万—100 万年前。北京直立人（Pekinensis）、云南元谋人、陕西蓝田人（Homo erectus Lantianensis）等 50 万年以前即生活在华夏大地上，已掌握用火和制造使用工具技术，脑容量为 700 毫升—1000 毫升，比今人（1450 毫升）略小[9，10]。

分子生物学关于生物遗传机制的发现是 20 世纪最伟大的科学成就之一[11]。各物种如何能繁衍和父母基本相同的后代曾使数代科学家迷惘焦炙。奥地利中学教师、神父孟德尔（Mendel，Gregor Johann，1822—1884）做豌豆杂交试验，发现植物遗传因子分离和自由组合定律，1900 年才为世人所知，肇始了遗传学的研究[12]。美国遗传学家摩尔根（Morgan，Th. H.，1866—1945）长期从事果蝇遗传研究，证明遗传基因藏在细胞核中的染色体上，并找到了部分基因的位置，对遗传理论作出了奠基性贡献。20 世纪上半叶，英国、法国、美国、北欧的生物学家们在实验中发现，细胞生产的蛋白酶是催化细胞代谢的关键物质，是由基因控制的，提出“一个基因对应一种蛋白酶”的假说，后来由实验所部分证实。

到20世纪40年代末，科学界已了解染色体中载有遗传基因信息的物质是由4种核苷酸（腺嘌呤A，鸟嘌呤G，胸腺嘧啶T，和胞嘧啶C）联接成的脱氧核糖核酸（DNA）化合物。1953年4月25日出版的英国《自然》杂志刊登了美国遗传学家沃森（Watson J. D., 1928— ）和英国生物学家克里克（Click F. H. C，1916—2004）的一篇论文《核酸的分子结构》，提出了DNA的双螺旋结构的分子模型，阐明了遗传物质DNA的结构、生化和遗传特性，完美地解释了生物能准确遗传后代的生化机理是DNA的双股互补复制，这一发现立即得到了全世界科学界的赞扬，沃森、克里克和威尔金斯（Wilkins M. H. F.，1916— ）一起获1962年诺贝尔医学和生理学奖[13，14]。

从19世纪初到20世纪中叶，成千上万的科学家们接续努力，终于明白了生物遗传的基本原理，原来所有物种的细胞中都有数条染色体，上面负载着遗传物质DNA。人的每个体细胞都是双倍体，有23对染色体，生殖细胞（精子、卵子）都是只含有23条染色体的单倍体。精子卵子会合形成受精卵，受精卵为双倍体。20世纪60年代国际遗传学会商定了命名办法，按染色体长度排列，1号—22号为常染色体，第23对XX（女性）和XY（男性）为性染色体。人的DNA总长度为3×10^9个核苷酸。20世纪末开始的人类基因组测序计划已经完成，每条染色体上的DNA精细结构已经被确定并公之于众。到21世纪初已完成数十种动植物的DNA测序工作。对各种生物的遗传物质DNA序列的对比分析表明，人和其他生物的遗传基因有密切的亲缘关系，他们的DNA有相当部分是相同的。人与其他哺乳类动物的DNA重叠在75%以上，甚至与细菌、酵母、线虫等低等生物也有15%—40%的重叠[15]。已辨认出相当数量的基因是共同的，称为祖传基因（Orthologous genes）。人的23对染色体中有135个片断与最原始的文昌鱼（Aphioxus）的相同，重合部分达95%[16]。珊瑚虫的

1300个基因中发现有90%与人的相应基因相似[17]。这为生物进化同源说提供了最有力的证据。

研究比较各种动物的身体内外结构和生理功能的异同，称为比较解剖学。20世纪又有无数新发现[18, 19, 20]。人和真兽类（哺乳纲真兽亚纲,33个目,120个科,4500个物种）的解剖结构有根本的相似性。皮肤结构和功能相同，都分为表皮和真皮两层，内有乳腺、脂腺、汗腺、味腺等腺体。真兽类骨架与人大同小异，都分成颅骨、躯干骨和附肢骨三部分。脊椎的构造相同，颈椎都是7节，胸椎12节—13节（人类12节），腰椎5节—8节（人5节）。只有人的骶骨和尾骨与有尾巴的兽类稍有差别。人与猿类的附肢骨架完全相同。肌肉分为随意肌(即骨骼肌，受躯体神经系统直接控制可随意运动）和非随意肌(即平滑肌、心肌，受自主神经支配)。神经系统复杂性不同，但解剖结构相同；都有中枢神经和自主神经系统；大脑，分为脑干、间脑、小脑和端脑，都有脊椎神经丛，为大脑传递信号。灵长目都有一对眼睛，视觉结构相同。所有兽类的耳朵都有听觉和重力定向两个用途。真兽类消化系统都与人相同，由口腔、咽、食管、胃、小肠（十二指肠、空肠、回肠)、大肠（盲肠、结肠、直肠、肛管）和消化腺（唾液腺、肝、胰）构成。都有两套牙，乳齿和恒齿；灵长类有18颗—36颗牙。人和类人猿的牙列都是32颗，每象限2个切齿、1个犬齿、2个前臼齿和3个臼齿。血液循环系统中，鸟类和兽类的心脏都有功能相同的4个腔(左心房、左心室和右心房、右心室)，两栖类3个腔，鱼类2个腔（1房1室)。所有兽类的泌尿系统都由2个肾、输尿管、膀胱、尿道组成。雌性生殖系统中有双卵巢、双输卵管、单子宫，雄性有外挂阴囊、睾丸、精囊、输精管、前列腺、阴茎。怀孕期猿猴亚目140天，狐猴132天—134天，猕猴146天—186天，长臂猿210天，黑猩猩250天—290天，人269天。平均寿命狐猴15年，猕猴25年—

30年，黑猩猩40年—60年，人70年—95年。内分泌系统都有肾上腺、胰腺和分布于各处的性腺等[10，20，21，22]。

20世纪的生物学、动物学和分子生物学已证明了人和猿、猴这些灵长类动物有共同的祖先，与哺乳类动物同宗，与地球上一切嘸类同源。人在生物分类学中的地位已毫无疑义地被判属于动物界，脊索动物门，脊椎动物亚门，哺乳纲，真兽亚纲，灵长目，类人猿亚目，人超科中的人科、人属和唯一的现代智能人种。黑猩猩、倭猩猩和大猩猩是人类最近的堂亲，于500万—700万年前分途进化。长臂猿和猕猴等灵长类是人类的远亲，分歧进化于1800万—2500万年以前。灵长目与其他兽类分歧于约6000万年前。现存于西非的倭猩猩（俗名Bonobo，学名Pan paniscus）与人类的亲缘最近[10]。发生于30亿年前的原核单细胞生物是地球上一切生物之源。从单细胞生物到现代人类是一个30多亿年的不断的进化链。达尔文曾推测，在现存不同动物群之间一定存在过中间过渡型动物，它们的化石大多被20世纪的古生物学家们找到了。

现在生活在地球上的所有人类，无论肤色、民族、语言如何不同，都属于同一个人种，即现代智人（Homo sapiens）。数万年前地球上生活过多种不同的人种，如南方古猿，欧洲的尼人（Neanderthal man）等或者已灭绝，或者已相互融合。现存的人类，任何民族之间都可以通婚和生育身体健壮和智力正常的后代。基因序列分析表明，同卵双胞胎的DNA完全相同，同胞兄弟的DNA有99.95%以上是相同的，世上任何两个现代人的DNA相同部分都在99.9%以上，而人类与其近亲黑猩猩的DNA相同部分只有95%左右。

在最近200万年的历史上，全球各大洲之间发生过多次人群大迁徙。可辨认的有：从非洲向欧洲和亚洲的迁移（180万年前、40万年前、5万年前），从亚洲向非洲和欧洲的迁移（3万年前），从亚洲向北美的迁移（1.5 万年前），从亚洲向大洋洲和太平洋诸岛的迁移（2 万年前）等等 [8]。近年对母传线粒体和父传 Y 染色体的基因序列对比分析表明，无论是白种人、黑种人、黄种人或棕种人，大家有共同的祖先，属于同一个现代智人人种，不存在生物进化程度的差异，没有优劣之分。各民族的差异仅在于历史、文化和环境的不同，即后天获得的性状有别。殖民主义者和种族主义者的“优劣民族论”已被科学所彻底推翻。全世界各族人民是同祖同宗的大家庭。

试想每一个人都必须有父母、祖父母和外公外婆，缺少任何一位你就不会出生。向上类推，5 代前应有 32 位玄祖；10 代前有 1024 位嫡祖；20 代前直系祖先超过 100 万。易推知，人数为 N 的同宗人群的共同祖先当在 n 代以前，$n=\log^2 N$。按中国名人家谱，过去 2500 年间，平均每两代人间隔约为 30 年，传衍 30 代需要约 1000 年，那时你的遥祖父母超过 1000 万人。最近有数学家证明，凡生活在（1.77n）代以前的并留有后代的每一个人都是今人的直系祖先 [23]。换言之，今天全球人类的基因总和是一个早已混合无垠而不均匀的庞大基因库，各民族“你身上有我，我身上有你”。史前社会在中国江河平原种稻黍的先人，在埃及建金字塔的劳工，在欧洲狩猎驯马的乌克兰人等，都是我们每一个今人的直系祖先。

人类能进化到今天的优秀和强大，胜过一切其他动物而统治着整个世界，是因为我们获得了理性，即认知世界、概念思维、逻辑推理和创新的能力，也就是认识世界、适应环境和局部改造环境的能力。动物学研究表明，其他动物如灵长目也有初等的认知、简单的思维和粗浅的推理能力，但都不如人类的能力那么强大、系统和深刻。只有人类具备理性思维和行为能力。

人的理性包括感性认知，学习记忆，思维推理和智能创新四部分。

感性认知是通过观察和接触，认知周围事物的特征性属，形成概念，区分类别，认清其相互关系。动物认知食物和猎物，鼠见猫逃窜等，多是先天遗传技能。除高级灵长类外，都不能在镜子中认出自己的影像，经长期训练也不成。学习记忆是人类特有的能力，发达的大脑是浩瀚记忆力的物质基础。符号语言和文字是思维和表达思想的工具，积累和传播知识的手段，是人类独有的后天习得的技能。能根据积累的经验和知识对事物进行分析判断并作出推论是人类智慧的表现。强烈的好奇心和求知欲，良好的悟性，探求真理的勇气和为集体利益的献身精神使人类获得了独一无二的创新智能。伟大革命事业的成功，现代科学技术的发展，人类生存条件和健康水平的提高等都是人类智能创新的产物。

理性是后天获得的能力，灵敏的受感器官，可靠的神经系统和强壮的大脑等是理性的物质基础。生物学实验表明，后天习得的性状和能力不可能遗传子代，至少短期内不能[5, 24]。每代新人的理性要从头学起，靠社会文化（制度、习俗、道德、风尚）和教育塑造而成。社会文化的进步和教育制度的完善是培育公民的良好品德、优越智慧和坚韧的创新精神的必要条件。没有先进文化的陶冶和良好的教育而指望天赋予睿智美德是与科学规律相悖的。

人是社会性动物。文化是人类社会在历史发展中所创造的物质财富和精神财富的总和，包括生产和生活方式、语言文字、风俗习惯、政治制度、法律规范、道德观念、科学技术和文学艺术等。人的理性是从社会文化中，即群体的经验、知识和习俗中通过模仿、传播、学习和教育获得的能力，只有在社会生活中才能表现出来。新生儿都是文盲，生来即孤单孑立与社会隔离的人无理性可言，连语言都不可能掌握。考古发现，人类文化于新旧石器交接时代（1万年前）发生了急剧进步，称为“文化大跃进”，从采集狩猎到农耕畜牧的转变是人类历史上一次最伟大的文化革命，在5000年的时间内传遍全世界。开始于18世纪的产业革命200年内就扩散到全球。一场革命可在数十年中改变一个国家的政治制度和社会习俗，一项新的发明创造数年内就能普及到全社会，改变人民的生产和生活方式。

文化的飞速进步与人类基因进化的缓慢形成鲜明反差。人的肌体结构、生理功能和大脑容量在最近5万—10万年内没发现有可观察到的变化。进化分子生物学的观察指明，在正常情况下，人类基因组每代合子（受精卵）中的DNA上核苷酸变化约为5×10^{-5}，每代子女与父母相比最多有1—2个基因有些微变异。只有经过千百代的积累，人的生物特性才可能出现可察觉到的变化。所以人类文化的进步、社会的发展与基因进化没有直接关系。搬用生物进化规律去解释社会现象，像“社会达尔文主义”，用“物竞天择，适者生存”去圣化资本主义的残酷剥削，以“优胜劣汰”为奴役掠夺弱小民族的殖民主义辩护，都没有任何科学根据，已被科学界彻底摒弃。

然而，人的生物性本质是社会文化发生和进步的总根源。文化总是围绕人类的生存、发展和繁衍后代而展开。宗教的本意是要人们寄希望于幸福的天国和美满的来世。鲁迅说，文学艺术也是在生存斗争中产生的，最初是功利的，如无功用，事物就不见得美了[25]，爰爱情成为文学艺术不朽的主题。国家制定法律法规，规定社会政治和经济制度，规范社会生活中的人间关系，保障生活和生产活动秩序，保护人民的生存和发展权利，盖应以保护和提升人性为底。此故社会主义旗帜上写着以人为本。任何信仰、政治理论和主义都应该有益于人类的生存和进步，否则人们不会接受它。总之，是人的生物本质牵引着社会文化的发展和进步。

20世纪的社会实践和科学成就都提醒我们，人类不应该陶醉于自己智能的增长，思想的进步，科技的成就和对自然界的某些胜利，绝不要忽略人的动物性这个本质。不管我们的事业取得了多么辉煌的成就，即使走出了地球，登上了月球，也可能造访火星，都不可能改变我们生存的物质基础，我们的躯体连同我们的血、肉和头脑都产生于和存在于自然界。人类是地球上30多亿年的生物进化链中的一环，我们已彻底适应了这个自然环境，每一滴血、每一种行为、每一种思想、每一种理论、每一种主义都是这个自然界的产物。人不能成仙，自然界不能超越，更不能破坏，否则就是人种的堕落、死亡和灭绝。航天科学的实践已充分证明，宇航员要飞往地外星球，飞船上必须有类地的人造环境，否则就不能生存。

人类的生物性本质和其他哺乳纲动物，即真兽类（Theria）是共同的，科学界通称为动物性或兽性（Animalism 或 Therium）。古人以“禽兽”当恶骂，“无君无父是禽兽也”（《孟子·滕文公》），有如“鬼魅”、“恶魔”，文学夸张而已，并非物名。命题正名时就有“二足而羽谓之禽，四足而毛谓之兽”(《尔雅·释鸟》)，灵长目动物也都是兽，并无贬义。人本四足寡毛，叫“裸猿”，誉兽无愧，庶几有助于把人从自封的神坛上请下来，归乎自然。

20世纪末分子遗传学又发现人还有虫性遗风。人的基因中有100个—200个与细菌相同[17]，与线虫、昆虫、珊瑚虫等有共同的祖传基因，有的重叠高达40%[26]。“古人君子，每以禽兽斥人，殊不知便是昆虫，值得师法的地方也多着呢。”(鲁迅:《华盖集》)。恩格斯说：“人类来源于动物界这一事实已经决定人永远不能摆脱兽性。所以问题只能是摆脱的多些或少些，在于人性和兽性在程度上的差别”[27]。

倘若把人的生物性称为兽性，则人性等于兽性加理性。兽性来自遗传，基因万年笃守，千年不见有变。理性获自文化陶冶和教育，随社会发展和科学进步而迅速变化。近代进化生物学者们一致认为，兽性难改，理性的可塑性却很大。文化、科学和教育是推动人类文明进步的机杼。即使人的兽性万年不变，社会发展和文明进步总在提升着人的理性，增益着人性的光辉。

后天获得的理性，如科学、文化能否影响人的兽性进化？科学界仍有争论。20世纪生命科学主流仍然否定法国拉马克（Lamark,Jean-Boptiste 1744—1829）的“用进废退的获得性状”可遗传后代的理论，认为缺乏实验证据。也有科学家认为，科学文化的进步会影响甚至操纵人的遗传特性，如优生优育、基因修饰和治疗，使后人免疫能力更强，变得更健康，更聪明，那是可能的。

后工业社会和计划生育政策改变了马尔萨斯和达尔文倚重的人口以几何级数增长的“自然规律”，这是社会、文化对人类遗传性能影响的典例。然而要想脱离人的生物学基础，把人变成神仙，那是万万不可能的。

“人世难逢开口笑，上疆场，彼此弯弓月。流遍了郊原血”（毛泽东：《贺新郎·读史》）。人类有史以来就战争不断，灾难频发，尤以20世纪为烈。已进入工业文明时代的人类，却发生了空前规模的两次世界大战和200多次局部战争，死伤2亿多人口。引起战争的原因多不胜类，对人性的谬释和理性的丧失是很多不义战的根源。自诩为“优秀民族”，长达500年的殖民主义（1450—1950），清除“劣类”以防“血缘污染”的法西斯主义，搞民族隔离和剥夺公权的种族主义，煽动种族仇恨，耸暴致大众恐惧的恐怖主义等，进化论兴起后的现代科学已经证实了这些虚幻的荒谬和这类政策的反动。

充分了解进化论以来生物学和人类学的最新成就，深切理解人的生物本质、理性进步的必要条件和能达到的高度，对各级政府、公务人员和社会工作者正确把握人性天道，汲取史鉴，理解和建设以人为本的理性社会都十分重要。

第一篇　人之本

人类来源于动物界这一事实已经决定人永远不能摆脱兽性。所以问题只能是摆脱的多些或少些，在于人性和兽性在程度上的差别。

——恩格斯:《反杜林论》

亘古以来，人们总是想当然地认为人类与其他动物相比是特殊的，由特殊材料构成的。在没有任何科学解释之前，世界各族不约而同地认为人类祖先是神造的，从天上来的，或从外星来的。这种信念持续了数万年。仅150年前才有两位勇敢的英国人，达尔文和华莱士，创立了进化论，推翻了神创论，证明人类祖先不是天上来的，而是大地之子，由兽类经自然选择进化而成。这个超革命性的科学发现曾引起了全世界人们的震惊、恐慌和愤怒，受到宗教界的激烈反抗。20世纪自然科学已彻底证明了进化论是不容置疑的真理。人和猿、猴这些灵长类共祖，与哺乳动物同宗，与地上一切噍类同源。人在科学分类中的地位已毫无疑义地被判属于动物界，脊索动物门，脊椎动物亚门，哺乳纲，真兽亚纲，灵长目，类人猿亚目，人超科中的人科、人属和唯一的现代智能人种。

1.1　大地之子

神创论

中国古人认为人祖乃天之子。传说女娲炼石补天，用黄土捏造出人来。三皇五帝是天生的圣祖。山西洪洞至今仍存女娲陵寝受人祭祀。云南苗、侗族人曾视女娲为始祖。中国神多，各司其责。日月星辰，风雨雷电，山江河海，龙凤鹤龟，各由不同神司。村村土地庙，家家有灶神。

约公元前200年，发源于西亚的犹太教和后来出胜的基督教认为，天上的神只有一个，即上帝，是谓一元神论。人是上帝创造的。《圣经》(新、旧约全书）说，神花了六天创造了天地万物，今称之为特创论（Creationism)。第一天划定了冥阳昼夜，第二天澄清了空气和水，第三天造了山川草木，第四天宇宙星辰，第五天鸟兽虫豕，第六天造了一双男女，亚当和夏娃，人类祖先。第七天，神累了，要休息，后人爰随休礼拜天。爱尔兰大主教詹姆斯·厄谢尔（Issher, James，1581—1656）毕生研究《圣经》，在《旧约编年史》(1650）巨著中宣布：神创地球于公元前4004年10月23日中午，为后来欧洲史学家们和公众所戏谑。

伊斯兰教的信仰是，七层天上的真主安拉（Allah）创造并统治着世界。真主的语录是天经原本，由圣灵天使哲卜利勒传给了先知穆罕默德（Muhanmmad B. Abdullah，570—632），这就是用阿拉伯语写成的《古兰经》。

欧洲文艺复兴（15 世纪）前后相当长的时间内艺术界、科学界和整个知识界主流仍然相信人是神创造的。意大利的伟大诗人但丁（Dante，1265—1321），艺术大师乔托（Gitto，1266—1337），博学的达 · 芬奇（Da Vinci, Leonardo，1452—1519），雕塑家米开朗基罗（Michelangelo Bunoarroti，1475—1564）等都是虔诚的天主教徒。现代科学先驱哥白尼（Copernicus, Nicholas，1473—1543）建立了日心说，把地球从宇宙的中心拉到太阳系的角落，动摇了基督教的基本信仰。他毕生任职于天主教会，在弗龙堡教堂僧正职务上去世。他的《天体运行论》并不否定神创论，只想在个别问题上修正和完善教会信仰。现代物理学奠基人牛顿直到晚年仍坚持神创论，申明宇宙天体的运动是因上帝给了“第一次推动”。

古代也有一些思想家，如古希腊的柏拉图（Plato，前 428—前 348）、亚里士多德（Aristotle，前 384—前 322）、中国的老子（约前 550）、墨子（前 468—前 376）等提出过物质演化成万物的理念。最有代表性的是老子的“道生一，一生二，二生三，三生万物”（《老子》），“道”是万物之本源。按逻辑推论下去，人也是由物质演变而成。但老子没有达到这一步，没说道如何生一。过了 1000 多年，文艺复兴以后，欧洲知识界转向观察大自然，逐步发现万物之间，特别是生物之间有密切联系。法国启蒙思想家、法国科学院院士伏尔泰（Voltaire，1694—1778）、物理数学家笛卡尔（Rene Descartes,1596—1650）、生物学家拉马克（Lamarck, Jean-Boptiste，1744—1829），德国科学家莱布尼兹（Leibniz，1646—1716），瑞典的生物学家林奈（Linne, Carolus Linnacus，1707—1778）等都相信神创论，但都发现了生物界各物种之间的依存关系。林奈首创了生物的科学分类法和物种命名的双名法，至今在生物学中使用。

进化论

动摇神创论的决定性一役发生在19世纪中叶，迄今150年前。英国博物学家达尔文和华莱士于1858年7月1日在伦敦林奈学会上各自发表了关于物种进化的自然选择原理的论文。第二年达尔文出版了《物种起源》一书。他们创立了进化论学说，主要论点是：地球上千姿百态的生物物种的出现是在大自然环境中按适者生存的自然选择和物种进化的结果。人也是由其他动物进化而来[2]。华莱士和达尔文的演讲和书引发了轩然大波，遭到了宗教界的仇视和很多人的激烈反对，说进化论亵渎了人类的尊严。1860年在牛津召开的英国科学协会上，主教佛思（Wilber Force）宣布达尔文是“欧洲最危险的人物”。连达尔文的老师，著名地质学家塞奇威克（Sedgwick, Adam，1785—1878）也被迫申明“为达尔文的错误而失望”[1]。华莱士不得不向宗教界和世俗舆论妥协，声明他的理论不包括人类，人可能与其他动物有区别，不是由进化而来，而是神创的。这一冲突使《物种起源》大受注意，很快被译成各种文字，在全世界流传，逐步为科学界所了解。

达尔文22岁时以博物学家身份随英国海军考察船贝格尔号(HMS Beagle）作环球考察5年（1831—1836），到过南美、非洲、大西洋、太平洋和印度洋，观察了世界各地的动植物分布特点，采集了大量化石标本，观察过火山，访问过尚处野蛮状态的火地人。1837年他主持编写了《贝格尔号旅行期间动物志》[28]。特别在加拉帕戈斯群岛各岛上（Palapagos Islands，今属厄瓜多尔）看到有形态相似而不相同的鸟和龟，最好的解释是它们有共同的祖先，因环境不同而相互隔离，经物种变异而逐渐分化。达尔文想到人工选择育种能培养出不同性状的动植物，大自然的环境条件也会对物种进行选择，适应能力强的会生存下来并繁育后代，不适者会死亡灭绝。这样，经过对很多标本和化石的观察，达尔文提出了生物进化论的基本思想。华莱士比达尔文小 14 岁，自学成才，自幼对植物学有浓厚兴趣。1848 年—1852 年间到过南美亚马逊流域，1854 年—1862 年独往马来群岛采集动植物标本，并靠出卖标本为生。1858 年写了关于进化论的论文，认为生存竞争、适者生存是生物界进化的原因。他把论文寄给了在伦敦的达尔文，后者发现华莱士的论点与自己的观点一致。在友人的劝告下，1858 年 7 月 1 日二人在伦敦林奈学会同时发表了论文。后来科学界称达尔文和华莱士并为进化论的奠基人，其中达尔文的贡献最大。

进化论一经出现，在全世界科学界引起了革命性反响。由于这个理论与生物学、地质学、特别是古生物学的观察相符合，很快得到了科学界的广泛支持。最重要的是，它使现代科学彻底摆脱了神创论和类似的唯心主义影响，全面地转至唯物主义的哲学基础上来。现代科学的共同理念是一切真正的科学研究探索、发明创造和推广应用都应建立在唯物主义的基础之上，否则不能列入现代科学范畴之中。特创论及其变形不属于现代科学[18，29，20，10，30，3]。

达尔文以后，对进化论的讨论、争论、修改和发展从未停止过。宗教界至今不接受进化论，坚持认为人是神造的，企图用神学去解释最新的科学发现。也有不少人在神学和科学之间摇摆。例如，前面提到的英国著名数学和地质学家塞奇威克是最早提出寒武纪和泥盆纪命名而对地质学有过重大贡献的科学家。他说：“作为地质学家，我承认有很多证据表明生物是从低级到高级进化的。但是，作为一个虔诚的基督徒，这些证据还不能使我抛弃神创论。”美国有些宗教力量占优势的州至今仍然不同意在中学教科书中讲进化论，或者要求同时讲进化论和神创论。20 世纪末还有少数人觉得进化论尚无法解释如眼睛、大脑神经系统这类极为精确而复杂的器官的进化过程，提出在某个历史时期存在过一种“事先设计和指导发育”的超自然力量才有可能出现这类生物器官。持这种观点的人被称为“智能设计派”(ID, Intelligent Design)。这种带有神创论色彩的观点也已被科学界所否定和拒绝 [31]。

漂浮的大地

人是大地之子，这“大地”是否一直是现在这样？世界上的一切无时不在变化之中，这是唯物辩证法的核心。地球是一个水球，海洋占表面积的 71%。大地——地球上的陆地处在不断变化之中，真正是陆海沧桑，这是 20 世纪经科学证实了的一个惊人的发现。德国科学家魏格纳（Alfred Wegener, 1880—1930）在 1915 年出版的《大陆和海洋的来源》一书中提出大陆板块学说，认为近在中生代侏罗纪前（2 亿年前）所有今天的五大洲都曾聚在一起构成一个“泛大陆”(Pangaea)，后来分裂成数块，各自漂移到今天的位置。由于当时缺乏对产生这种漂移的机理分析和足够的观察证据，这个理论曾长期被地质、地理和生物学家们拒绝，甚至遭到嘲弄和批评。直到 20 世纪 60 年代以后，地质学家们才在大洋底部发现了新的证据。原来大西洋和印度洋的洋底都有纵横上万公里的海岭，东太平洋也有数千公里长的海丘。沿这些丘岭由火山岩（玄武岩）构成的地壳在垂直于中脊的方向上有向外扩张的运动。沿大西洋的中脊不断有熔岩冒出，导致洋壳扩张，向欧、非和美洲移动，从而引起了地壳的运动。观察还

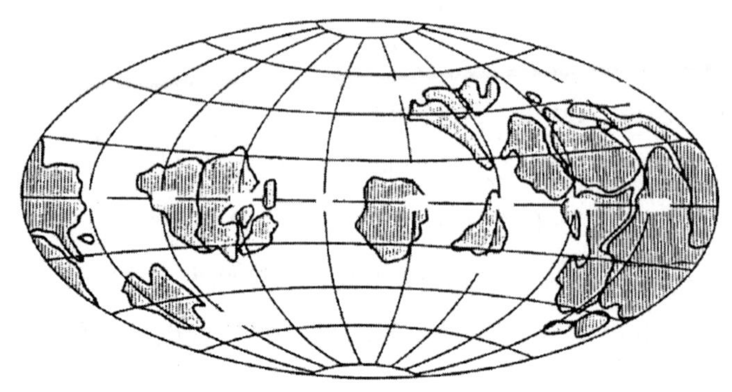

(A) 寒武纪(5.7—5.1 亿年前)早期的地球大陆分布

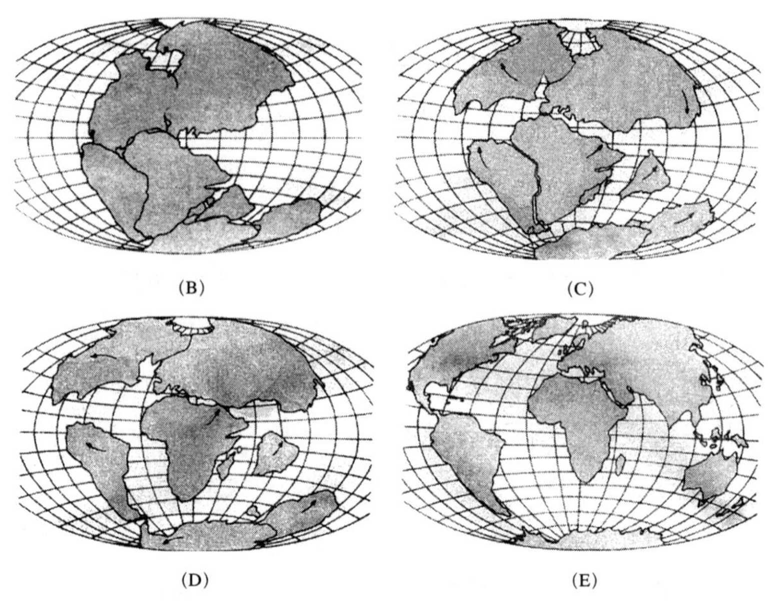

(B)

(C)

(D)

(E)

图 1.1–1　过去 5 亿年内地球大陆的漂移。(A) 寒武纪(5.5 亿年前)的大陆呈小块分布。(B) 2 亿年前(中生代三叠纪)有过一个统一的泛古大陆(Pangaea)。(C) 中生代侏罗纪(1.45—2.0 亿年前)泛大陆分裂,部分留在北半球为劳亚古陆(Lourasia),南半球形成冈瓦纳古大陆(Gondwana),(D) 中生代白垩纪(0.65—1.45 亿年前)冈瓦纳大陆分裂,南美洲与非洲分开,印度板块北漂,澳大利亚仍与南极洲连在一起。(E) 澳洲与南极洲分离北漂。印度板块于新生代渐新世(约 3000 万年前)撞入亚洲,成为亚洲次大陆。欧洲与北美分开使大西洋两侧封闭,形成今天的格局。注意过去 5 亿年间中国华北始终处于北半球温带 [33, 30]。

表明，地球的地壳和上地幔平均厚度 100km—150km，并不是铁板一块，而是分成七大块和夹杂一些小块，板块之间有缓慢的相对运动，这就是板块漂移。两个板块的相对运动在边界上引起挤压或潜没，常引发大地震和火山爆发。印度板块是新生代始新世（约 3000 万年前）漂撞和潜沉到亚洲大陆块之下，挤升了喜马拉雅山脉和青藏高原，到更新世早期（200 万年前）终于隔断了印度洋上吹向新疆和中亚的风雨，导致中国原风调雨顺的大西北成为沙漠，北方变得干旱缺雨[32]。20 世纪下半叶古地磁学、地震学、地层学和古生物学、古地理学等学科获得的大量资料证实了大陆漂移学说的成立，现在已被科学家公认为是 20 世纪里程碑式的成就（图 1.1–1）。

生命孤舟

发生于中生代和新生代的大陆重组对地球上的生物分布和进化过程发生了重大影响，一直波及今天。这是恐龙灭绝、哺乳类动物发生和大发展的革命时代，人类就是在这个地球大革命的后期从哺乳动物中脱颖而出的精英。

地球上空的大气也在不断变化。稠密的大气层是地球一切生物和人类的保护鞘，防止太阳和宇宙空间来的紫外射线、陨石和小天体对生命的致命性危害。90% 的大气被压缩在低空，少量分布在高空，边界可达数万公里。今天的大气成分，N_2 占 78%，O_2 占 21%，其他气体（H_2O、CO_2、Ar 等）占 1%。大气中的 O_2 是今天一切靠氧化食物取得能源而代谢生存的所有生命的命根子。一个人可以十天不吃东西，一两天不喝水仍能活下来。但是，只要 5 分钟没有氧气供应就会窒息而死。地球科学和古生物学已有充分证据，地球诞生于 45.6 亿年前，早期的大气中没有自由氧，主要成分是 N_2、H_2O、CH_4、NH_3

和 CO_2 等。30 亿—35 亿年前地球上出现了靠光合作用从太阳光中汲取能量的藻类和其他微生物，分解 H_2O 和 CO_2，合成糖（葡萄糖 $C_6H_{12}O_6$）和淀粉（多糖）以自养，把产物 O_2 放入大气：

$$6H_2O+6CO_2+\text{光能}\rightarrow C_6H_{12}O_6+6O_2 \qquad (1.1\text{–}1)$$

从此大气中的 O_2 含量逐步增加，到 20 亿年前才稳定下来，为以后的古生代寒武纪（5.7 亿—5.1 亿年前）多细胞生物大发展创造了条件。

由于地球上有光合能力的植物日益增多，大气含氧量在古生代和中生代仍继续增加，过去 2 亿—5 亿年内又增长了 2 倍 [34]，逐步达到现在大气中的含氧量 [35]。（见图 1.1–2）据生化学家估算，全球生物每年靠光合作用从大气的 CO_2 中净吸收 1.1×10^{13} 吨有机碳，放出 1.5×10^{13} 吨 O_2 进入大气 [36, 33]，使大气中的氧 200 年循环一次，始终能保持大气含氧量的稳定平衡。一旦地球生态被破坏，森林伐尽，草地消失，湖海污染等使光合自养生物大量减少，大气中的 O_2 失衡，含氧量将减少，会影响地球上所有生命的安全 [37]。

20 世纪和正在进行的航天空间探测已经清楚地表明，地球是太阳系中唯一幸运的行星，也是唯一的绿洲，它离太阳 1.5 亿 km，不远不近，表面温度不高不低，保持了大量液态水的持久存在；绕太阳运动轨道几成圆形，周期不长不短；日照强度变化很小，地球自转轴倾斜 23º26'21"，四季分明；从而成为生命可持续生存和发展的摇篮。在漫长的历史长河中任何意外事件都可能发生，例如遭小行星碰撞而出轨，在随太阳绕银心作周期运动时（周期 2.5 亿年，绕银心运动速度 250km/s）受其他天体的摄动，或吸收星际物质使质量变大，都可能使地球偏离现在的轨道使生态条件恶化。离太阳再近一点，地球会变成类似金星那样，地表温度升高到 100℃以上，大洋的水会全部蒸发，海洋、湖泊、河流都会消失。如果离太阳再远一点，在类似火星或更远的轨道上地球表面变冷，成为冰球，高等动植物不能生存，也

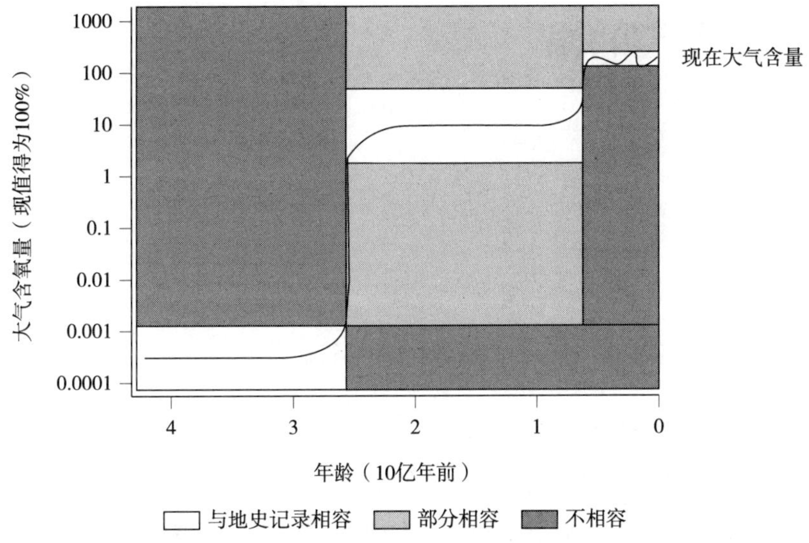

图 1.1–2 地质学从地史记录和岩石分析推测的大气含氧量变化 [37]

就没有了人类的生存条件。然而，在 45 亿年的历史上，这一切都没有发生过，万幸矣哉！现在全世界关于爱护、保护地球的理由是充分的，千万不要任性地、轻率地去破坏和改变太阳系中这个唯一能维持生命的孤舟。

1.2 人类的根

20 世纪关于人的科学取得了突破性进展。对人类的出身、祖先的来历，与其他生物特别是与灵长类的亲缘关系，现代人进化程度和达到的高度都有了确切的认识。物理学、化学、地质、天文、古人类学、生物学和医学等自然科学都对此做出了贡献。

地球年龄

首先，人类在地球上已生活了多少年？人类祖先何时来到地球大地上？地球本身有多老？直到 20 世纪初，这些问题没有人能回答。地质学家们于 19 世纪制作地层年表时未能准确判断地球本身的年龄。1909 年以前，英国物理学家开尔文曾猜测地球年龄在 2000 万—4000 万年之间。有人猜想原始海水可能是淡水，河水每年把盐分带入海洋，使海水盐度逐步增加到目前的 3.5%。根据对河水含盐量的测量估算出海洋年龄只有 1 亿年。还有地质学家通过测量地球表面最大沉积层厚度（15000m）和沉积速度（每千年约 0.3m）估算地球年龄不超过 5 亿年[38]。美国物理化学家博尔特伍德（Boltwood, 1870—1927）于 1907 年用放射性同位素测年推算出地球年龄为 20 亿年。

居里夫妇于 1898 年发现放射性元素钋（Po）和镭（Ra），为放射物理学开辟了道路，也为测量岩石和生物化石的绝对年龄提供了可靠而有效的新手段。根据实验测知，所有放射性元素都有随时放出电子（β 粒子）或氦核（α 粒子）而衰变成原子序数小或原子量轻的新元素的可能。每秒钟发生衰变的原子数 R 与所观察的总原子数 N 成正比，不受环境条件的影响。记 λ 为比例系数，也称为衰变常数，可在实验室内准确测出：

$$R=\lambda N, \tag{1.2–1}$$

用 $\frac{dN}{dt}$ 代替 R，得微分方程

$$\frac{dN}{dt} = \lambda N, \tag{1.2–2}$$

它的解是

$$\frac{N(t)}{N_0} = e^{-\lambda t} \tag{1.2–3}$$

上式内 N_0 是 t=0 时的原子总数，N（t）是 t 时刻未衰变的原子数，e=2.7182818…是自然对数的底。被观察的原子总数衰变一半，即 $\frac{N}{N_0} = \frac{1}{2}$ 所需要的时间，记为 $T_{½}$，称为该放射性元素的半衰期。从（1.2–3）式可求出：

$$T_{½} = \frac{\log_e 2}{\lambda} = \frac{0.69315}{\lambda} \tag{1.2–4}$$

再记 D 为试样中 t 时刻以前已衰变了的放射性原子数，D=$N0$–N，N 是未衰变的原子数，易于算出：

$$D=N_0\ (1–e^{\lambda t}), \tag{1.2–5}$$

该试样的年龄 t 应该是：

$$t = \frac{1}{\lambda} \log_e\left(\frac{D}{N} + 1\right) \tag{1.2–6}$$

另一方面，每一种放射性元素衰变之后都产生一种新元素，只要测出

衰变产物的原子数就可以求出（1.2–5）式中的 D，从而可按（1.2–6）式求出试样的年龄 t。试样中衰变前后的原子数可在实验室中用质谱仪精确地测到。下表 1.2–1 中列出测量岩石或化石常用的几种放射性同位素的名称、衰变产物、半衰期和适宜的测年范围。表内元素左上标为原子量，右下标是原子序数。

表 1.2–1　测量地质年代的几种常用放射性同位素

放射性同位素	衰变产物	半衰期（年）	适宜测年范围（年）
钐–147（$^{147}Sm_{62}$）	钕–143（$^{143}Nd_{60}$）	1.06×10^{10}	$>10^{9}$
铷–87（$^{87}Rb_{37}$）	锶–87（$^{87}Sr_{38}$）	4.88×10^{10}	$>10^{8}$
铼–187（$^{187}Re_{75}$）	锇–187（$^{187}Os_{76}$）	4.56×10^{10}	$>10^{9}$
铀–238（$^{238}U_{92}$）	铅–206（$^{206}Pb_{82}$）	4.468×10^{9}	$>10^{8}$
铀–235（$^{235}U_{92}$）	铅–207（$^{207}Pb_{82}$）	0.7038×10^{9}	$>10^{8}$
钍–232（$^{232}Th_{90}$）	铅–208（$^{208}Pb_{82}$）	14.01×10^{9}	$>3 \times 10^{8}$
钾–40（$^{40}K_{19}$）	氩–40（$^{40}Ar_{18}$）	1.25×10^{9}	$>10^{5}$
碳–14（$^{14}C_{6}$）	氮–14（$^{14}N_{7}$）	5730 ± 40	$<5 \times 10^{4}$

良好的测量仪器和精细操作可使同位素测年精度达到 1‰左右。例如，用铀—铅法在 10 亿年范围内误差为 ±160 万年[45]。用碳—14 测量生物化石的年龄在 5 万年范围内误差可保持在 ±50 年以内。经过 20 世纪的无数次测量，并与 1969 年阿波罗登月带回来的月球岩石的测量结果对照，现在科学界一致认为地球的年龄为 45.6 亿年。

表 1.2–2 国际地层委员会 1989 年通过的地质年代划分及命名

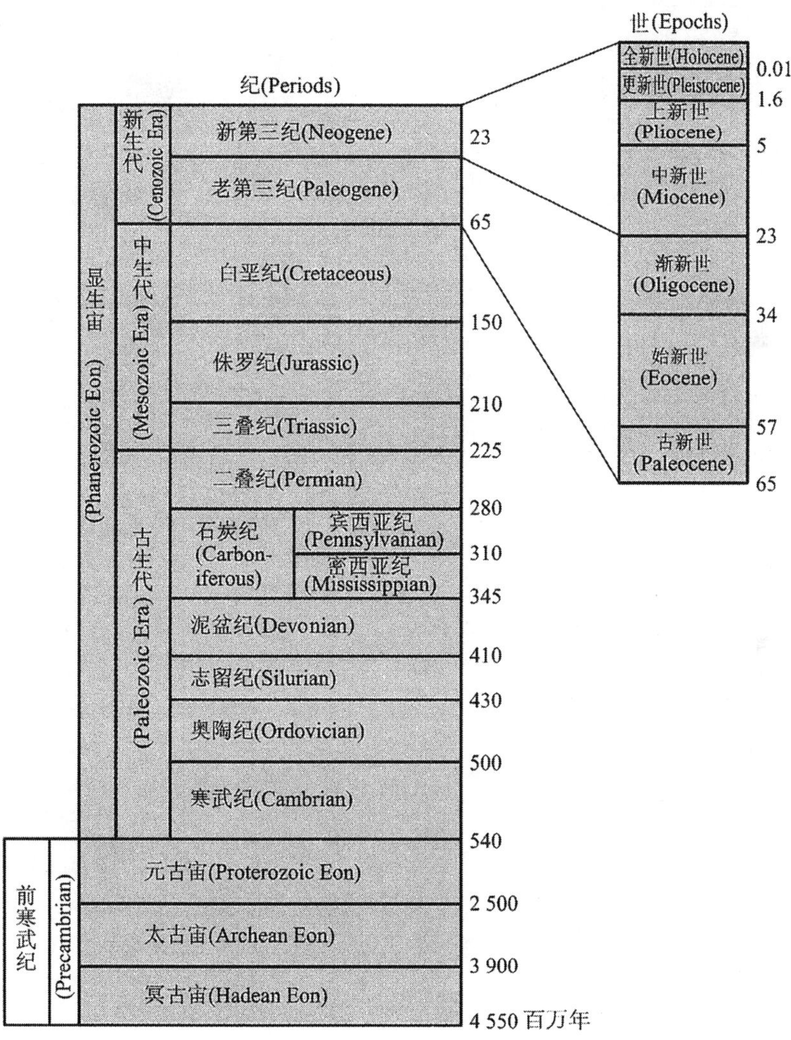

表 1.2–3　地质年代表（Geochronologic scale）与生物化石对比

宙	代	纪		世	同位素年龄（百万年）	持续时间（百万年）	生物进化及其主要特点
显生宙	新生代（Kz）	第四纪（Q）		全新世	0.01	1.64	 人类出现
				更新世	1.64		
		第三纪（R）	晚第三纪（N）	上新世	5.2	21.66	哺乳类繁盛；被子植物繁盛
				中新世	23.3		
			早第三纪（E）	渐新世	35.4	41.7	鸟类兴起
				始新世	56.5		哺乳类兴起
				古新世	65		
	中生代（Mz）	白垩纪（K）		晚白垩世	97	80.6	被子植物开始出现
				早白垩世	145.6		
		侏罗纪（J）		晚侏罗世	157.1	62.4	原始鸟类出现；菊石繁盛
				中侏罗世	178		爬行类繁盛；裸子植物繁盛
				早侏罗世	208		
		三叠纪（T）		晚三叠世	235	37	原始哺乳动物出现
				中三叠世	241.1		爬行类兴起；瓣鳃类繁盛
				早三叠世	245		
	古生代（Pz）	二叠纪（P）		晚二叠世	256.1	45	造煤植物群繁盛——蕨类鳞木芦木等最多
				早二叠世	290		䗴类繁盛
		石炭纪（C）		晚石炭世	303	72.5	两栖类繁盛
				中石炭世	322.8		
				早石炭世	362.5		
		泥盆纪（D）		晚泥盆世	377.4	46	出现原始的两栖类
				中泥盆世	386		甲胄鱼类繁盛；腕足类繁盛；陆生植物出现
				早泥盆世	408.5		
		志留纪（S）		晚志留世	424	30.5	出现原始的鱼类
				中志留世	430.4		
				早志留世	439		
		奥陶纪（O）		晚奥陶世	463.9	71	鹦鹉螺类繁盛；笔石繁盛；出现最早的脊椎动物——无颌类
				中奥陶世	476.1		
				早奥陶世	510		
		寒武纪（C）		晚寒武世	517.2	60	小壳动物出现并繁盛；三叶虫繁盛
				中寒武世	536		
				早寒武世	570		澄江动物群
元古宙（Pt）				震旦纪（Z）	800	3 230	叠层石（藻类）发育
				中元古代	1 650		出现真核细胞的藻类
				早元古代	2 500		
太古宙（Ar）					3 800	750	距今31亿～32亿年前出现最早的化石——原核细胞的菌藻类地壳开始形成
冥古宙（Hd）					4 550		

注：此年代定义是由1989年国际地层委员会通过的《IUGS 1989全球地层表》确定的。

地层年代

早在 18 世纪地质学家们开始研究地层的划分。地球岩石成层状叠覆，年代老的在下面，年轻的在上面，除非发生过颠覆性换位，称为“地层叠覆律”。在水下沉积而成的称为水成岩，德国地质学家维尔纳（A. G. Werner，1749—1817）做过详细的研究。对火成岩，即地下高温岩浆冷却而成的岩石地层，是由苏格兰地质学家哈顿（J. Hutton，1726—1797）首先研究过的。不同沉积层中所含的生物化石不同。英国工程师史密斯（W. Smith，1769—1839）在开凿运河时发现（1796），含有相同生物化石的地层大约是同一历史时期形成的，开创了生物地层学新方法。生物进化是从低级到高级，从简单到复杂，故可按地层所含生物化石的复杂程度划分地层的先后。地质学中称此为“化石层序律”。20 世纪以来有了放射性同位素测年法就可以直接测出某地层的绝对年龄，从而排出前后序次。经过 200 多年的研究和知识积累，地质学家们对地质史的划分达成了共识，按化石层序律设立了六个级别的地层单位，宇、界、系、统、阶、时带，所对应地史年代称为宙、代、纪、世、期、时。表 1.2–2 是国际地层委员会（IUGS）1989 年 7 月 17 日通过的地质年代和命名标准表，已为全世界所采用。中国地层委员会也采用了这个基本框架，并根据对中国地层的研究作了局部调整和补充。

生物进化史

地质学家和古生物学家研究化石已有 200 多年的历史和知识积累。把已经在地层中发现的出现最早的化石与地质绝对年代合在一起，就可以一目了然地看到生物在地球上的进化史（见表 1.2–3），大致次序可简述如下。

38 亿年前地球上出现了原核单细胞生物，如各种细菌、螺旋藻、甲烷菌、大肠杆菌、粘菌、根瘤菌等，它们都能独立生活和繁殖后代，细胞内没有由内膜包覆的细胞核。

20 亿年前出现真核单细胞生物，如裸藻、硅藻、绿藻、红藻、有孔虫等，其细胞内有内膜包覆的核即染色体和其他生命必需的细胞器，能独立生活和繁衍后代。

10 亿年前出现多细胞生物。由多个或很多真核细胞联合在一起形成完整的生物个体。组成生物体的各细胞功能有分工，形态有分异，但相互依赖，共同保障生物体的生命活动和遗传，如原始的藻类、珊瑚、水母、水螅、海绵等，称为后生生物。中国地质学家在天津蓟县元古界地层（25 亿—5.7 亿年前）中发现古藻类化石和叠层石，那就是单细胞和多细胞植物留下的化石痕迹 [39]。

5 亿年前出现鱼类等脊索动物。寒武纪前后，在海洋中大量出现小壳、双壳、管状壳体的小型软体动物和脊索动物。大部分门类的动物化石在加拿大、美国、西伯利亚、英国、澳大利亚等地同时期的地层中都有发现。美国古生物学家沃尔科特（C. D. Walcott，1850—1927）于 1909 年在加拿大大不列颠哥伦比亚省发现了中寒武纪布尔吉斯页岩动物群化石（Burgess Shale-Type Preservation）。中国科学家于 20 世纪 80 年代在云南澄江县抚仙湖东北和贵州瓮安发现寒武纪前后的澄江动物群化石。侯先光、陈均远、舒德干等为此获 2003 年国家自然科学一等奖 [40]。

在古生代奥陶纪（5.1 亿—4.2 亿年前）及以前的陆相地层中从未发现动植物化石，地质学家们据此推断水生动植物在志留纪（4.39 亿—4.08 亿年前）才开始爬到岸上，从此陆上才有了动植物生长繁殖。两栖类动物出现于泥盆纪（4.08 亿—3.62 亿年前）。石炭纪（3.62 亿—2.90 亿年）、二叠纪（2.90 亿—2.45 亿年）时代陆上已有很多原始森林，世界上最早的煤炭就贮存在这个时代的地层中（中国有山西大同、河北开滦及山东淄博等）。三叠—侏罗纪（2.45 亿—1.456 亿年）时代是爬行动物的世界，陆上有恐龙，海中有鱼龙。到白垩纪（1.456—0.65 亿年）末恐龙完全灭绝，出现了大量鸟类和哺乳类动物。

最早的哺乳动物出现在中生代晚三叠纪（约 2 亿年前），兴旺于新生代（6500 万年至今）。哺乳类动物的出现使动物界的生存和繁殖方式发生了一次革命性变化。以前的动物都是卵生，像鱼、龟、鸟、蛇、昆虫等，哺乳类动物改为卵胎生和胎生。哺乳类的共同特征是有四肢，有的前 2 肢进化成翅（蝙蝠），有的进化成蹼（海豚、海豹等），体温恒定，身上多毛，多为胎生，有乳腺分泌乳汁喂养幼子。现存哺乳（纲）动物已经研究命名的有 20 个目，隶属 120 个科，4000 个种。人是灵长目中之一员[7, 41]。

生物遗传

所有动植物，不管生殖方式如何，是无性生殖或有性生殖、卵生、胎生、种子、孢子、母细胞直接分裂等，都是由前代遗传下来的后代，这是地球上一切生命的共同特点，称为生物个体的复制或繁殖。20 世纪的生物学和分子生物学已完全证实，后代个体的形态、肌体结构、器官和生命活动的基本技能等都是由父母的生殖细胞传到子代的。包括人类在内的真兽亚纲属的哺乳类动物都是由父亲的精子（单倍体）和母亲的卵子（单倍体）相结合后形成合子即受精卵（双倍体）发育成后代的。遗传信息主要含在单细胞合子细胞核的染色体中。因早期生物学家用显微镜观察细胞核时，事先用染料染色后就能清楚看到细胞核内有若干条状物，故称为染色体。每一物种的每一体细胞内都有一定数目的成对的染色体（双倍体）。生殖细胞（精子和卵子）内染色体是体细胞的一半（单倍体）。人的体细胞内有23对染色体，牛有30对，马32对，狗39对，蜜蜂19对，蚯蚓18对，小麦21对，水稻12对，玉米10对等。在发育过程中，受精卵细胞迅速复制分裂（有丝分裂），一而二,二而四，直到发育完成。每次分裂后的体细胞内都含有相同的染色体拷贝，以指挥控制新生个体的继续发育成长和再向后代遗传。

染色体的核心是线状大分子链—脱氧核糖核酸（DNA，Deoxyribonucleic Acid），还有核糖核酸（RNA，Ribonuncleic Acid）和核蛋白质的衬托支撑。染色体分为两类，一类是常染色体，控制后代的遗传特征，另一类为性染色体，控制性遗传和性行为。人的23对染色体中，前22对是常染色体，第23对是性染色体。女性的第23对用XX表示，男性的是XY。男性一次排精中有2—3亿个精子，一半是X，一半是Y，女性的卵子中第23条总是X。含有X的精子进入卵子，受精卵的第23对染色体便是XX，胎儿就是女孩。如果卵子与带有Y的精子结合成受精卵便生男孩。所以Y染色体是男性单性遗传的，正常的女性体细胞中没有Y染色体。这种配合一旦发生差错，后代就出现遗传性疾病，如两性人。如果受精卵中含有3条性染色体，后代就得三倍体病XXY或XYY，常导致胎儿流产、畸形、痴呆、弱智等先天性疾病。其他22对常染色体的配合也有出现差错的可能，同样可能导致幼儿先天性残疾。据统计这类遗传性疾病发生率为0.5%。

生物学家们经过100多年的实验研究和观察才基本弄清了生物遗传的机理。对此作出过重要贡献的有：奥地利基督教神父出身的遗传学家孟德尔，他首先通过植物杂交发现了生物遗传的规律。丹麦植物学家约翰森（Johannson, Wilhelm Ludvig，1857—1927）指出植物的遗传有基因的作用，引入了基因型（Genotype）的概念。美国遗传胚胎学家摩尔根研究果蝇的遗传，肯定遗传基因位于染色体上，获1933年诺贝尔生理或医学奖。英国生物物理学家克里克和美国生物物理学家沃森于1953年证明了作为遗传信息载体的是一种被称为脱氧核糖核酸（DNA）的大分子物质，它总是以双螺旋结构形式存在于染色体中。此发现使两人同获1962年度诺贝尔生理学或医学奖。

每条染色体的核心是由脱氧核糖和磷酸苷作支架，把4种核苷酸分子（腺嘌呤A，Adenine；鸟嘌呤G，Guanine；胞嘧啶C，Cytosine；胸腺嘧啶T，Thymine）串联成线形大分子DNA链，呈双螺旋结构，两条长链以A—T，C—G互补契合，紧密缠绕在组蛋白柱上，形成核小体，再包装成串，它就是生命和遗传信息的真正载体（见图1.2–1和图1.2–2）。

每条染色体中的DNA都像用4个字母（A、G、C、T）编成的线性序列，顺序不同所载信息也不同。人的23条染色体中的DNA总长约30亿对核苷酸（3×10^9bp）。因为核苷酸都带有碱性，并且成对出现，也称为碱基对，记为bp（base pair）。存有某一生物功能或遗传信息的DNA最小片断或片断组合称为基因（Gene）。国际生物学界从20世纪90年代开始执行一项人类基因组计划（HGP），目的是测出人23对染色体中DNA的序列结构图谱。有16个国家的100多个实验室，1000多位科学家参加，历时15年，已于2003年基本完成。估计人的DNA中有用的基因约有3.0万—2.5万个。世界各国还先后完成了对其他物种的DNA测序，如黑猩猩（2003），老鼠（1996—2001），线虫（1998），果蝇（2000），河豚（2000），南芥菜（2000），水稻（1991—2005），小麦（2010），玉米（2009），酵母

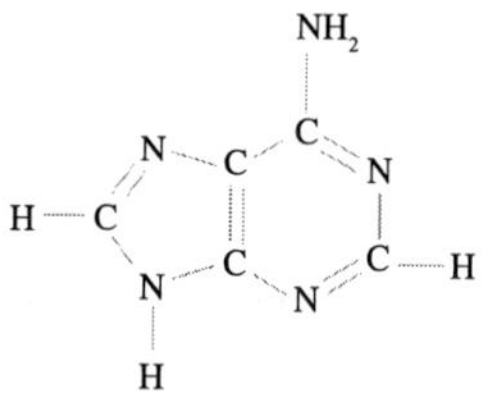

腺嘌呤(A)

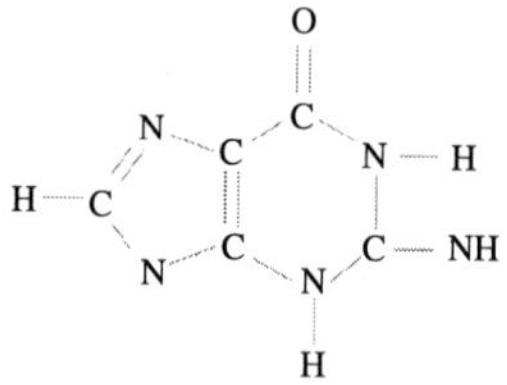

鸟嘌呤(G)

嘌呤(双环化合物，Purines)

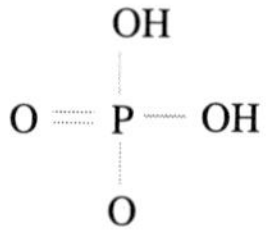

磷酸

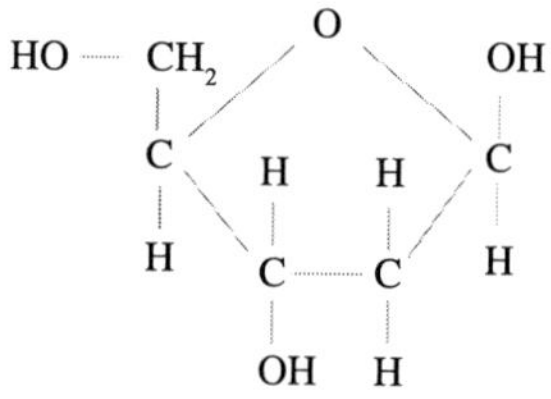

脱氧核糖

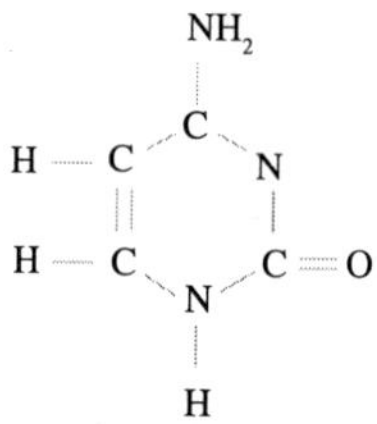

胞嘧啶(C)

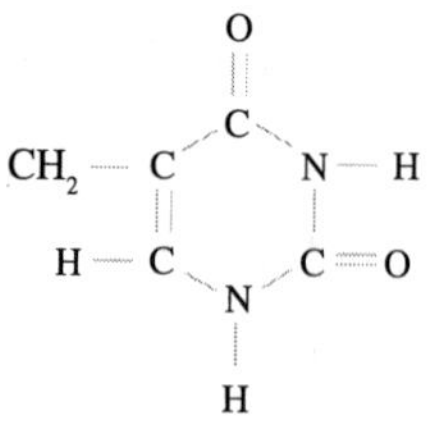

胸嘧啶(T)

嘧啶(单环化合物，Pyrimidine)

图 1.2–1 构成 DNA 大分子的磷酸苷、脱氧核糖和四种碱基（腺嘌呤 A，鸟嘌呤 G，胞嘧啶 C，胸腺嘧啶 T）的分子结构。注意脱氧核糖与核糖相比在 2C 位子上缺一个 O 原子。

(1997)，大肠杆菌（1997）和流感病毒（1995）等[42，43，44，13]。

生物分类学

要对地球上千万种生物进行分类研究，需要规定命名规则，使世界科学家有共同的研究对象语言。瑞典生物学家林奈于1750年提出了一套对物种的命名规则，称为生物分类学（Taxonomy）双名法：用拉丁文的两个字命名每一物种，第一个字是属名，第二个字是种名。林奈的建议很快被大家接受延用至今。后来成立了“国际分类学家联合会”和国际植物分类学协会等国际学术机构，对生物分类方法建立了统一规则。林奈被后人称为生物分类学之父。18世纪生物学把一切生物分成动物和植物两个界（Kingdom）。德国动物学家海克尔又引进一个原生生物界（Protista），把既像动物也像植物的单细胞生物列入此界。

20世纪中叶，考虑到生物学的新成就，特别是分子生物学积累的新知识，美国生物学家魏塔克（R. H. Whittaker，1920—1980）对过去的生物分类法做了改进。新法保持了林奈所确定的原理和习俗，仍设界、门、纲、目、科、属、种七个级别，但把原核单细胞生物（细菌类）和菌物（蘑菇）类分别单设一个界，变成五个界。五界分类法已为很多生物学家所接受[44]。据美国史密森学会生物学家估计，现存生物种类在1000万—3000万之间，到现在为止被研究过并命名登记的物种不到20%。今后发现的任何物种都很容易进入分类表。五界是：(一）原核生物界（Procaryota），包括原核单细胞生物（细菌），下分12个门。到20世纪末已发现和登记4800个种，占现存数很小部分。(二）原生生物界（Protista），包括所有真核单细胞生物，下分15个门，已登记4万多种。(三）菌物界（Fungi），包括所有真

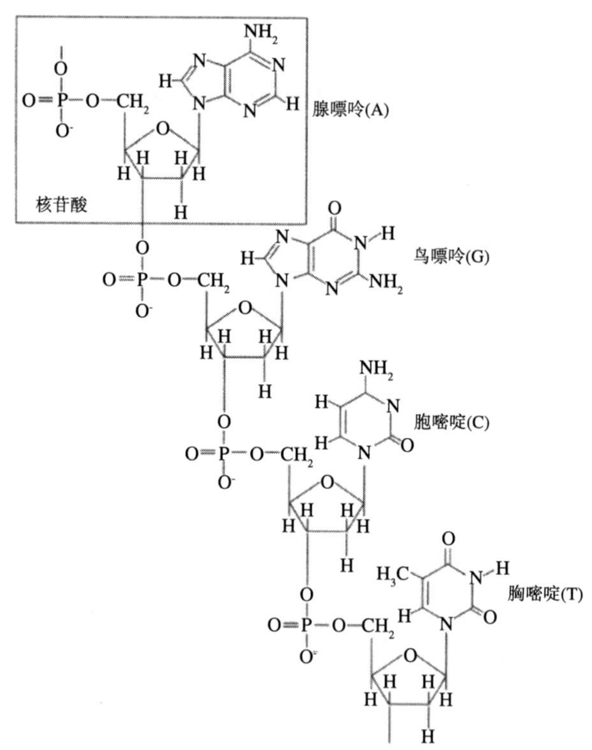

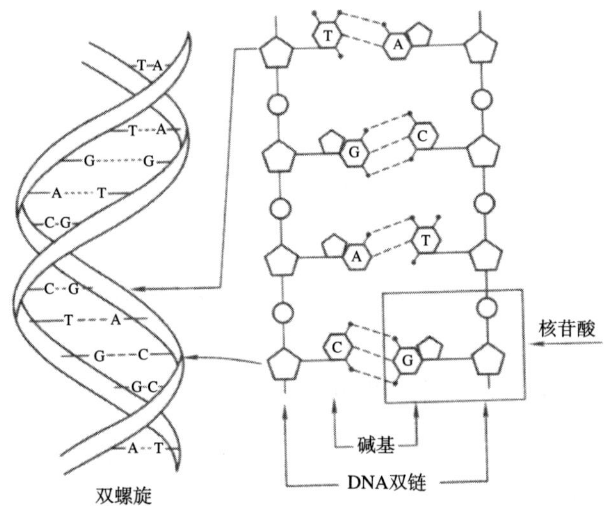

图 1.2–2 （A）以核糖和磷酸苷为支架串联 4 种核苷酸（A、G、C、T）而成的 DNA 化学结构。(B) DNA 双螺旋结构中 A—T 和 C—G 的互补契合。图中⬠表示脱氧核糖，○表示磷酸苷，⬡表示嘌呤 T 和 C，⬠⬡表示嘧啶 C 和 G。

菌类生物。下分5个门，已发现77000多个种。(四）植物界(Plantae)，下分10个门。已命名登记的27万种。(五）动物界（Animalia)，下分2个亚界，35个门，6个亚门，已发现100多万种。

种名采用双名制，第一字是属名，开头大写，第二个字是种名，均小写。亚种名可用三名制，均用拉丁文，便于全世界通用交流。为鼓励生物学家和爱好者发现新种，命亚种名时鼓励把自己的名字列为第三个字。一旦公布后，如无异议，就作为正式种名全世界通用，不许改动[1，45，46，47]。

早在150年前达尔文就曾想到过，世界上现存的千百万种动植物彼此之间可能有某种亲缘联系。这个猜想引起了生物学界极大兴趣。20世纪又有众多的新发现，几乎在所有不同门类的动物之间都找到了过渡性动物化石。例如，空中的飞鸟与地上的走兽之间就找到了既像兽又像鸟的过渡性动物化石，说明看似截然不同的动物有亲缘关系。

达尔文的书《物种起源》出版两年后，就在德国巴伐利亚的晚侏罗纪（1.5亿年前）石灰岩层中发现了保存完好的始祖鸟化石(Archaeopteryx)，外貌与骨骼结构与爬行动物相似，有牙齿，有翅能飞，说明鸟是从爬行动物演化而来。20世纪80年代中国在辽西朝阳晚侏罗纪和早白垩纪（1亿—1.5亿年前）地层中发现了多种古鸟类化石，其中燕都华夏鸟（Cathayomis yandica）和郑氏波罗赤鸟（Boluochia zhengi）(周忠和，1992，1995)，朝阳鸟（Chaoyangia beishanensis，候连海、张江水，1993)，孔子鸟（Confuciusornis, hou et al.，1999）和中华龙鸟（Sinosauropteryx，季强，姬书安，1996）等上千件古鸟标本，形态、四肢骨骼都介于现代鸟类和爬行动物之间，为鸟类起源于走兽找到了充分的证据[18]。

综合分析各种化石证据，就可画出脊椎动物亚纲和整个脊索纲的

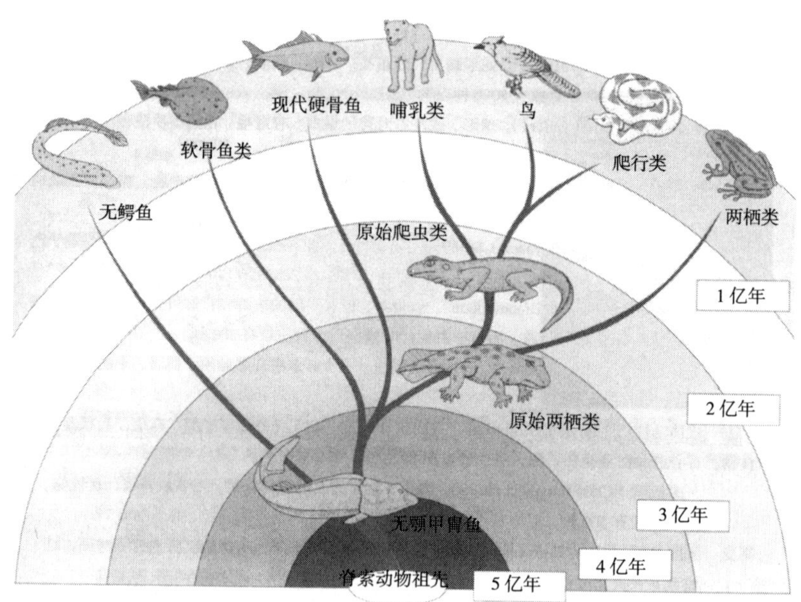

图 1.2–3 脊椎动物亚门所包含的 7 个纲的进化渊源，所有现存的和已经灭绝了的脊椎动物都由脊索动物祖先进化而成。最古老的无颚甲胄鱼已灭绝，是现代脊椎动物的祖先 [30]。

动物进化示意图（图 1.2–3）。结论是，鱼类和所有脊椎动物有共同的祖先，都是从水中的鱼类逐步演化而成的。人和鱼类也同源。

鱼是哪儿来的？分子生物学家从动物血球蛋白的进化中找到了答案。从最低等的软体动物和节肢动物（蛤、水蛭、蚯蚓和昆虫等）到哺乳类动物都有呼吸系统和血液循环系统，它们的血液中含有血球蛋白，为全身细胞供给氧气和带走 CO_2。有的低等动物血液呈绿色，因含有血绿蛋白，但有一部分是血红蛋白。化学分析表明，血红蛋白大分子含有 2 个亚基 α 和 β，α 亚基由 141 个氨基酸组成，β 亚基有 146 个。每个亚基中均含有辅基—血红素，后者是卟啉分子和一个铁原子结合的化合物。肌体组织中的肌红蛋白与血红蛋白极为相似，由 153 个氨基酸构成，但只含有一个亚基。分子生物学已经证明，血

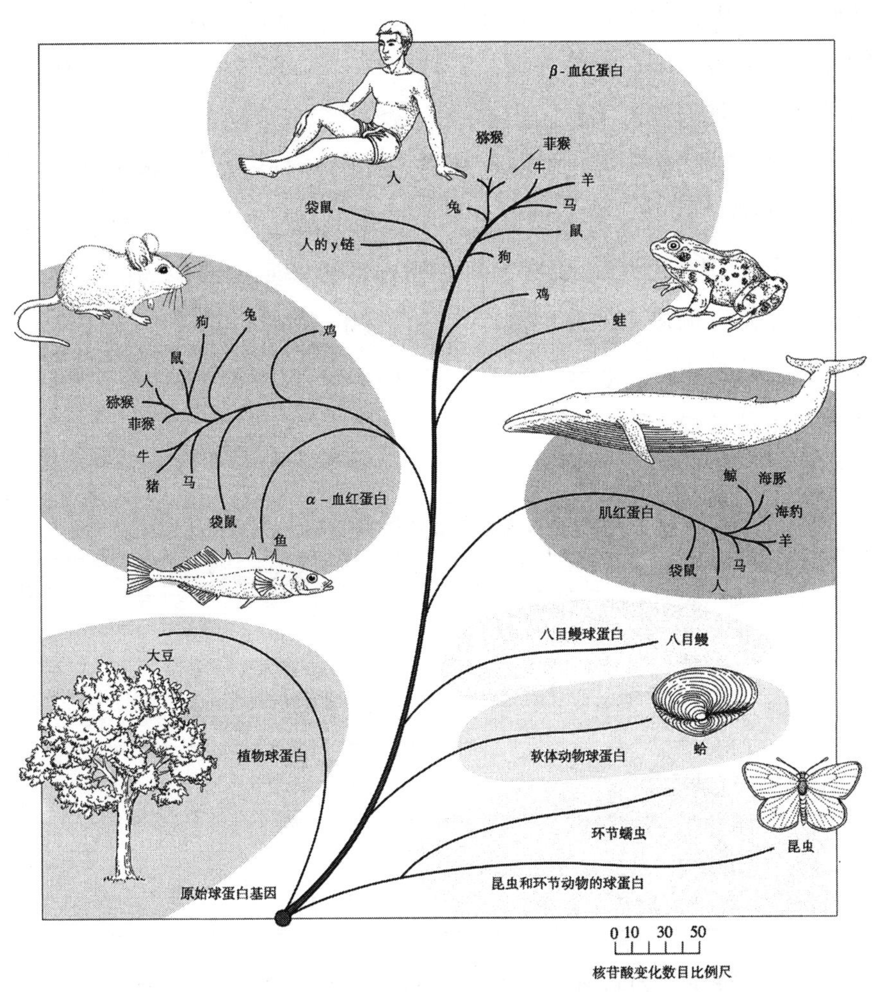

图 1.2–4　血红蛋白的基因进化。图中引线的长度正比例于 DNA 中核苷酸替换数目[30]。

红蛋白和肌红蛋白是在造血细胞中按 DNA 基因编码程序制造成的。各种动物的血红蛋白和肌红蛋白彼此十分相似，只是所含氨基酸数目和次序略有不同，说明它们有共同的造血基因。另外，生物基因的载体 DNA 序列中的核苷酸常因偶然原因发生变异，如移位、缺失、置换等，变异速率约为每百万年 0.2%—0.4%。由各种动物的血红蛋白和肌红蛋白的差异可推算出造血基因的变异程度，从而估算出它们之间分化的大致时间。无论如何，各种动物，从低级到人类有共同的造血细胞的祖基因（图 1.2–4）。

20 世纪 90 年代对几种低级和高级动物的基因载体 DNA 的测序给我们提供了很多关于生物进化的可靠知识。从各种动物 DNA 序列的对照分析中可看出，互相之间有相当部分是重叠或相同的。最近澳大利亚研究珊瑚虫的基因测序，发现它的 1300 个基因中有 90% 与人的基因共祖 [48]。下表列出了人的 DNA 序列中与几种动物的 DNA 重叠的比例（表 1.2–4）[5]。

表 1.2–4　人的 DNA 序列与几种动物 DNA 序列重叠比例

物种	重叠比例（%）
大肠杆菌	15
酵母	30
线虫	40
老鼠	75
牛	90
猕猴	93.5
黑猩猩	98.4
任何另外一个人	99.9
同胞兄妹	99.95

由以上分析，可以作出结论，地球上包括人在内的一切生物都同源，有共同的远祖，他就是 30 多亿年前的原核单细胞生物。按今天的五界分类法，我们遥远的共同祖先，在 38 亿年前属于原生生物界。他的同类可能已经灭绝，他的部分基因拷贝仍活动在每一个生物的细胞中。这个结论已成为今天全世界科学界的共识。图 1.2–5 中的生物进化树状图清晰地表达了这个科学结论的含义。

至于原核生物是从哪里来的？那属于生命起源的问题，已经争论

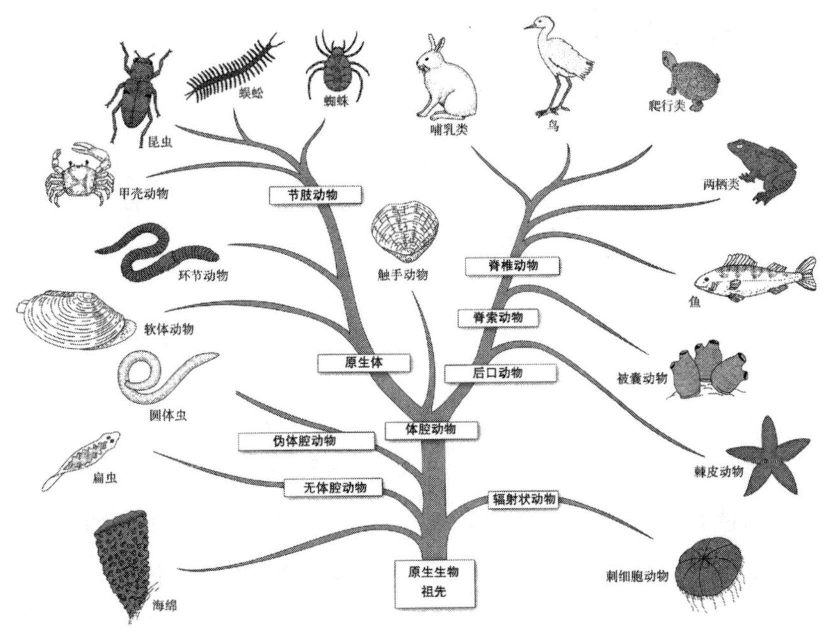

图 1.2–5　动物界主要生物种系的进化树。所有动物都从原生生物进化而来 [30]。

了 200 多年，现仍在争论中，20 世纪的科学没能做出回答。在争论中提出过多种假设：生命是在浅海或池塘的“太古汤”中由无机元素偶然聚合而生，或者在海洋深处火山口附近诞生的，或者是外星来的等等。对每种假说现在既不能肯定也不能否定。也有人认为，生命起源和宇宙起源一样，人类永远不可能知道 [49]。生命起源问题是 21 世纪对现代科学的最大挑战。

1.3 祖先和宗亲

从19世纪起，古人类学家一直在为人类寻根，寻找祖先的来历和根源。地层中保留下来的化石是古人可能留下的唯一踪迹，而骨骼和牙齿最可能在历史地层中保留下来。人有两套牙齿，乳齿20颗，恒齿32颗。恒齿中8个切齿，4个犬齿，8个前臼齿和12个臼齿，他们排列的次序和每一个牙的细微特征都可仔细观察记录。人有206块骨骼，计头骨22块，躯干骨58块，四肢骨126块，每一块的尺寸、形状、相对比例都可当作研究古人化石的基准。直立行走、有发达的大脑和杂食是人类的基本特征，都在骨架、头骨和牙齿上有明显表达。古人类学家就是根据这些特征去研究古人类化石，寻找古人类的足迹。

古人类化石

达尔文的进化论出世后，很多人相信人是由古猿进化而来，引起了搜集和研究古猿人化石的兴趣。第一个古人类化石是1924年在南非好望角省汤恩（Taung, Cape Province）的采石场里发现的小头骨化石，经过解剖学家鉴定，这是生活在300万年前的介于人和猿之间的过渡类型的幼童化石，被认定为人科，命名为非洲南猿（Australopithecus africanus）。5年后在中国北京周口店龙骨山洞穴里发现了生活在 50 万年前的北京猿人头盖骨化石（1929），被鉴定为人科人属的直立人种（Homo erectus，Sinanthropus pekinensis），引起了全世界科学界的震动。再过 3 年，在印度喜马拉雅山麓又发现了比非洲的南猿更早的古人科化石，从牙齿结构分析推知这是生活在约 1000 万年前接近于人的猿人，命名为腊玛古猿（Ramapithecus）。南非和亚洲古猿化石的发现引发了各国科学家和成千上万的爱好者寻找古人类化石的热潮。从英国移居到肯尼亚的路易斯·利基（Leakey, Louis，1944— ）一家中出了 5 位古人类学者（妻子、两个儿子和一个儿媳），都有过重大发现和贡献。从 1936—1941 年迄二战以后在非洲和亚洲又找到了大量古猿化石。20 世纪下半叶在中国云南元谋（1965）、禄丰（1976），湖南建始等地发现了 200 万—800 万年前的南方古猿化石。在湖北长阳（1956）、陕西蓝田（1963）、大荔（1978），安徽和县（1980），山西襄汾的丁村（1954），广西柳江（1958）等地也发现了距今 50 万—200 万年的直立人（Homo erectus）和早期智人化石。进入 21 世纪后各地又不断有新发现。最近，由美国古人类学家（Donald Johanson）领导的法国乍得考古队于 2002 年在撒哈拉沙漠（乍得）中发现了距今 700 万年前的古猿人头盖骨化石，命名为萨赫勒乍得人（Sahelanthropus tchadensis），俗名“图迈”（Toumai），这可能是在西非找到的最古老的人超科化石 [50]。

根据对大量古猿人化石的分析和 100 多年积累的知识，全世界古人类学家已达成共识，人确实是从猿进化来的。人类的进化可分成五个阶段：腊玛古猿、南方古猿、直立人、早期智人（旧石器时代）和现代智人。表 1.3–1 列出了这五个阶段古人类化石的年代、发现地点和各时代使用过的石器和遗迹推测的文化特征。过去的 1000 万年中，猿类不断进化，从四肢爬行到直立行走，手的作用越来越大，学会了使用和制造工具，大脑容量逐步增大，从而与其他兽类拉开了距离。

古猿与人类有共同的祖先[33，10，51]。

表 1.3–1　根据古人类化石和文化遗迹推断的五个进化阶段

古人类	生活年代（万年前）	化石发现地点	文化特征
现代智人（钢铁时代）	0.3	龙山、齐家、大汶口、马家窑、半坡、河姆渡、仰韶、洪山等	农耕稻、黍、稷等，畜牧牛羊，驯养狗猫。制造大量石器、骨器工具。定居村镇、城市。掌握了语言。生产陶器、艺术品和壁画。脑容量1400cc—1450cc。
（青铜时代）	0.5	法国克罗马农人（Cro-Magnon）	
（新石器时代）	1.0	捷克姆拉得克人（Mladeč）	
早期智人（旧石器时代）	5	尼人（Neandertalensis，欧洲）	群居洞穴、树巢，沿水生活。采集、狩猎为生。会造火。制造和使用石、骨器工具。有初等语言能力。墓葬死人。脑容量1000cc—1400cc。
	10	中国山顶洞人，河套人，柳江人，金牛山人，大荔人，马坝人，丁村人，长阳人	
	25	赞比亚布罗肯山人（Broken Hill）	
直立人	50	北京猿人、蓝田人、和县人、汤山人等。	树上、洞穴或水边平原生活。采集狩猎为生。已会用火。使用石器。有发声能力。脑容量700cc—800cc。
	100	东非直立人（Homo erectus）、匠人（H. ergaster）、能人（H. habilis），肯尼亚、坦桑尼亚、埃塞俄比亚。	
	200		
南方古猿	200	元谋、建始、禄丰古猿	树上生活。采集、猎食小动物脑容量400cc—700cc
	400	非洲古猿（Australopithecus africanus，肯尼亚、南非）	
	700	萨赫勒乍得猿人（Sahelanthropus tchadensis）	
腊玛古猿	700	原康修尔古猿（A. Proconsul，东非）	脑容量300cc
	1500	腊玛古猿（Ramapithecus），印度、东非、中国禄丰均有化石发现	

灵长目

在人们忙于寻根的同时，动物学家们对人与现存动物的对比研究也取得了巨大的进步。根据比较解剖学、生理结构、血清蛋白分析、染色体基因测序、齿序齿型、大脑容积、生育器官及育幼周期和饮食、行为等特征，从哺乳纲动物中分出一类与人最接近的灵长目动物，进行了透彻研究。按现代分类学，灵长目是动物界真兽亚纲中的 33 个目之一，主要包括狐猴、猴、猩猩、猿和人。早在 1758 年林奈就提出人属于灵长类动物，被认为亵渎了人类尊严未被科学界接受。再过 100 年达尔文的进化论出现后才有了共识，人和兽类同属哺乳纲。

灵长目动物下分 2 个亚目，12 个科，55 个属，已发现 197 个种，有 8 个科已灭绝。各国有不同的分类法，表 1.3–2 是其中使用较多的一种。灵长目的共同特点是：大脑发达；手脚五指（趾）灵活，拇指与其他四指对立；手足指（趾）端有指（趾）甲，而不是爪；躯体结构和器官以及生活习性与人类很相似；前后肢比其他兽类延长，躯体缩短，适应树上生活和能偶尔地上直立行走；有发达的能区别颜色和立体感的双眼视觉，嗅觉灵敏度减退；都是杂食性，牙齿适应杂食；怀孕周期长，一胎一子，一对乳房；个体寿命较长等。

类人猿亚目中人超科（Hominoidea）与其他成员的体型差别最明显的是尾巴。原猴亚目和类人猿亚目的其他超科都长有或长或短的尾巴。林猿科、猩猩科和人科的尾巴已经退化，但仍都保留着尾骨。可见人超科动物和人类的共同祖先原来是长尾巴的。据古化石形态推测，人超科甩掉尾巴当在 2500 万年前猴与猿分歧进化之时的第三纪渐新世。

表 1.3–2 哺乳纲（真兽亚纲）的灵长目（Primata）分类表

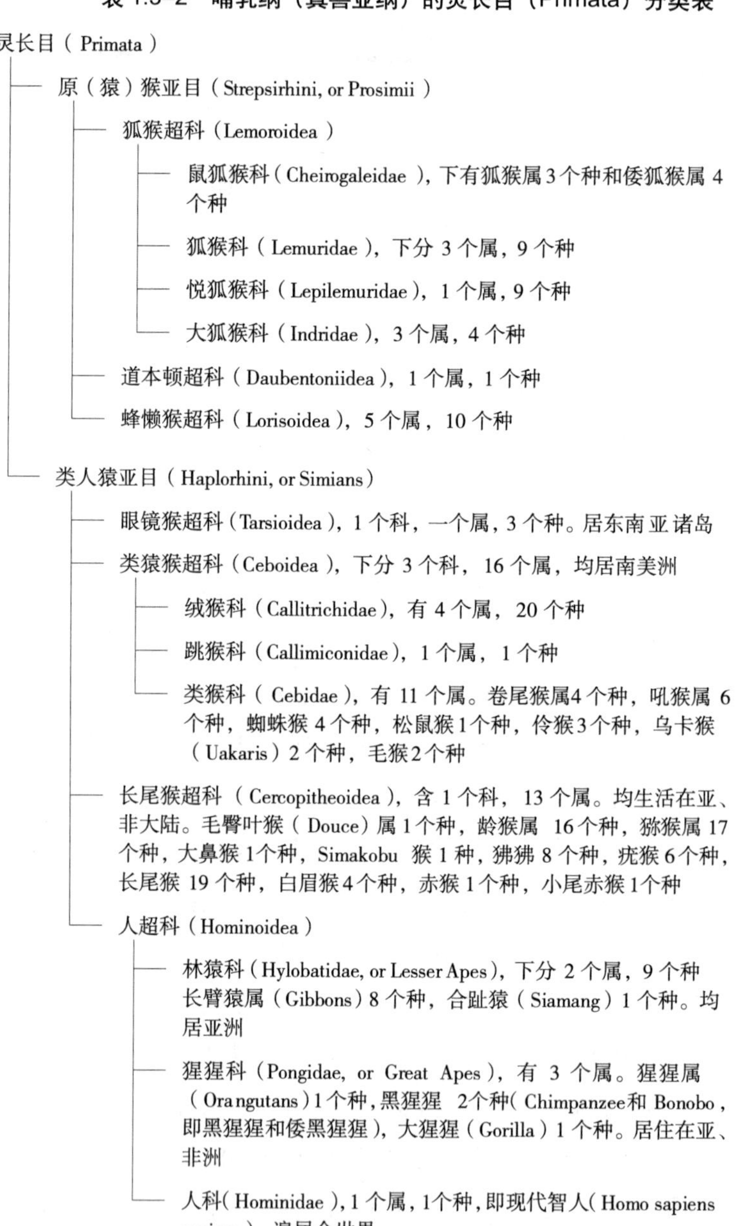

灵长目（Primata）

- 原（猿）猴亚目（Strepsirhini, or Prosimii）
  - 狐猴超科（Lemoroidea）
    - 鼠狐猴科（Cheirogaleidae），下有狐猴属 3 个种和倭狐猴属 4 个种
    - 狐猴科（Lemuridae），下分 3 个属，9 个种
    - 悦狐猴科（Lepilemuridae），1 个属，9 个种
    - 大狐猴科（Indridae），3 个属，4 个种
  - 道本顿超科（Daubentoniidea），1 个属，1 个种
  - 蜂懒猴超科（Lorisoidea），5 个属，10 个种
- 类人猿亚目（Haplorhini, or Simians）
  - 眼镜猴超科（Tarsioidea），1 个科，一个属，3 个种。居东南亚诸岛
  - 类猿猴超科（Ceboidea），下分 3 个科，16 个属，均居南美洲
    - 绒猴科（Callitrichidae），有 4 个属，20 个种
    - 跳猴科（Callimiconidae），1 个属，1 个种
    - 类猴科（Cebidae），有 11 个属。卷尾猴属4 个种，吼猴属 6 个种，蜘蛛猴 4 个种，松鼠猴 1 个种，伶猴 3 个种，乌卡猴（Uakaris）2 个种，毛猴 2 个种
  - 长尾猴超科（Cercopitheoidea），含 1 个科，13 个属。均生活在亚、非大陆。毛臀叶猴（Douce）属 1 个种，龄猴属 16 个种，猕猴属 17 个种，大鼻猴 1 个种，Simakobu 猴 1 种，狒狒 8 个种，疣猴 6 个种，长尾猴 19 个种，白眉猴 4 个种，赤猴 1 个种，小尾赤猴 1 个种
  - 人超科（Hominoidea）
    - 林猿科（Hylobatidae, or Lesser Apes），下分 2 个属，9 个种 长臂猿属（Gibbons）8 个种，合趾猿（Siamang）1 个种。均居亚洲
    - 猩猩科（Pongidae, or Great Apes），有 3 个属。猩猩属（Orangutans）1 个种，黑猩猩 2 个种（Chimpanzee 和 Bonobo，即黑猩猩和倭黑猩猩），大猩猩（Gorilla）1 个种。居住在亚、非洲
    - 人科（Hominidae），1 个属，1 个种，即现代智人（Homo sapiens sapiens）。遍居全世界

古人类和古猿的牙齿最容易长期留存在洞穴或地层中而被考古学家发现，所以哺乳纲动物的牙齿数目、排列和形状是古生物学和古人类学早期研究的重点之一。对现存动物的观察表明，所有哺乳类动物的牙齿可分 4 类，即铲形切齿（Incisor），通称门牙，尖而粗壮的犬齿（Canine），前臼齿（Premolar）和臼齿（Molar）。哺乳类动物多的有 48 颗牙（如海狸）。很多是 44 颗（如马、鼹鼠、猪等），上下颌各 22 颗，左右对称，每象限 11 颗，即 3 个切齿、1 个犬齿、4 个前臼齿和 3 个臼齿。牙列顺序常写成牙式，如：

$$\left[I\frac{3}{3}C\frac{1}{1}P\frac{4}{4}M\frac{3}{3}\right]\times 2 = 44, \tag{1.3–1}$$

分数表示上下颌该种齿数。灵长目的原猴亚目和类人猿亚目的大多数成员有 36 颗，每象限 9 颗，计 2 个切齿、1 个犬齿、3 个前臼齿和 3 个臼齿，齿列式为：

$$\left[I\frac{2}{2}C\frac{1}{1}P\frac{3}{3}M\frac{3}{3}\right]\times 2 = 36 \tag{1.3–2}$$

所有人超科、林猿科、猩猩科和现代人类，包括已灭绝了的腊玛古猿、南方古猿等，都只有 32 颗牙，齿列式为：

$$\left[I\frac{2}{2}C\frac{1}{1}P\frac{2}{2}M\frac{3}{3}\right]\times 2 = 32, \tag{1.3–3}$$

比原（猿）猴类少了 4 个前臼齿，比多数哺乳纲动物少了 8 个前臼齿和 4 个切齿（见图 1.3–3 中 A、B、D、E）。

人类学家和牙科医生都熟知，人的远祖本来每象限有 4 颗前臼齿，在进化过程中逐步减至 2 颗，仍保留 P_3、P_4 的编号，而空过 P_1、P_2（见图 1.3–1）。观察还表明，所有人超科成员都有两套牙齿，乳齿和恒齿。6 个月的幼儿开始长出乳齿，3 岁前长齐。乳齿列是：

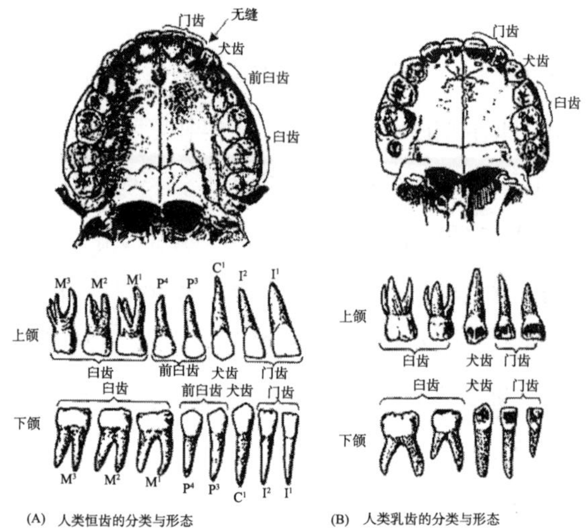

(A) 人类恒齿的分类与形态

(B) 人类乳齿的分类与形态

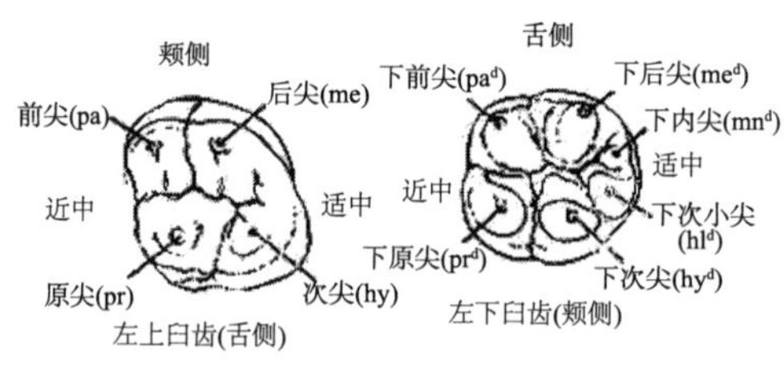

(C) 人类上下臼齿咬合面齿尖图

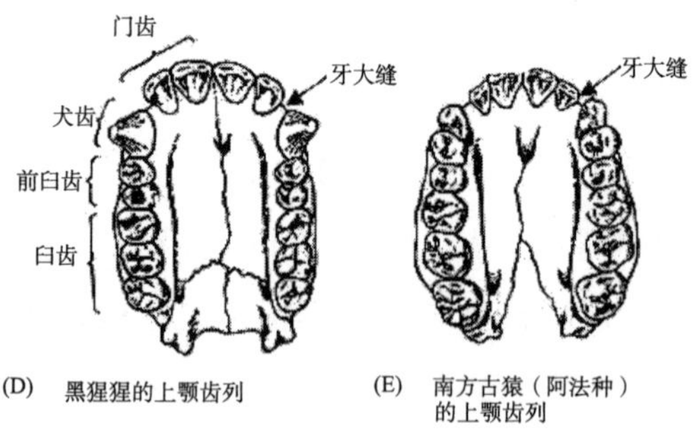

(D) 黑猩猩的上颚齿列

(E) 南方古猿（阿法种）的上颚齿列

图 1.3–1 人类、黑猩猩和南方古猿的牙齿排列和形状 [10, 19, 60, 62]

$$\left[I\frac{2}{2}C\frac{1}{1}M\frac{3}{3}\right]\times 2 = 20 \tag{1.3–4}$$

6 岁后乳齿开始脱落，再长出恒牙 32 颗，17 岁至 20 岁长齐。

此外，灵长类动物的牙冠（顶部）的形态也有细微差别。原始哺乳类的前臼齿冠上只有一个尖峰，原猴亚目的前臼齿上有 2 个尖峰。臼齿冠上有 3 个尖峰，而人和猿（人超科）的上臼齿冠有 4 个尖峰，下臼齿冠有 5 个尖峰，都有专名，见图 1.3–1C。随着年龄的增长，这些齿峰会逐步磨平，甚至牙釉也会磨损。故考古学家能根据一颗牙齿化石判断该个体在分类学中的地位和年龄。图 1.3–1 中示出人类、猿类和南方古猿的齿列和形态 [10，19，33，20，62]。

按照表 1.3–2 的分类，前面叙述的南方古猿、腊玛古猿、直立人、蓝田人、北京猿人等，虽然多数已经灭绝，或者还有后代生存至今，他们都应属于类人猿亚目的人超科，这在科学界已没有争议。也有学者认为腊玛古猿、南方古猿和现代智人是人科的三个属。他们都是哺乳类动物进化得最成功的物种。人科成员的骨骼结构和肌肉系统最适宜于直立行走。手足极大分化，双手适合抓握东西和从事细致精巧的操作，下肢能承受体重和奔跑，做复杂运动。如跳芭蕾舞，这是其他灵长目动物不能比的。人类是依靠智力而处于各类动物之巅，地球万物之上。20 世纪的人体生理学已确切证明，智力源于大脑，认知能力、记忆能力和智力水平都依赖于大脑的体积容量和大脑皮层的面积和沟回结构。从古人类头盖骨化石中，利用解剖学的知识，可以测量出他们的脑容量变化。表 1.3–3 中列出了古猿人和现代人，以及人超科中的动物脑容量的比较。

表 1.3–3　古猿和现代人、人超科动物平均脑容量的比较

名称	发现地点	生活年代（万年前）	脑容量（cm^3）
腊玛古猿（Ramapithecus）	云南元谋	800	300
图迈（Sahelanthropus）	非洲乍得	700	350
黑猩猩（Chimpanzee）	非洲	现代	400
大猩猩（Gorilla）	非洲	现代	550
非洲南猿（Australopithecus）	非洲	300	500
能人（H. habilis）	非洲	180	650
直立人（Homo erectus）	非洲	100—200	700
北京猿人（Sinothropus pekinensis）	北京周口店	50	900—1088
尼安德特人（Homo sapiens neanderthal）	欧洲、中亚	50—3	1200
现代人（Homo sapiens sapiens）	全世界	现代	1350—1450

从 20 世纪所收集到的哺乳类动物化石中，可以推测出灵长类动物进化的大致过程。在 6500 万年前的白垩纪地层中发现过以昆虫为食的哺乳动物化石（图 1.3–2 (a)），最早的原猴类化石发现于第三纪始新世和渐新世地层（图 1.3–2 (b)、(c)）。最早的人猿化石出土于非洲（原康修尔古猿，Proconsul，肯尼亚）和欧洲（树猿，Dryopithecus），它们大约生活在 1000 万年以前。而前面讲到的南方古猿和腊玛古猿化石约生活在 1000 万年以内。据化石的解剖特征可以得到图 1.3–2 所表示的进化过程图，表明灵长类动物来源于哺乳类，他们的共同祖先当生活在第三纪始新世早期，离现在有 6000 万年以上。图 1.3–3 中的进化树表明灵长目代表性动物的共祖关系、分化时间和次序。图中分支上所注时间表示从分化到现在的时间。现存类人猿亚目成员的遗传基因 DNA 测序工作大部分已经完成，已完成 DNA 测序的有人（2003），黑猩猩（2006），猩猩（2006），猕猴（旧大陆猴，2006），美洲绒猴（2006）。对长臂猿已有测序计划，大猩猩

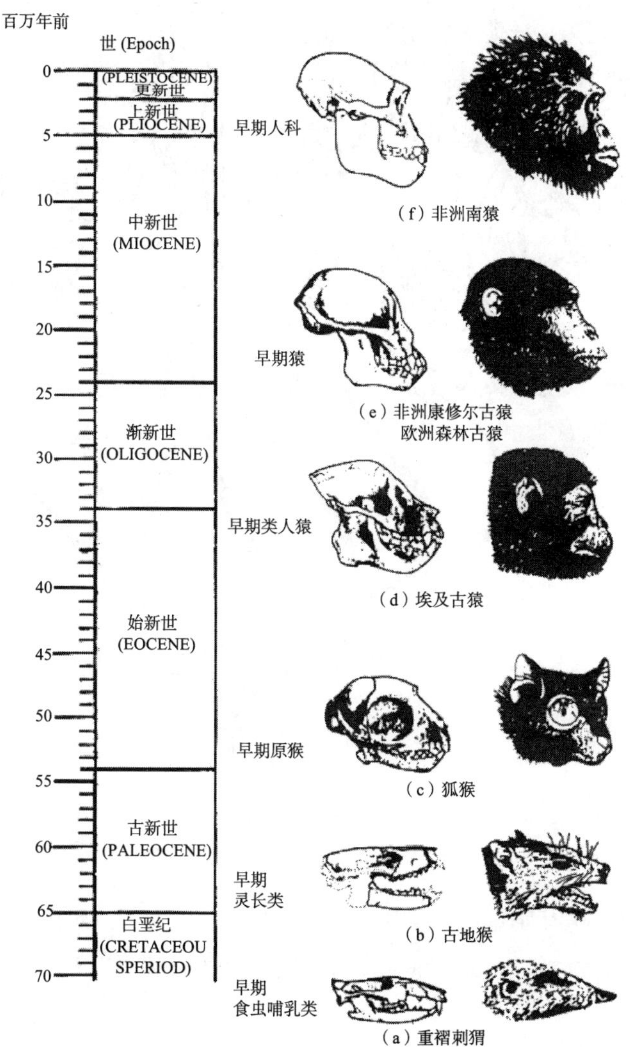

图 1.3–2　灵长目的进化图（a）中生代白垩纪食虫兽（重褶齿猬）化石重建形象。(b—f) 灵长类动物化石出土地层年代和头盖骨重建形象 [5]。

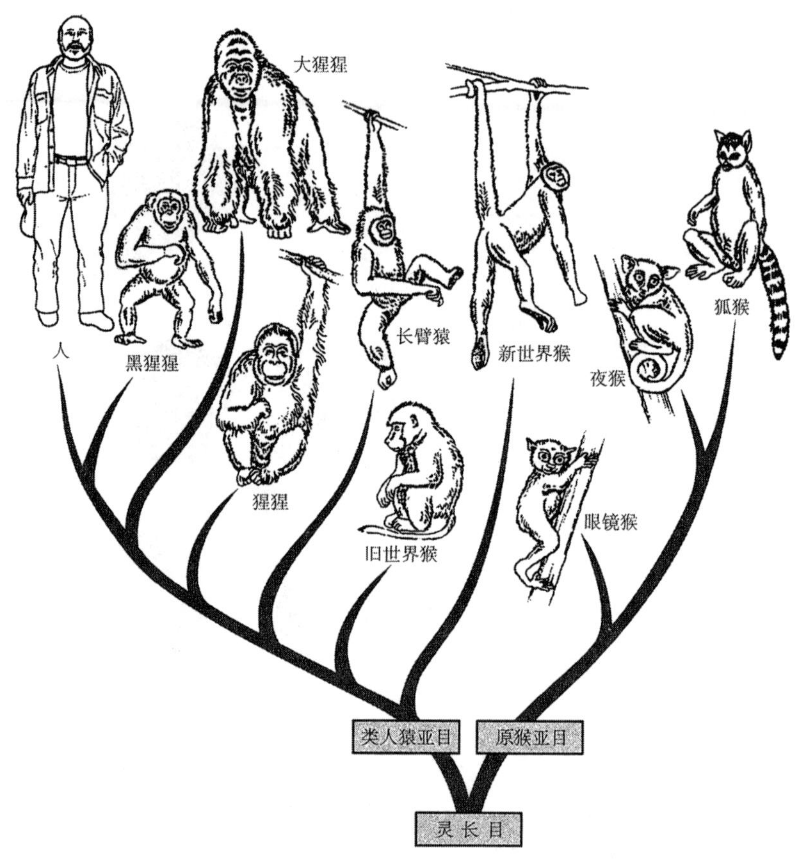

图 1.3–3 现存灵长目代表性动物在进化史中的地位。类人猿亚目在进化树分支上所注年代表示由 DNA 测序分析估计出该物种与共同祖先分离时到现在的时间 [5]。

的测序 2005 年开始，已于 2011 年完成 [69, 51, 53, 20]。根据 DNA 的差别大小即可大致估算出该物种与共同祖先分化的时间 [69, 52, 33, 53, 54, 55]。

基因认亲

20 世纪下半叶生化学家发明了 G– 显带技术（G-Banding Giemsa

technique)，将动物的染色体分离出来后，先用盐溶液和蛋白分解酶(胰蛋白酶或链霉蛋白酶）处理后，再用 Giemsa 溶液着色，即可得到各染色体的阴暗分段图像，与已识别出的基因位点有一定联系。图 1.3–4 是人的 X 染色体的 G 带分布和分区规则。G 着色技术使我们有可能对灵长类动物的各条染色体互作比较。图 1.3–5 是人、黑猩猩(Chimpanzee)、大猩猩（Gorilla）和猩猩（Orangutang）的染色体 G–显带图的比较。黑猩猩、大猩猩和猩猩都有 24 对染色体，比人多一对。生物学家们认为人的第 2 对染色体是由原来的两对合成为一的，猿类仍保持原样，没有合并。此外，猿类的第 1 号、18 号染色体中有倒转现象。其他染色体与人类的极其相似。总的说来，人与黑猩猩的亲缘关系最密切，而与猩猩和大猩猩相距较远。

早在 20 世纪 80 年代以美国生物学家为首倡议开展人的基因测序工作，称为人类基因组计划（HGP, Human Genome Project)，目的是在实验室内绘制出人 23 条染色体中的 DNA 精细结构图谱。包括中国在内的世界各国的 100 多个实验室，1000 多位科学家参与。经过 15 年的协同工作，于 2000 年公布了草图，2003 年公布了最后图谱。原来曾估计人的基因总数在 10 万以上，但测试结果证明此数目在 25000—30000 之间 [42]。

1856 年在德国杜塞尔多夫城东的尼安德特峡谷洞穴中发现了人科化石，被判定为与现代人类相似的史前早期智人化石，命名为尼安德特人（Neanderthal man，学名 Homo neanderthalensis)，简称尼人。后来在比利时、意大利、捷克和中亚等地也发现尼人化石。这是出现于 50 万年前，于 3 万年前的地球玉木冰期（8.5 万—3.5 万年前）灭绝了的智人人种。大鼻子和短下巴是他们的特征。他们与现代人的祖先在欧洲共同生活了数十万年，最后的遗迹发现于伊比利亚半岛（见表 1.3–1)。1997 年德国分子遗传学家从尼人遗骨中提取 DNA 进行部

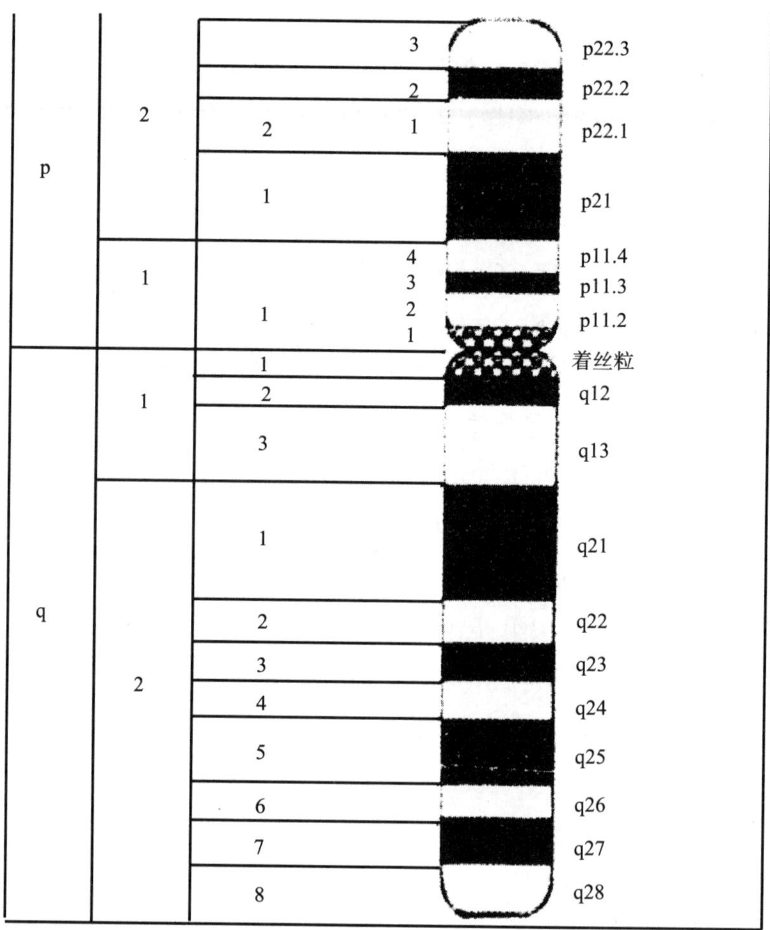

图 1.3–4　人类 X 染色体的 G 带分布和区域划分规则。人类 X 染色体按带型可分为不同的区域，短臂为 p，长臂为 q，每个臂可分为几个较大的区域，后者可被继续细分。如果分辨率够高的话，一些小带可继续被细分为更小的带或亚带，如 p21 可被分为 p21.1、p21.2 和 p21.3。

分测序，表明尼人是现代人的旁支，脑容量约为 1200 毫升，已与现代人接近。对这一测试结果还有带进一步认证 [56，57，70]。

在开展人类基因组计划的同时，由美国、以色列、德国、意大利和西班牙的 67 名科学家组成了“黑猩猩基因测序分析联盟”，于

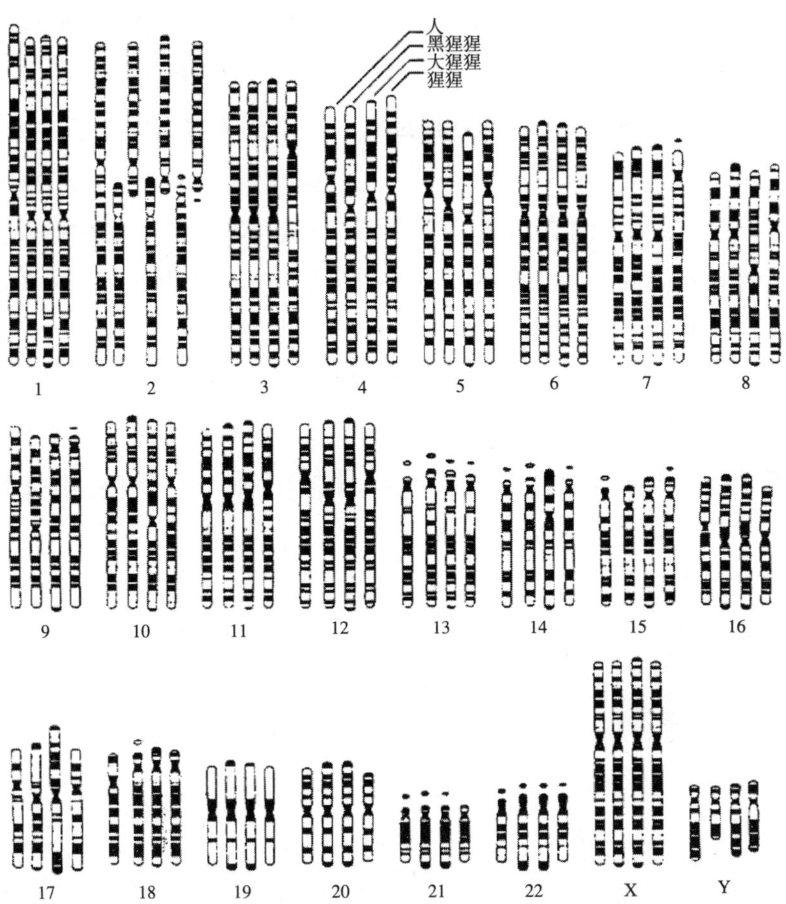

图 1.3–5　人、黑猩猩（Chimpanzee）、大猩猩（Gorilla）和猩猩（Orangutang）的染色体对比图（每组自左至右排列）。人的单倍体染色体 23 条（22+X 或 22+Y）。黑猩猩、大猩猩和猩猩的单倍体染色体是 24 条，即 23+X 或 23+Y。在进化过程中，人的第 2 号染色体由原 2 条染色体聚合成 1 条。第 1 号、18 号染色体中的 DNA 序列有局部反转。人和黑猩猩的染色体最接近，大猩猩次之，猩猩与人相距较远 [5]。

2003年完成了黑猩猩基因组序列草图。2005年9月发表了与人类基因组序列比较分析结果[58, 59]。测试证明，黑猩猩和人类基因组内DNA的相似性达到98.77%，重合度达到96%，有29%的共同基因编码生成同样的蛋白质。其中人与黑猩猩的X染色体的G带几乎完全相同（图1.3–5）人和黑猩猩都有一些基因变异，大约是在400—600万年前二者分化以后各自发生的。黑猩猩的30亿个核苷酸中有3500万个与人的不同（1%），有的被置换，500万个新的被插入，还有一些缺失。这些变化多数对肌体的功能并无大的影响，只有300万个变化了的单核苷酸位于功能基因上，这可能是使黑猩猩的听觉、神经系统、生殖细胞（精子和卵子）、对某些遗传性疾病的免疫能力与人有较大区别的原因。据动物学家的观察，黑猩猩中极少或根本没有发现患有老年痴呆症、艾滋病和某些癌症，原因也可能在于这3500万个单核苷酸的差别中。

从图1.3–5可见，男性染色体Y长度较短，仅为女性X的1/6左右。有的遗传学家曾担心人的雄性染色体Y今后可能退化以至衰败，出现女盛男衰的局面。担心的理由是女性的体细胞第23对染色体是XX，一半来自母亲（单倍体卵子X），一半来自父亲（载有X的单倍体精子），受精后这两条同源染色体中的基因要相互交换，如果一方有缺陷，有机会得到修补，也就增加了变异扶壮的机会，使更多的女性能健康发育和生存下来。男性的第23对染色体是XY，X来自卵子，Y来自精子，二者不同类，在受精卵中不能交换或修补。而且男性染色体Y是由父亲传给儿子，单性遗传，永不与X产生大的相互作用。Y染色体又比X染色体短得多（见图1.3–5），X的长度为150Mbp（百万碱基对），Y的长度只有23Mbp，约为X的15%，是所有染色体中最短最脆弱的一条，一旦发生偶然性变异（如受紫外线和更短波长辐射），修补的机会便很小。2005年公布的黑猩猩的Y染色体与人相比似已经丢掉了一些基因。然而，人的 Y 染色体却没有发现丢失基因的现象。遗传学家们不胜欣慰，对男性 Y 染色体今后可能衰败的担心得到了慰藉 [61，62，63]。

从肌体构造和生活习性来比较，黑猩猩是最接近人科的动物。现存的黑猩猩有两个种，一个是普通黑猩猩（学名 Pan troglodytes）和侏黑猩猩，或叫倭猩猩（通称为 Bonobo，学名 Pan paniscus），都生活在西南非热带雨林中。黑猩猩直立时身高 1 米—1.7 米，平均体重 40 公斤—50 公斤，脑容量 350cc—550cc ；体性茁壮而活跃，嘴唇能动，脸赤露，表情丰富，背黑毛，耳大；性情开朗，能爬树，地上能直立行走，通常用手指帮四肢爬行，夜睡昼起，筑窝而居；喉能发出不同叫声；食性杂，以果实、小动物和昆虫为食；全年能生育，每胎一子，偶有双胎，妊娠期 227 天；喜群居，每群有 40 只—50 只，有首领，领导群体狩猎和采集活动，成年常相互整洁梳理；会使用和制造简单工具。侏黑猩猩比黑猩猩体型略小，性情更温顺。最近英、美、德和加拿大的考古学家在西非象牙海岸（今科特迪瓦）热带森林的一个 4300 年前的黑猩猩聚居地点发现了它们用过的石锤、石板和敲碎的坚果等，与今日黑猩猩使用的略同，而与旧石器时代人类所用过的不同。这一发现进一步证明了制造和使用简单石器工具是黑猩猩群体能传授至后代的觅食技巧。动物学家们还对黑猩猩的语言和自我意识能力进行了长期观察和试验。1947 年美国有人（Keith Hayes 和 Catherine Hayes）把一只刚出生的黑猩猩（“小黑”）与人婴儿放在一起抚养和教育。6 年后伴童已能流利地用语言表达思想，而小黑仍然只会说爸爸、妈妈、杯子、向上等少数单词 [64]。由于受声道生理结构限制，黑猩猩不可能发出可控制的婉转声调，在自然野生状态彼此发声很少，除非处于激动状态。

20 世纪 60 年代有人长期观察和训练黑猩猩视力对符号语言的学

习和记忆能力。让小黑猩猩从出生第 10 个月便与护理和研究人员生活在一起达 5 年之久，学习使用包括 132 个符号的美国标准符号语言。5 年后它也只能记住若干单字，而不能造句成语，其能力似乎已停止在 2 岁到 3 岁的人类儿童的水平 [65]。此外欧美其他科学家也进行了不同设计的实验。

综合这些实验结果，一致认为尽管猩猩科动物没有人类所具有的复杂的语言能力，但是黑猩猩至少具有下列能力：

—使用单字表达任意符号和实际事物，并把单字组合成词去描述外部和过去的事物；

—能用单词去哄人、骗人；

—用单词去询问从而获取信息；从照片上识别事物而与实物对应；

—用单词表达和评论周围发生的与它有关的事件；

—辨别人类语句所含事物的因果关系和后果；

—对新出现的字组所表达的事物分组划类（如水果，工具等）；

—认识阿拉伯数字和简单的计算；

—从其他黑猩猩那里学习掌握新符号。

观察表明，黑猩猩正是利用上述能力在野生条件下制造和使用工具，如用枝条找到蚁巢并从巢中诱捕蚂蚁和蛹吃掉。用石块石板制成工具敲碎坚果为食，常能从远处找来制造工具的合适材料。这些能力说明黑猩猩的大脑具有一定识别事物和记忆能力。自我意识是人类语音和思维能力的重要标志，人类婴儿到 20 个月后就能在镜子里认识自己，从而把自己和别的婴儿区别开来。黑猩猩能对着镜子看到自己脸上长的红点，用手去抚擦后送到鼻前闻味，说明已有明显自我识别意识。相比之下，猩猩科以外的猕猴和其他动物都没有这种能力。试验还表明与群体隔离的人类婴儿和独自生长的黑猩猩都不能获得这种

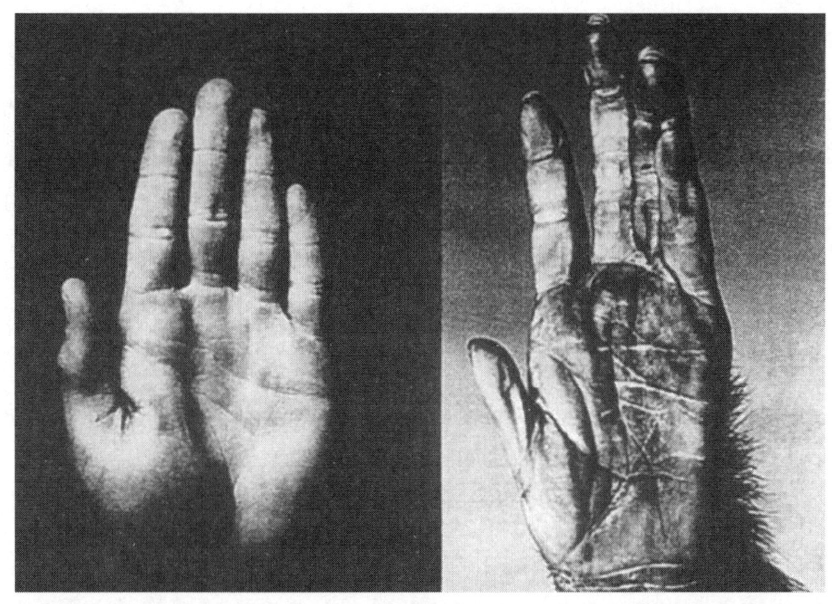

(A)

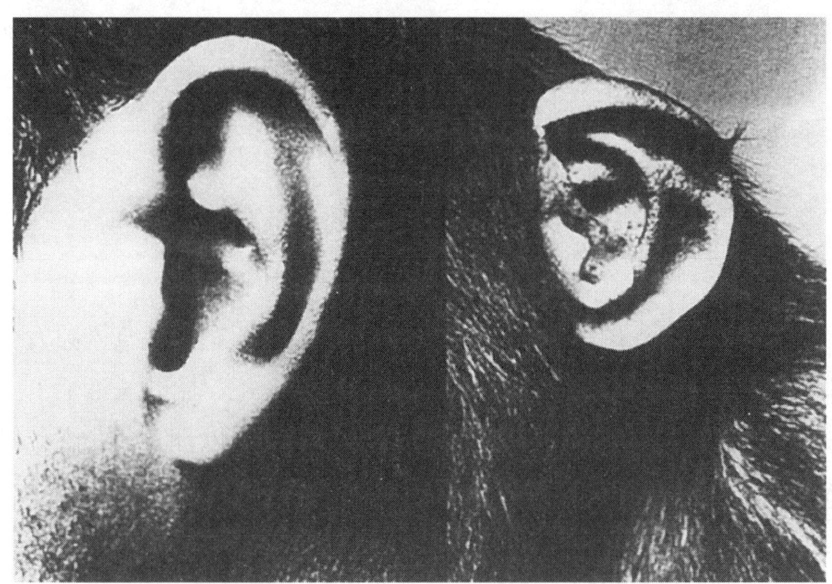

(B)

图 1.3–6　人类和黑猩猩的手、耳朵比较图。(A) 人（左）和黑猩猩（右）的手结构一样，都有很灵巧的手指，连手心上横纹也相同。(B) 人与黑猩猩的耳功能和耳廓相同 [54]。

自我识别意识和能力，故可判断，语言和自我意识是在社会性群居的环境下学会的。从这方面来看，猩猩科动物，特别是黑猩猩的能力可能与远古人类祖先的状态和能力相当。人类语言和思维能力是在与猿类分开进化后在社会性生活中发展起来的。与此相联的大脑功能及其容量是在人类习惯于直立和社会性生活以后才迅速提高的，这个过程不会早于 100 万—200 万年前（见表 1.3–3）。

1980 年第 8 届国际灵长类大会期间在意大利举行过“人猿超科和人的祖先”专题研讨会。会议一致认为侏黑猩猩的形态和智力基本上可看作为人和黑猩猩最近共同祖先的代表形象 [10]。

总之，20 世纪的科学观察和研究已经证明，人超科（表 1.3–2）中的猿类从肌体结构、生活习性和能力等方面都是最接近人科的动物，他们是人类的宗亲，黑猩猩是堂亲。有的动物学家甚至提议把黑猩猩从猩猩科中划出来，列入人科。黑猩猩的解剖学特征与人类差别甚少。图 1.3–6 中的照片显示二者的手和耳朵外形的比较，甚至手的骨骼（27 块）和手掌上的横纹都极为相似。

裸　猿

唯一尚有争论的是，为何所有灵长类动物身上都长毛，唯独人身寡毛，被称为“裸猿” [66] ？实际上，人不是无毛，胎儿长绒毛，出生前褪掉。成人头上、胯下、双腋均有粗毛。不少欧洲人背、胸长粗毛，生产脱毛剂以美容成为欧洲人的大产业。各民族都偶有“毛孩”诞生，全身长粗毛，称为“返祖”现象。可信的科学解释是古人类离开森林树上生活后（200 万年前），或发明用火后（50 万年前），或第四纪冰期（250 万年前到 1 万年前结束）地球环境变冷，人们冷时学会穿衣服(约 10 万年前)，覆树叶兽皮，热天要凉爽，体毛已无必要，用进废退而蜕去。也有人假设，古人有一段曾生活在水中，像鲸鱼、海豹、海豚那样在海中觅食，故身上褪毛，头部要露在水上呼吸故留毛发。此说没有找到任何证据。还有猜测说人类离开森林后为防止寄生虫侵袭而褪毛 [67]。

今天尚存的灵长目，特别是林猿科和猩猩科身上都长虱子，闲时抓虱子成为生活习俗和互献殷勤的重要社交活动。据最近德国生物学家研究，人身上的虱子分两个亚种，头虱（pediculus humanus）和体虱（Phthirus humanus），前者寄生在头发、阴毛、腋毛中，后者靠吸吮无毛皮肤微血管中的血而生，但产卵在衣服上。对它们的 DNA 分析表明，体虱是 75000 年前从头虱分化出来的一个亚种，这证明了古人在 7.5 万—10 万年前就学会了穿衣服，这可能是蜕掉体毛的重要时期 [9]。

从达尔文时代起，很多生物学家认为性选择在人类蜕毛过程中可能起到了重要作用。达尔文从对动物界雌雄异态现象的观察中推理，人的两性爱好倾向和风俗对进化有过重要影响 [68]。如古群婚时代男性可能也喜欢体毛少而柔滑的女性，女性嫌脏怕虱子，也会选择少毛的男子，故寡毛男女子女多，这种性选择使后代人体毛越来越少，像现代畜牧业人工选育良种一样，具有某种优势的“品系”得以兴旺繁衍。直立行走也可能一开始是一种时尚，既方便又时髦，行止大方又有魅力，群而仿之，父母自幼教导子女直立行走，遂成习惯。家庭和部落聚居形成社会群体后，这种“风俗影响”无处不在。据动物学家观察，所有猿类都有直立、用后腿走路、奔跑或采集果实的能力。黑猩猩甚至常有舞蹈动作，靠双足跳跃。猩猩的直立姿态更好些，长臂猿在林间开阔地段能用双腿狂奔。有报道称，和人类隔离随幼兽一起成长的儿童也倾向于四肢爬行，模仿力使然。[69]

1.4 野性来自遗传

生物来自遗传

一切生物都必须能繁衍后代，否则这个物种就要灭绝。能复制自己，繁殖出与自身相似的子代是所有生命的共同本能，这是由基因遗传的，也是一切生命的要义。

19 世纪中叶以前普遍认为，有的物种至少是某些微生物，可能从池塘烂泥或浅海沉积有机物中自发产生。直到 20 世纪上半叶，还有不少生物学家和医学家仍坚持这种观点。法国一位生物教授普歇（Pouchet, Felix-Archimede, 1800—1872）发表《异源发生》一书(1859)，说微生物可以在与世隔绝的溶液中自发产生。他的实验未能被别人重复，故未被承认。4 年后法国生物学家巴斯德（Pasteur, 1822—1895）的实验证明，即使是最简单的微生物，如果没有母代微生物或其孢子存在，是不可能自然发生的。但是，1932 年 5 月和 6 月在上海出版的《科学》杂志上发表了罗广庭教授的两篇长文:《生物自然发生之发明》，声称他的试验证明了生命自然发生说，并得到了蔡元培、于右任等名人的支持。罗广庭为留法学者，时在广州大学任教授和医生，应了解 19 世纪法国发生过的那场争论。也因没有人能重复这个试验，故也很快被中国生物学界所否定。

从 18 世纪到 20 世纪中叶的 200 多年中，各国生物学、化学家们经最严密的科学实验和对自然界的观察，彻底否定了生命自发产生说，最后确立了生物学最根本的遗传公理：世上所有生物都是由祖代遗传下来的，一种生物只能繁殖同种生物。故民谚“龙生龙，凤生凤，老鼠生儿会打洞”，“种瓜得瓜，种豆得豆”等从遗传学来看都是极为确切的。

祖代用什么办法把自己的生物特征和性状传给下一代？遗传机制如何？这是一个更复杂的问题，直到 20 世纪下半叶才有了大家满意的科学答案。生物学家们早就观察到，不同物种靠不同方式繁衍后代。单细胞生物靠细胞复制分裂。多细胞生物靠无性繁殖或有性繁殖，植物靠孢子、种子等。所有高等动物都是靠雌雄有性生殖繁殖后代[71，33，72，73，74，75]。

胚胎发育

高等动物的胚胎发育都是从由卵子和精子（配子）结合成受精卵（合子）开始，经数次分裂后形成球形胚囊，或在卵内继续发育（卵生），或转驻于子宫内膜（着床），然后长出胎盘，逐步包覆胚胎。胎盘内有羊膜，膜内充满羊水，形成保护胚胎发育的环境。母体通过脐带为其提供营养[75，77，76]，胎儿长成后分娩而出世，曰胎生。

早在 19 世纪中叶，爱沙尼亚的人类胚胎学家贝尔（Baer, Karl Ernst Von, 1792—1876）就注意到所有哺乳类动物的胚胎发育过程与人类极其相似，说明人类与其他哺乳类动物有同源关系。后来，德国动物学家海克尔归纳为“重演律”（1866）：“动物个体的发生和发育重演种系进化史的各个阶段”。20 世纪以来，胚胎学家们认为在胚胎发育初期这个规律中应把“重演”修改成“反映了”祖先的进化

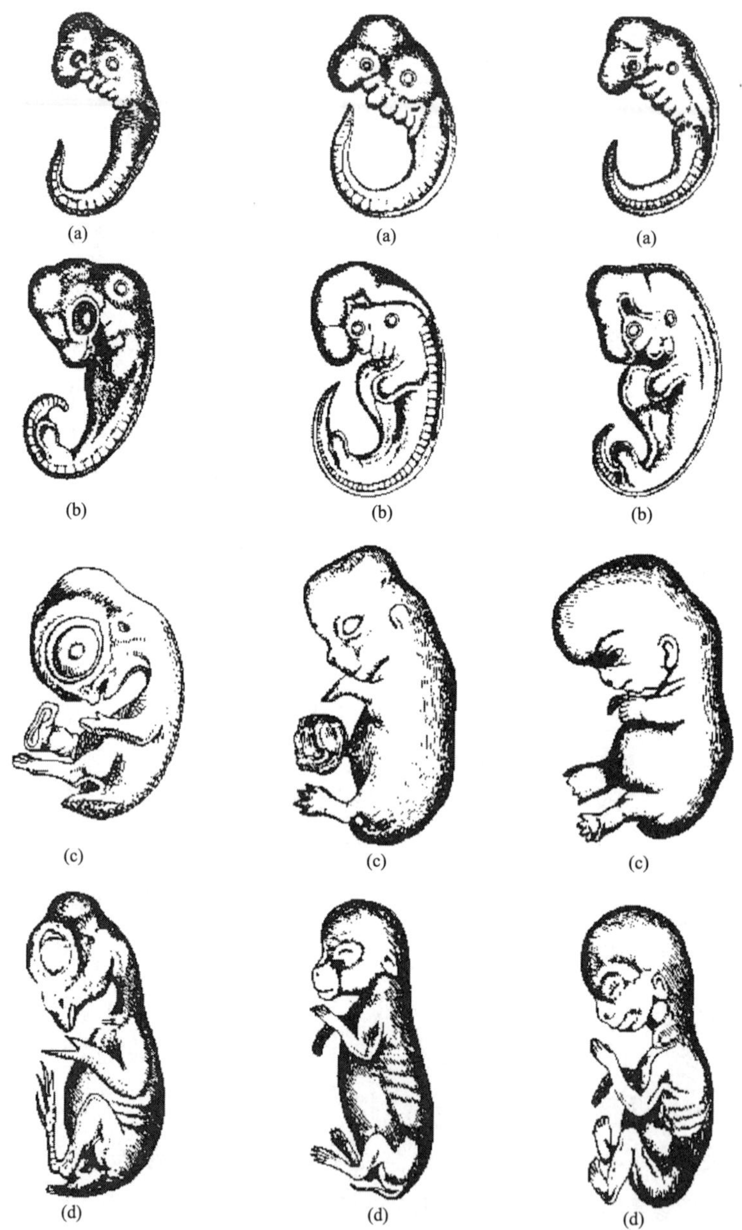

图 1.4–1　鸡、兔和人的胚胎在发育初期的相似性。这是海克尔论证“重演律”曾用过的图。(a)—(d)为各物种在胚胎发育中可比阶段的形象。

史，到了个体发育后期才逐步显现出物种本身的特有性状。例如，从图 1.4–1 中可以看出，鸡、兔和人类的胚胎发育初期有很大的相似性。陆上动物的远祖生活在水中，和鱼类及部分两栖类动物一样都用鳃呼吸，以便与水流交换氧气和二氧化碳。人类胚胎也在羊水中发育，4 周前也有鳃，第 5 周以后鳃发育成下颚骨、舌骨和喉等结构。鱼类心脏只有两个心室，人的胚胎初期也只有两个心室，第 7 周以后房室隔开形成 4 房室结构 [75，76]。

人类母亲的卵子受精后一个新人的生命即告开始（图 1.4–2）。在母亲体内发育 40 周（280 天）后婴儿出世。前 8 周称为胚胎期，大多人体器官雏形都在这个时期形成。第 1 周受精卵分裂成 2 个—16 个细胞，形成约 0.1mm 大小的囊胚。第 2 周囊胚着床于子宫壁膜。第 3 周开始出现胎盘，胚胎头尾分明，头部增长，内胚层中出现体腔和原肠、脊索、神经板等器官雏形。第 4 周胚胎长到 2mm，直径 15mm, 比单细胞受精卵长大了 10^6 倍，胎盘变厚，神经系统发育迅速，出现心、肝、肾、胰、肺，消化系统开始发育，心脏开始跳动，四肢萌芽。第 5 周胚胎长到 15mm，出现小脑，大脑脊索，头部出现鼻孔、眼窝、耳蜗、咽头、食管，心室隔膜完成，尿管、生殖器内茎已可辨认。第 6 周是神经和胎盘发育周。胎盘长到 14mm，神经中枢和自主神经已成雏形，出现眼睛，嗅觉已有，脊索和脑架已成。第 7 周是胚胎框架完善期，长 23mm，重 2 克—3 克，心血管和神经系统已连通，头部长出脑和脑干，前脑、中脑、棱脑、丘脑、延脑、小脑、脑桥、延髓、脑膜已可辨，脊神经已分节，感知器官和自主神经系统开始动作，眼、耳已成形。

第 9 周—38 周称为胎儿期。胎儿在胎盘中发育，通过脐带从母体中汲取营养、获得免疫和排除废物。体重从 8 克长到 3400 克，增长 425 倍。第 9 周，头部占身长的一半，出生时为 1/4。所有器官都

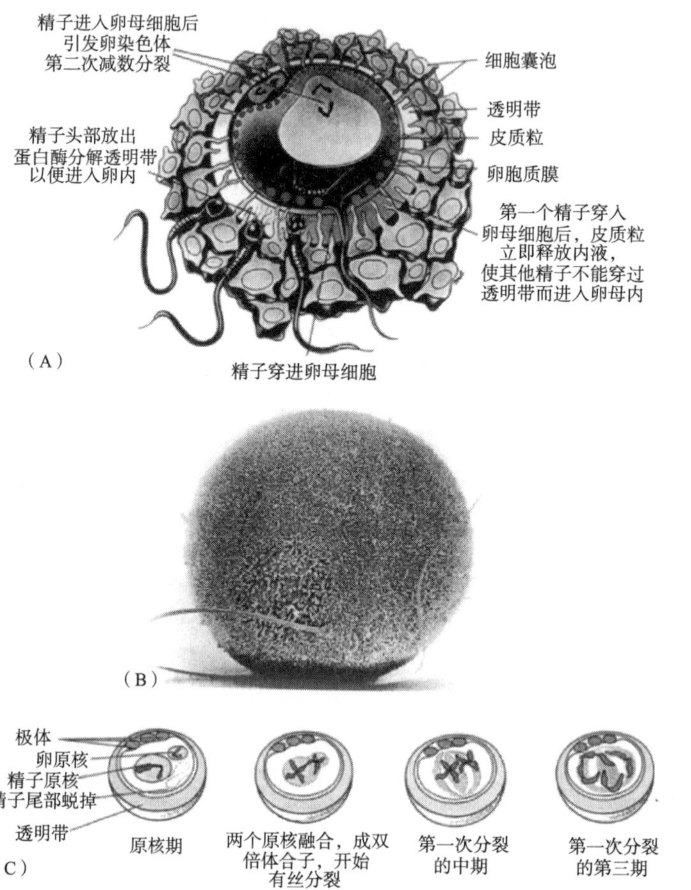

图 1.4–2　卵子受精过程。(A) 第一个精子穿进卵母细胞外围，放出蛋白酶溶解透明带并进入卵母细胞内部。胞质膜内的皮质粒放出内液，使透明带不再能被其他精子的酶溶解，从而拒绝其穿入。精子穿入卵母细胞后，后者立即开始第二次减数分裂。(B) 精子头部穿入卵母细胞时的电镜照片。(C) 合子的形成。卵子完成减数分裂后与精子原核融合成双倍体染色体，开始第一次有丝分裂（中期），分裂成 2 个细胞 [46]。

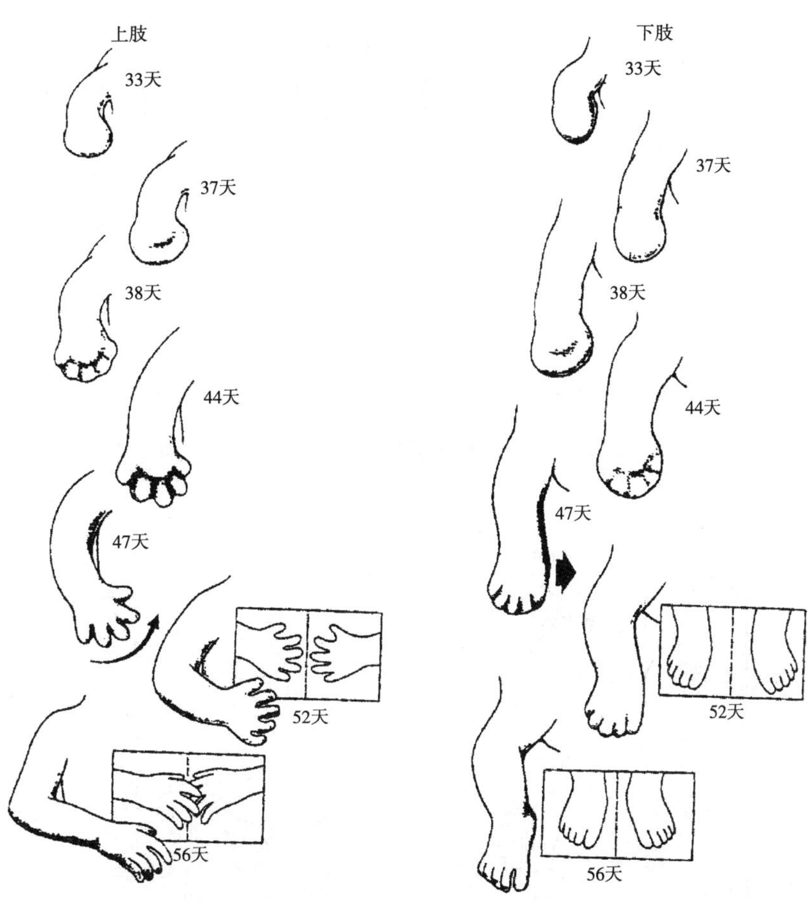

图 1.4–3　胎儿在胚胎期内，从第 5 周—第 8 周四肢迅速发育，40 天内从幼芽长成双臂、双腿和手指、脚趾。下肢发育速度比上肢稍晚数天 [46]。

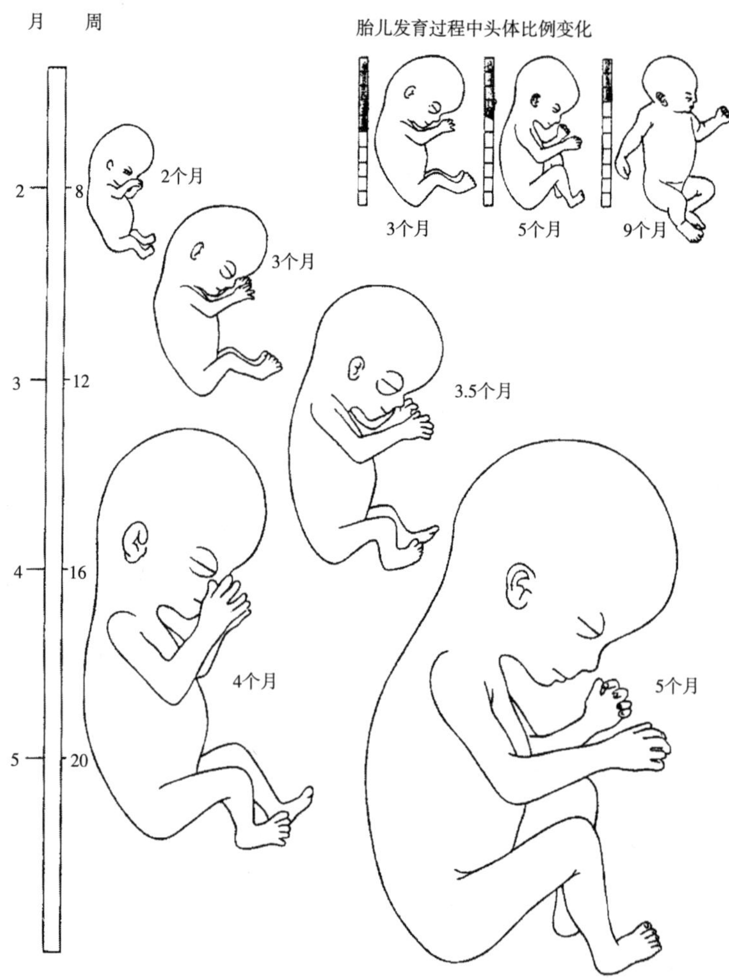

图 1.4–4 胎儿从第 8 周—第 20 周的发育过程 [46]

已出现，多数尚未发生作用。第 5 周—第 8 周四肢发育甚快，在 20 天内从肢芽长成腿、臂和五指（趾），见图 1.4–3，心脏和血管系统已开始动作，到第 12 周才全面运行。图 4.4 中表示从第 8 周到第 20 周胎儿生长过程。直到出生后婴儿很多器官仍未成熟，如大脑和小脑，这决定了人类婴儿必须长期处于哺乳和幼年期 [46]。

人类和哺乳类动物胚胎发育的奇妙过程至今仍使人们惊叹不已。从一个直径只有 0.1mm 的单细胞受精卵开始在几个月内能长出一个结构复杂而完美的生命个体，性状既像母亲，也像父亲，人们长期不知其所以然。近 200 年来，许多人对遗传的机制提出过猜测。19 世纪下半叶连达尔文都相信过“泛生论”，说男子的精液是在全身各处形成的，带有身体各部分的特征，汇集于血液中，通过睾丸进入阴茎，排出精子与卵子结合传给后代。还有人认为在卵子或精子中含有十分微小的关于身体构造的模型，受精卵就根据这个模型发育成人 [74]。20 世纪的遗传学和人类胚胎学的观察和实验完全否定了这些猜测。

遗传基因

人们真正开始懂得遗传的物理机制从奥地利遗传学家孟德尔开始，他用不同颜色的豌豆进行杂交实验（1865），揭示了物种遗传的基本规律和性质，证明高等植物的性状是由花胚珠中的卵和花粉（精子）结合后，相对独立地传给后代 [12]。孟德尔成为遗传学的奠基人。后来人们用基因（Gene）来称呼孟德尔试验中所发现的遗传因子。早在 1892 年，德国生物学家魏斯曼（Weismann, August, 1834—1914）认为受精卵的细胞核里含有全部的遗传物质。美国遗传学家摩尔根证明了遗传基因载负于染色体上（1910）。他曾想到：“我们很难放弃那个可爱的假说，就是基因代表着一个有机的化学实体，所以比较稳定”。后来分子生物学的发展完全证实了这个假说。美国和英国生物物理学家沃森和克里克于1953年发表了关于DNA的双螺旋结构论文，彻底阐明了染色体复制遗传的分子化学机制，使遗传学和生物学在生物如何繁殖后代这个最根本问题上取得了突破性共识[14]。

到20世纪末，特别是人类基因组测序计划完成以后，我们对人类遗传和胚胎发育机理就有了更深刻的理解。

胚胎发育和幼儿成长需要的主要物质材料（营养）可归纳为4大类：一是碳水化合物（糖、粮食），提供能源和结构材料；二是脂类，为机体贮存能量，供给保护材料（细胞膜、皮下脂肪保温等），调节机体活性（如类固醇、激素）等；三是核酸，系遗传物质脱氧核糖核酸（DNA）和传递及执行指令信息的核糖核酸（RNA）的主要构件；四是蛋白质，它在生物体中功能最多。肌肉、腱、皮肤、毛发、指甲、骨骼的主要成分是蛋白质。保持生命活动中各种化学代谢反应是在上万种专用酶的催化下进行的。酶也是蛋白质，故常说蛋白质是一切生命活动的演奏队。蛋白质都是由约20种氨基酸小分子依不同顺序聚合而成，除8种—9种称为必需氨基酸（如苯丙氨酸、色氨酸、蛋氨酸等）只能从食物中汲取外，大多氨基酸人体细胞能自己制造。20世纪下半叶分子生物学终于弄清了细胞如何能把20种小分子氨基酸编织（聚合）成有严密顺序和专属功能的大分子蛋白质包括各种催化酶等。

实验证明，细胞制造蛋白质的规则和程序指令是以三联码形式储存在细胞染色体的DNA上，作为模板保存在细胞核中。由叫做信使核糖核酸（mRNA）的单链线型分子从模板上复制信息后送出核外，指挥胞质中的小分子转移核糖核酸（tRNA）去完成合成所需蛋白质的任务。弄清了细胞合成蛋白质的机理和化学过程是20世纪分子生物学和遗传学的重大突破，证明了包括人在内的生物个体自造蛋白来保持生命和遗传的能力来自细胞核。染色体中的遗传物质和信息，是通过精子和卵子中单拷贝 DNA 的协同作用遗传给子代的。

具有特定功能和信息的 DNA 片断或片段组合称为基因（Gene）。例如载有制造蛋白质指令密码的一段 DNA 序列就是一个基因单位。细胞中遗传物质所含基因的总和称为基因组（Genome）。人的每一个体细胞中都有 23 对染色体，称为双倍体，其中前 22 对称为常染色体。第 23 对染色体由 X 和 Y 组合而成。男性第 23 对是 XY，女性是 XX，称为性染色体。成熟的生殖细胞（精子和卵子）是经过体细胞的减数分裂后的单倍体，只含 23 条染色体。观察表明，在减数分裂时，生殖细胞的染色体是双倍体生殖母细胞两条染色臂间交换后的产物。所以单倍体精子的染色体含有祖父母的基因，卵子带有外祖父母的基因。另外，卵子中第 23 条永远是 X。男性一次所排精子约有 2 亿个，有一半的第 23 条是 X，另一半是 Y，能与卵子结合的机会男女平等。受精卵发育以后有丝分裂的细胞都含有相同的 23 对染色体，都是双倍体，一条来自父亲，一条来自母亲，都是从受精卵那里拷贝过来的。只有男性 Y 染色体例外，它总是由祖父传给父亲，父亲传给儿子，单性遗传，在减数分裂时不和女性染色体 X 发生臂间交换。

生物遗传所产生的后代，肌体结构、性状和生命活动的基本特征都非常稳定，由父母双方的遗传基因联合决定。由于遗传物质不可避免地受环境影响，如受到紫外线或高能射线辐射时，或摄入有害化学物质时，DNA 中的核苷酸序列常会发生微小变化，称为变异。胚胎发育过程中有丝分裂增殖的新细胞中的 DNA 拷贝也可能偶然发生差错，片断缺失、错位、倒位、化学损伤等，使子代的遗传物质与父母代遗传的并不完全相同。分子生物学研究表明，各种生物都形成了很强的容错和自我修复能力，DNA 中少数核苷酸丢失或错位可以得到纠正，大的缺陷常通过同源染色体相互分段交换而绕过。如果父母的染色体共有相同的缺陷（近亲婚姻），DNA 分段交换后仍不可能排除。严重的不能纠正的差错会导致子代发生遗传性疾病。另一方面，变异为遗传的多样性创造了条件，使后代获得进化的机会。据分子生物学家估算，人类遗传基因发生变异的速度甚慢，每 100 万年时间内只可能改变 DNA 序列的 1%—2%，每 100 万个精子中发现 5 个—10 个精子中的 DAN 有变异 [5]。按此估计可推算出人和黑猩猩的分歧进化大约发生在 500 万年前。

人类基因组计划完成后，我们已经知道人的 DNA 总长为 3×10^9pb（碱基对）。在 23 条染色体中，1、2、3 号最大，平均长度为 2.2×10^8bp，制造蛋白质程序规则和指令信息的基因主要载负于这三对染色体上。最短的是男性染色体 Y，仅有 3.5×10^7bp（参见图 1.3–9）。到 20 世纪末，临床医学已发现人类有 200 多种疾病源自先天性遗传（参见表 1.4–5）。最典型的先天性遗传病是染色体异常或环境因素导致的发育异常和畸形。新生儿中有 2.7% 先天性畸形，其中死亡率高达 20%，只有 3% 可以在婴儿期发现 [75]。例如，克赖非特综合症男性患者（Klinefelter syndrome）细胞中的性染色体是三倍体 XXY，而不是二倍体 XY，比常人多了一条 X。患者无生育能力，生殖器萎缩，体征女性，乳房增大，无胡须，四肢硕长，智力有障碍，男婴中发病率为 1.2‰。男婴中还有 1/900 患 XYY 综合症，多一条男性染色体。患者身材高大，易于兴奋，厌学，自我克制能力差。三倍体受精卵的发生是因为母亲的卵子或父亲精子减数分裂时出了差错，生殖细胞（配子）没有变成单倍体。还有女婴患超雌病，细胞中的性染色体为 XXX，比正常女孩多了一条 X，成年生活正常，但有 2/3 患者智力发育差，有患精神病倾向。极少数女婴患者甚至有 5 条 X 染色体，影响智力，出现畸形 [74]。

临床医学和分子生物学已经提供了大量证据，说明包括人类在内的动物界的个体发育和成长得以保持种的性状和父母代特征完全是由遗传基因控制的。环境对个体成长的影响当然十分重要，如果得不到营养就会饿死。但是，就个体性状和体能来说，遗传基因是决定性的因素。

人类的 24 条染色体上的遗传物质 DNA 的分子结构和核苷酸序列都已测出，得到了大量的基础信息（表 1.4–1）。但是，对这些序列中所含基因的定位、功能、数量等分析和实证工作远未结束。大量 DNA 片断的功能尚不清楚，已发现上千个已知功能的基因在序列中还没找到位置。分子生物学家正在执行一个叫做功能基因组学（Functional genomics）的计划，逐步读懂人类基因序列的全部含义，找到所有基因并给出功能描述和实验证明 [78]。

表 1.4–1　人类 23 对染色体特征 [79]

染色体序号	长度（碱基对数，10^8bp）	所载基因数	遗传信息内容及遗传病源
1	2.63	3140	蛋白编码基因
2	2.55	1570	蛋白编码
3	2.14	1600	蛋白编码，复合癌症基因
4	2.03	2585	亨廷顿病、多囊肾、肌肉萎缩、智障
5	1.94	920	白血症（5q）
6	1.83	2190	血液病、帕金森病、癫痫、精神病
7	1.71	1455	耳聋、视网膜变性、白血病、癌症
8	1.55	1890	—
9	1.45	1575	—
10	1.45	1250	85个基因与遗传病有关，如乳腺癌、前列腺癌、糖尿病（I）、老年痴呆
11	1.44	2290	嗅觉受体基因
12	1.43	1400	癌症、运动失调、老年痴呆

续表

染色体序号	长度（碱基对数，10^8bp）	所载基因数	遗传信息内容及遗传病源
13	0.98	930	乳腺癌、精神分裂症
14	0.93	1050	60个基因与遗传病有关，免疫系统病
15	0.89	945	—
16	0.98	880	DNA修复基因
17	0.92	1540	乳腺癌基因BRCA1
18	0.85	510	—
19	0.67	1780	糖尿病、修复染色体
20	0.72	730	糖尿病、肥胖症
21	0.34	280	先天智障、早老性痴呆、癫痫
22	0.34	680	先天心脏病、白血病
X	1.64	1100	决定女性特征基因，血友病、红绿色盲、痛风
Y	0.35	80	决定男性特征基因，秃顶、多毛

基因编码

过去 200 多年来最令生物学家焦虑的问题是，什么力量能保证生物这么精密地遗传后代？例如，人的眼睛即使与现代最好的光学技术比较，也是毫不逊色的精密仪器，居然也能从微小的单细胞受精卵发育过程中长出来。人的胚胎仅用 30 天的时间就能长出四肢，从肢芽长成完美的手和足。现代科学否认存在什么超自然力量事先设计好蓝图指挥生物的发育和成长，而认为一切规律和动因都存在于自然界和生物自身。人体和器官，无论如何复杂，都是在长达 30 多亿年的进化过程中靠自然选择和遗传基因变异自动形成的，这是达尔文进化论的唯物主义核心。

如果有人能用图纸和文件把人体构造、器官功能、大脑结构、细胞连接等写出完整的技术文件，像制造大飞机那样，那需要数十卷百科全书那么多的资料才能括尽。人的 23 对染色体中的 DNA 有否那么大的信息容量足够准确复制祖代的遗传信息？20 世纪中后期发展起来的信息论能给出准确答案。人的 DNA 的长度为已知，4 个核苷酸（腺嘌呤 A，鸟嘌呤 G，胞嘧啶 C，胸腺嘧啶 T）在每一节点上出现的频率已能准确地统计出来。据人类基因组计划测定，C+G 成对出现的机会为 40%，A+T 为 60%[80]。为简化计算故，今设 4 个核苷酸出现的机会相同，都是 1/4，而且不受前后节点的影响。依香农定义（shannon, C. E., 1948）[81,82]，这条 DNA 所含的信息量（信息熵）为 H 比特：

$$H = -N\left(\sum_{i=1}^{4} P_i \log_2 P_i\right) = NH_0 \qquad (4\text{–}1)$$

人的DNA总长N=3×10^9bp，每个节点的熵$H_0 = -4\left(\frac{1}{4}\log_2\frac{1}{4}\right) = 2$比特，则 23 条染色体的信息容量可达到 6×10^9 比特。一卷 300 万字的百科全书，以每个汉字占 2 个字节计算，它的信息量是 $3\times10^6\times16=4.8\times10^7$ 比特。那么，人的 DNA 中可储存 125 卷百科全书的信息。这表明，决定人的发育、成长和生命活动的指令信息主要存储在细胞染色体的 DNA 中从容量看是可能的。

另一个迷人的问题是 DNA 中是否存有人体结构和器官位置的信息？20 世纪中叶之前生物学已经知道人体发育是靠细胞不断分裂增殖实现的，有丝分裂后的子代细胞是母代细胞的复制品。是什么力量或信息使细胞知道自己所在位置，例如上肢芽要长成手而不是长成腿？这个问题困惑了人体胚胎学家 200 多年。1984 年分子生物学家在果蝇的 DNA 中发现了一组同源异形基因（Homeotic genes），每个由大约 180bp 组成，具有调控细胞定向发育功能，统称为同源异形基因盒（Homeobox）。人的基因组中已发现有 39 个同源基因盒，分为四类，HoxA、HoxB、HoxC 和 HoxD，各有不同的调控功能。后来察明 Hox 基因的不同组合普遍存在于脊椎动物和无脊椎动物中。例如，软骨鱼类的基因组中含有 HoxA、HoxB 和 HoxD，但没有 HoxC（《Science》）。它们是非常古老和保守的基因，是从遥远的祖先那里传下来的。无脊椎动物中叫做 Hom 基因。在实验中人工扰乱 Hom 基因，曾导致果蝇的触须误长成多余的第 7 只脚来，而昆虫纲双翅目的正常果蝇只有 3 对足。这生动地证明了 Hom 或 Hox 基因对胚胎发育、器官上细胞的分化起关键作用，它必含有空间和时间次序的控制信息 [83，84，85，86，80]。

20 世纪末，生物学家们在人的 DNA 中看到只有 1/3 与制造蛋白基因编码有关，其他约 2/3 是非蛋白编码的核苷酸序列，有的片段在 DNA 中多次重复。有的是高度重复的长度仅为数十个核苷酸的短序列，称为微卫星 DNA（Micro satellite DNA）。还有较长的序列片断在整个 DNA 中重复出现。原以为它们都是 DNA 中无用的垃圾，后来发现这是一组广泛存在于动植物 DNA 中有特定功能的元件，在复制和翻译基因指令过程中有调控、降解和阻碍执行指令的功能。在胚胎和胎儿发育期内，这一群微卫星 DNA 对细胞的增殖、时空分化、代谢都有举足轻重的作用 [87]。另外还发现，灵长类动物的 DNA 中这些重复序列的含量比其他哺乳类动物中的含量要多得多，表明它们是进化很快的一族。据现在生物学的理解，无论是同源异形基因盒 Hox 和微卫星 DNA，它们都具有调节细胞执行基因预定程序的功能。人类基因组（测序）计划完成以后，解读和诠释全部 DNA 序列是 21 世纪分子遗传学的中心任务，目前知道的还很少。分子生物学和遗传学家从 2003 年开始联合执行一项“DNA 功能元件百科全书（ENCODE）”编制计划，意在诠释出人类基因组中 DNA 的全部功能。2007 年发布了第一批成果，仅汇集了 DNA 中不到 20% 核苷酸的已知功能，还有 80% 元素功能为未知，要完成 ENCODE 计划路还很长 [89]。

兽性本能

从行为科学的观点来看，本能（Instinct）是指动物对外界的刺激作出的无意识的反应和应答，表现为一种可预见的，相对固定的反应模式，主要是由祖先基因遗传下来的技能。物种性状是继承自猿类、兽类和亘古祖先，并在长期进化过程中获得的技能，如同身体结构一样，具有长期稳定性和高度保守性，生物学家常把它列为该物种的分类特征。本能的遗传表现突出的有蜘蛛织网，蚕吐丝，鸟筑巢，鼠挖洞，松鼠和地鼠储藏食物，工蜂采蜜育幼，羚羊吃草方式等。

所有动物都有躲避捕食者，回避危险的本能，能逃遁、自卫和攻击。鸟群惊飞，狼群聚猎，虎守领地，以及孔雀开屏求偶，鸳鸯终双，鱼类雌雄协同产卵授精等性行为都属本能，受先天遗传的基因控制，按祖传程序行动。高等动物的本能常与后天的经验结合而形成习惯和条件反射，从而使本能的表达形式更加丰富。这是在自然选择的压力下，为维护个体生存和种的延续而形成的可遗传的技能，主要储存于细胞的 DNA 中。

人类有更丰富的本能。由本能主宰的孩提时代稚嫩无邪，天真烂漫，不猜无忌，少忧寡欲，是人生最美好且值得终生记忆的短暂时期。故成年人愿长留童心，老人祈返老还童。幼儿的行为主要由先天本能控制，饿求吃奶，渴知饮水，用哭声表达各种需求。6 月出牙，1 岁学步，2 岁学话，3 岁识数认路，6 岁求知等都是遵循遗传基因所规定的发育程序和通过学习而获得的技能。人的性别及性征完全由基因决定，通常终生不变。青春期后的体态、恋异性、求偶、性爱、婚姻和生儿育女等行为，也是由古老的基因所注定的，直接由体内众多内分泌腺(脑垂体、肾上腺、性腺等）激发和调节，以达到成功生存，生儿育女，种族世代延续的目的。从进化论的角度看，物种的繁衍和生育后代比个体的生存更重要，故性爱是自然法则赋予人类的遗传性状，不可能因个体的差异和所处环境变迁而改变[20]。心理学的实验证明，人的性格倾向，对外界刺激信号的反应强度，对环境变化的适应能力等都与基因遗传因素有密切关系。即使强制训练左撇子用右手写字，他的左手在其他动作中仍然更灵巧，这也是由基因决定的[88]。至于由于遗传基因的差错或变异而引起的病症，如表 1.4–1 中所列，已是经过临床医学反复证实了的事实。

虽然本能是由基因遗传下来的，它也要受到个体的发育和成长时的环境条件所制约。胎儿在母体胎盘内发育 280 天，那里环境稳定，营养丰富，与外世隔离。一旦出世即暴露于复杂环境之中，无时不受其影响。优生优育、营养和呵护、训练和教育是本能得以表达的必要条件。良好的环境条件和训练能使本能更加丰富和完善。很多本能行为是通过多种器官协同动作，在神经系统的指挥下形成的，称为反射弧运动，更易受到环境和练习的影响。人类与其他动物界最大差别在于有发达的大脑和中枢神经系统，后者对人体行为具有强大的控制能力。

随着知识和经验的积累，思维和逻辑判断能力的提高，某种信仰的建立，都可能使个体的本能受到压抑或改造。耶稣会士和佛僧的独身、示威者的绝食、烈士的献身等是对本能的对抗和成功的压制。然而，被压掉的本能仍然会向后代遗传，后天学得的信念、信仰、知识和经验却止于本人，子孙欲要继承都要从头学起。

归纳上述，人的发生、发育、成长和育后等生命活动主要是父母的基因遗传下来的。环境条件和社会文化是影响人生的重要因素，但通常不能改变遗传性状。如果向上寻祖，遗传学和古人类学的结论是，人类与猿类有共同的祖先，所以今天还有 95% 以上的共同基因。再向上寻根，人类和兽类（有胎盘哺乳类）同宗，有共同的远祖，所以我们和兽类至今仍有 70%—90% 的共同基因。与最原始的文昌鱼有 90% 的基因组相似 [16]。再向前找，人的亘祖可追踪至 30 亿年前的单细胞生物，故人和细菌仍有 100 个—200 个相同的基因 [17]。从生物学来看，人与兽类有共同的生物本性。人们长期误以为人与兽类来源不同，人是上帝用特殊材料做成的，故赋予“兽性”二字极其低陋卑贱的含义，以致成为咒语。纠正这个误解对政治学、经济学、人类社会的组织管理和服务业都具有重要意义。或许用“野性”称呼兽性稍雅致些。

1.5 基因不死

包括人类在内，高等动物的遗传原理相同，都是由父、母代的生殖细胞（精子和卵子）把DNA传给子代，后者在发育过程中，通过细胞有丝分裂，把父母传下来的基因原件拷贝下来，继续活在子代身上每一个细胞中。遗传基因在人或其他生物体内并不是集中在某个地方，而是分散贮藏在每一个细胞的细胞核中。成年人体大约有10^{15}个细胞，每一个体细胞的细胞核中都有一套完整的23对染色体拷贝，每条染色体上的DNA都是由4种核苷酸（字母A、T、C、G）编接成的线性序列，遗传基因就编码在这些序列上。在正常情况下，只要在妊娠期内不发生伤害、营养不良、放射性袭击、环境污染等意外事故，这些遗传基因就能保证每个子代个体的健康发育和成长。前代逝去，基因拷贝活在后代身上。只要后代不绝，你的基因永在。

亲缘度

如前所述，人的体细胞都是双倍体，精子和卵子相融合时父母的同号染色体（同源染色体）自动配成一对。所以，我们每一个人的遗传基因一半来自父亲，另一半来自母亲。遗传学中定义了代间的亲缘度，记为R。从父系来看，子女对父亲的亲缘度为R=1/2，对母亲亦然。同胞兄弟（姐妹）间的亲缘度也是 R=1/2。同卵双胞胎是由同一个受精卵分裂成两个胚胎，有完全相同的 DNA，故其亲缘度 R=1。异卵双胞胎之间如同兄弟，亲缘度仍是 1/2。在非近亲繁殖的条件下，孙辈与祖父之间的亲缘度是 1/4。以此类推，如果用 N 表示代距，即到共同先祖的间隔代数，那么第 N 代后，每个人与共同先祖之间的亲缘度是 R_N，

$$R_N = \left(\frac{1}{2}\right)^N。 \tag{1.5–1}$$

对有唯一共同先祖的任何两个人，如果第一人是第 N_1 代子孙，第二人是 N_2 代，那么他们之间的亲缘度是

$$R_{N_1N_2} = \left(\frac{1}{2}\right)^{N_1+N_2}。 \tag{1.5–2}$$

如果这二人有共同的先祖母（不是同父异母），那么 $R_{N_1N_2}$ 应乘以 2，即

$$R = 2R_{N_1N_2} = 2\times\left(\frac{1}{2}\right)^{N_1+N_2}。 \tag{1.5–3}$$

由此式可得到前述同胞兄弟（妹）之间的亲缘度是 1/2，堂（表）兄弟（妹）之间是 1/4，等等 [47，90]。

据孔子家谱编辑委员会 2007 年 1 月宣布，到 21 世纪初，孔子（前 551—前 479）后代已近 300 万人，已登记和申请登记的有 180 万人，居住海外 5 万人。编委会主席孔德涌先生是第 77 代。最年轻的孔姓有 83 代的。这样算来平均每代间隔 31 岁（见《中国日报》2007 年 2 月 5 日报导）。另据 1982 年 8 月 15 日《人民日报》载，住在山西夏县水头镇小晁村的司马英是宋朝著名历史学家司马光（1019—1086）的第 28 代孙，据此每二代平均间隔是 32 岁。从遗传学来看，今日孔姓男女与孔子的亲缘度已十分微小，小于（1/2）^{80}=0.8 × 10^{-24}，身上

带有孔子本人的遗传基因只有万万亿分之一。司马光的第28代子孙们所保有的先祖基因也只有 3.7×10^{-9}，即小于10亿分之4，也已微乎其微。20世纪80年代河南某校教师上书政府曰，有证据表明其是宋朝开封犹太居民之后，要求政府承认其犹太民族地位。据查，鼓励散居在全世界各国的犹太人返国定居的以色列政府规定的认同条件是祖父或祖母为犹太人者，即亲缘度大于1/4，是谓“君子之泽，三代而斩”。宋朝开封犹太居民至今已逾800年，已于明清时代与周围各族融合，即使今某人确系他们的直系后代，以每代人占30年计，至少已超过20代。按（1.5–1）式，某人与先祖之间的亲缘度R已小于 $(1/2)^{20}=9.5\text{x}10^{-7}$，比以色列政府的认同条件小100万倍。河南某教师的诉求不可能得到政府机构和社会团体的认同。

遗传定律

但是，无论是孔子、司马光或开封犹太人的遗传基因拷贝并没有消失，而是弥散在人群之中。生物学中称彼此有婚配育后可能的群体为人群（Population）。人群中能繁育后代的全体基因总和称为基因库（Gene pool）。个体的基因组称为基因型（Genotype），个体表现的性状称为表现型（Phenotype）。决定子代某一特定性状差异的不同基因，如眼睛、头发和皮肤的颜色，鼻子的高矮等，称为等位基因。

处于2条同源染色体对应位置上的基因是等位基因。在人群中如果存在2个以上的等位基因则称为复等位基因。例如人的血型是由遗传基因决定的。人群中存在三种等位基因，I^A、I^B 和i, 受精卵中可能有6种配合：

I^AI^A，I^Ai，I^BI^B，I^Bi，ii，I^AI^B，前两种决定A型血，中间两种是B型血，ii决定O型血，最后一种是AB型。

从 19 世纪中到 20 世纪末的 150 年间，生物学对生物遗传的规律和机制已积累了很多知识，形成了遗传学这门迅速发展的前沿学科。到 21 世纪初，遗传学确切知道的有下列几点：

（一）一切生物个体的诞生和发育过程是由基因决定的。个体的基因型在父母配子（精子和卵子）融合时就被决定了。环境是个体发育成长的必要条件，是外因。个体的表型（性状和特征）是发育的结果，是基因型和环境联合作用的结果。环境变恶、气候变坏、营养不良、有毒化学物质、紫外辐射等因素都可能导致处于发育和成长中的个体变异、受损伤或死亡。

（二）孟德尔定律（1866）。一个人的基因组分布负载在每一个细胞核中 23 对染色体的 DNA 上。每个基因都具有相当大的保守性和独立性，在遗传过程中不与其他基因融合。在父、母生产配子（精子和卵子）时各等位基因分别进入配子。来自父母的等位基因在受精卵中也并不融合，而是独立地自由结合。遗传基因好像一颗“固体颗粒”，不与其他基因混融。等位基因有显性和隐性之分。如果有两个等位基因同时存在于人体中，其中有一个必定在子代身上表现出来，称为显性基因。另一个则被抑制，称为隐性基因，但仍能传给后代，在适当条件下仍能在隔代身上独立表现出来。20 世纪以前，曾有人认为遗传基因有如一滴“油漆”，在合子（受精卵）中可能与别的基因融化混合而“稀释”后传给后代。孟德尔的实验结果否定了这种概念，从而奠定了现代遗传学的基础。例如，血友病即凝血障碍病，系母亲一方的基因缺少生产凝血因子 VIII（抗血友病球蛋白）能力所致，属于性连锁基因遗传病，女性是此病传递者，男性患者的儿子都不患此病。患此病女性之儿子 1/2 患病，1/2 正常，女儿中有 1/2 是致病基因携带者，另 1/2 正常。这种遗传规律可从孟德尔遗传定律中推算出来，并且与观察实验结果完全一致。

（三）哈迪—温伯格定律（Hardy-weinberg Law）在一个相当大的且相对封闭的人群中，只要不发生灾难性灭绝（原子弹爆炸、瘟疫等），各种基因型都能按孟德尔定律成比例地传到后代，并且与表现型比例一致。这也称之为遗传平衡定律。按此原理，某种引起特别表现型的基因一旦进入人群基因库就永远不会消失，也不可能被它的等位基因所挤掉或变得模糊。如前述的蓝眼睛，金色头发，决定血型的等位基因等将永远留传在基因库中，并且成比例地在后代群体中出现。这就是“基因不死”的含义。

基因不死并不意味永久不变，否则就没有生物进化可言了。在生存环境的影响下，如高能辐射、营养、气候等因素都可能导致遗传基因的改变，称为突变或变异，从而影响生物个体的性状和机体结构发生变化。基因载负于染色体上 DNA 的编码中，而码元分别由 4 种核苷酸的化学键连接而成。凡能量高于键能的紫外线以及高能粒子照射，或者某些化学物质作用都能引起 DNA 结构的变化。在转录复制过程中核苷酸的顺序也可能偶然出现错误，发生码元缺失、换位、移位、倒接、重复等差错。有的能自行纠正，有性繁殖赋予生物遗传基因以极大的纠错能力。如果生殖细胞的 DNA 发生不能纠正的变异就会遗传给后代。这种变异多数是有害的，甚至有致死性突变，导致个体的死亡或隐性致死。20 世纪 80 年代发现的镰形细胞贫血症就是一种能慢性致死的基因病。在众多随机变异中，也有的对生物某些性状发生有益的影响，通过自然选择而留传至后代。观察表明，在地球上的自然环境下 DNA 变异的发生率很低。高等动植物每代的变异率为 10^{-5}—10^{-8}，即 10 万到 1 亿个配子中平均有一个发生变异。而细菌的变异发生率为 10^{-4}—4×10^{-10} [5]。在正常情况下，由于变异而引起的生物进化速度非常慢，在数万到十万年的时期内才可能发生可观察到的性状变化。人的基本性状和特征很少能在一二代人的时间内有可观察得到的变化。人和黑猩猩的基因组总长相同，都是 $3x10^9$bp。制造蛋白的编码基因有 90% 以上是相同的，DNA 分段重合的有 98.4%。按上述变异率估算，二者分道扬镳的时间约在 500 万年以前。

“基因不死”不是说祖先传下来的基因物质本身永垂不朽，而是指它所含信息不会消亡，是以超保真拷贝的形式向后代传递。这与古艺术品，名画或字画的流传不同。艺术品的原件真迹可以保存数百年甚至逾千年，如达·芬奇（1452—1519）的画，王羲之（303—361）的行草，苏轼（1037—1101）、文同（1018—1079）、李公麟（1049—1106）和米点山水（1051—1107）等字画都有千百年的原件传世。基因的遗传只有拷贝复制一种方法，有如字画的手工临摹、拓本或制版印刷而传后。受精卵是父母遗传给后代的唯一的一套基因原件真迹。1 天后发生有丝分裂，变成 2 个细胞，2 天后分裂成 4 个，3 天后变成 8 个，4 天后各细胞再分裂一次形成桑胚，细胞数已达 32 个，一周后变成囊胚着床于子宫内膜基质中，细胞数超过 128 个。所有这些细胞所含的基因组都是有丝分裂时的复制品，一周内由第一套染色体原件复制成 128 套拷贝。[46，75]

初生婴儿体重平均 3.5kg，约含有 10^{13} 个细胞。胎儿在胎盘中的 280 天中，细胞平均要分裂 45 次。成人有 10^{15} 个细胞，从受精卵算起，细胞要分裂约 50 次，所以大部分人体细胞中的染色体是“原件”的第 45 代—50 代的复制拷贝。人的一生中，很多细胞会死去，由新的细胞取而代之，是谓代谢过程。即使有的细胞能存活一生，也将随个体的死亡而消失。故祖父母的遗传基因“原件”不可能传存到第三代身上，从第二代开始全部是复制件。复制遗传是一切生命形式世代延续的要义。

过渡物种

早在 150 年前，达尔文在《论物种起源》（1859）书中曾猜测，地球上所有的动物可能都来自一个共同的祖先。他想象，大约 6 亿年前一种扁形动物生存在海岸的洞穴里，后来经过数亿年的遗传进化与分化，这种动物繁衍出了今天这样丰富多彩的动物界。达尔文的这个推测没有立即被科学界接受的一个重要原因是当时还没有足够的化石资料证明，看起来完全不同的物种之间，例如软体动物和脊椎动物、鸟类和走兽如何能有共同的祖先。达尔文猜想在现存完全不同的物种之间，历史上一定存在过渡型动物把他们联系起来。《论物种起源》出版 2 年后，就在德国的巴伐利亚州的一个石灰岩采石场的中生代侏罗纪地层中（1.4 亿年前）发现了一个介于爬虫类和鸟类之间的始祖鸟化石（Archaeopteryx,1861）。到 20 世纪末共发现了 8 个同类化石。20 世纪下半叶中国古生物学家在辽西的侏罗纪动物群中（1.45 亿—2 亿年前）发现介于恐龙和鸟类之间的孔子鸟化石（Cofuciusornis microraptor, Xu, Zhou and Wang）和长了 4 个翅膀的恐龙鸟化石(徐星、周忠和等)，为鸟类起源于爬虫类找到了新的证据。20 世纪 80 年代在云南澄江县抚仙湖附近和贵州瓮安又发现了寒武纪生物群(5.2 亿—5.8 亿年前)，特别是最古老的脊索动物化石—云南虫（Yunnanozoan, Hou et al, 1991）为脊索动物起源于无脊椎动物提供了新证据。据至今已积累的大量古生物化石和它们的绝对年龄顺序，证明了达尔文关于存在过渡物种的推测是正确的。

20 世纪下半叶分子生物学的突破性进展更使人们想到地球上一切生物真的可能有共同的祖先。分子生物学已对人、猿、猕猴、果蝇、线虫、细菌和水稻、南芥菜和杨树等数十种动植物的遗传基因进行了测序。分析结果表明，所有生物都有不同数目的染色体，其中的遗传物质 DNA 都是由磷酸二脂、脱氧核糖和腺嘌呤（A）、鸟嘌呤（G）、胞嘧啶（C）和胸腺嘧啶（T）4 种核苷酸组成的长链，紧密缠绕在由组蛋白构成的核小体串珠上（表 1.5–1）。

表 1.5–1　各物种染色体数和 DNA 长度 [74，20，91]

	染色体数（对）	单倍体DNA长度（10^6b）
细菌	1—10	0.6—13
大肠杆菌	1	4
糖酵母	9	13
真菌		8.8—1470
动物		49—139000
果蝇	4	165
家蝇	6	—
蜜蜂	雄16，雌32	—
桑蚕	28	—
负鼠	9	3550
家鼠	20	2700
兔	22	—
牛	30	—
马	32	—
黑熊	38	—
狗	39	2460
鸡	39	1050
鸭	40	3000
猪	38	—
猕猴	21	2870
黑猩猩	24	2900
人	23	2900
植物		50—307000
玉米	20	2600

续表

	染色体数（对）	单倍体DNA长度（10^6b）
小麦	21	1600
大麦	7	5300
碗豆	7	—
水稻	12	389
红薯	45	—
马铃薯	12	840

如果把一个生物体比作一台生命机器，那么组成生命机器零件的材料主要是蛋白质。蛋白质是由20种氨基酸串联聚合和折叠而成。细胞能自己制造大部分氨基酸，少数只能从食物中摄取，称为必需氨基酸。细胞的生命活动是靠化学反应支持的。大多反应只有在蛋白酶的催化下才能在体温和体液环境下发生。没有酶即使有饭吃细胞也会饿死。

为了维持生命机器的运转和保持生命活力，每一个细胞都要终生不断地生产（合成）和供应蛋白酶，以保证细胞和整个机体发育和运转消耗需要的材料和能源供应。原料主要来自食物。把它们聚合成所需要的蛋白质，则要依靠存储在DNA中的指令程序来控制。DNA中核苷酸序列与蛋白质中氨基酸序列之间的关系称为遗传密码。实验已证明，决定聚合蛋白质中氨基酸顺序的指令是三联码，由4个“字母”A、G、C、T排列组合而成。在细胞核中以DNA为模板由信息核糖核酸大分子mRNA，把三联码带出核外（转录），转移到另一种核糖核酸分子tRNA上（翻译），后者在核糖体工作台上合成蛋白质。每一细胞中都有上千个专事制造蛋白质的小工作台（核糖体），由tRNA从mRNA上取下指令码，找到规定的氨基酸，依指令规定的次序连接到蛋白质半成品的一端，直到聚合完毕。

祖传基因

令科学家们大为吃惊的是，大规模基因测序结果表明，这种三联码指令对所有动植物细胞几乎是通用的！除个别外，绝大多数三联码（共 4^3=64 个）在所有生物中含义基本相同。例如，无论是在原核细胞中（细菌和古细菌）还是在真核细胞中（动、植物细胞），执行聚合指令 RNA 的起始码都是由 AUG 组成的三联码，只有少数原核细胞例外，用的是 GUG。在大多数生物细胞中同一个三联码决定相同的氨基酸序列。分子生物学家 20 世纪 60 年代破译了所有 64 种密码子，得到了对人和所有哺乳类动物和大部分其他生物都适用的通用遗传密码表（表 1.5–2）[13，45]。

表 1.5–2　各种生物细胞中通用的遗传密码

第2个位置									
	U		C		A		G		
U	UUU	苯丙氨酸	UCU	丝氨酸	UAU	酪氨酸	UGU	半胱氨酸	U
	UUC		UCC		UAC		UGC		C
	UUA	亮氨酸	UCA		UAA	终止子	UGA	终止子	A
	UUG		UCG		UAG	终止子	UGG	色氨酸	G
C	CUU	亮氨酸	CCU	脯氨酸	CAU	组氨酸	CGU	精氨酸	U
	CUC		CCC		CAC		CGC		C
	CUA		CCA		CAA	谷酰氨	CGA		A
	CUG		CCG		CAG		CGG		G
A	AUU	异白氨酸	ACU	苏氨酸	AAU	天门冬酰氨	AGU	丝氨酸	U
	AUC		ACC		AAC		AGC		C
	AUA		ACA		AAA	赖氨酸	AGA	精氨酸	A
	AUG	蛋氨酸	ACG		AAG		AGG		G

续表

第2个位置									
	U		C		A		G		
G	GUU	缬氨酸	GCU	丙氨酸	GAU	天门冬氨酸	GGU	甘氨酸	U
	GUC		GCC		GAC		GGC		C
	GUA		GCA		GAA	谷氨酸	GGA		A
	GUG		GCG		GAG		GGG		G

蛋白质（包括各种酶）群体是生命活动的演奏队。大肠杆菌能生产 3300 种蛋白，酵母制造 1 万种，果蝇需要 10 万种，人的发育和代谢需要 240 万种蛋白 [45]，这些蛋白质都是细胞按照存贮在 DNA 中的相似遗传密码和程序合成的，在各种生物的细胞中大同小异。可见这些基因已非常古老，从原始生物到我们人类，至少有 5 亿年的遗传史。

研究得比较透彻的有线粒体的遗传基因。线粒体是普遍存在于各种生物细胞中的细胞器，它的任务是大量生产一种小分子物质三磷酸腺苷（ATP），向细胞提供能量，保证细胞各种生命活动的能源供应。每一个 ATP 有如一节高能量密度小电池，通过水解反应分散供应化学能。生物学家们认为线粒体可能是古代原始细胞俘获的一种细菌，逐渐进化成今天与动植物细胞共生的线粒体和有光合能力的叶绿体。它们带有自己单独的遗传基因，通常为环状 DNA，并不和细胞内染色体中的 DNA 混在一起。真菌线粒体的 DNA 总长 20kb—100kb，含 20 个—40 个基因；原生生物为 6kb—100kb，含 3 个—90 个基因；植物细胞中线粒体 DNA 总长 200kb—350kb，含 50 个—60 个基因；动物细胞中线粒体的 DNA 长约 20kb，含 15 个—35 个基因；人的每个细胞中有数百上千个线粒体，每个线粒体有自己的 DNA，呈环形，长度为 16569 个碱基，载有 37 个基因。测序分析表明，所有哺乳类动物线粒体也有通用的遗传密码表，即制造蛋白质的三联码，除个别例外，与表 1.5–2 所列基本相同。这些遗传密码的通用性表明了生物进化的同源性，为直接比较各种生物的基因组序列创造了条件。

动物血液中的血红珠蛋白（即球蛋白）是分子生物学研究得十分清楚的又一个案例。血红珠蛋白是血液中的主要成分，每毫升血液中含有 400 万—600 万个，负责向全身输送氧气和排出代谢产物 CO_2 的运输队，占血液体积的 45%。人类的血红珠蛋白是由 4 条氨基酸链构成的，其中 2 条 α 链，两条 β 链，每条链拥围着 1 个二价铁原子（Fe^{++}），对 O_2 和 CO_2 都有很强的亲和力。人的肌肉还有一种肌红蛋白是肌肉受控运动的执行元件，化学结构与血红蛋白很相似。从图 1.5–1 中可看到，哺乳类动物和鸡、青蛙血中都有 β 珠蛋白，而鱼、袋鼠和哺乳类动物血中共享有 α 珠蛋白，鲸鱼、海豚、海豹、牛、羊等和人都共有肌红蛋白。这些蛋白都是生物细胞按通用三联码自己制造的。分析表明，α 支链含 141 个氨基酸，β 支链含 146 个，肌红蛋白为 153 个。例如小鼠的 α 珠蛋白基因总长 850bp（碱基对），β 珠蛋白的基因总长为 1382bp。按照遗传学的基本规律，“一个基因对应一种蛋白”，享有共同珠蛋白的生物必然有共同的基因，即 DNA 中有相同的核苷酸序列。人类与蛙、鱼、禽兽共有 α 和 β 血红蛋白这一事实绝不可能是偶然事件，只有生物同源性才能给出可信服的解释。

这些蛋白质的氨基酸链这么长，需要 1000 多个字母编成共同的码，这绝不可能是偶然的，唯一合理的解释是它们都是从某一共同祖先基因拷贝遗传下来的后代。据古生物化石年龄估算，这个共同的祖先基因在元古代（5.7 亿年—25 亿年前）中期就已生存在地球上，那时候甚至连鱼类还未出现，只有微生物和藻类生活在海洋中。这个古老的祖先基因可能是某种单细胞生物于 10 亿年前首先创造的，经漫

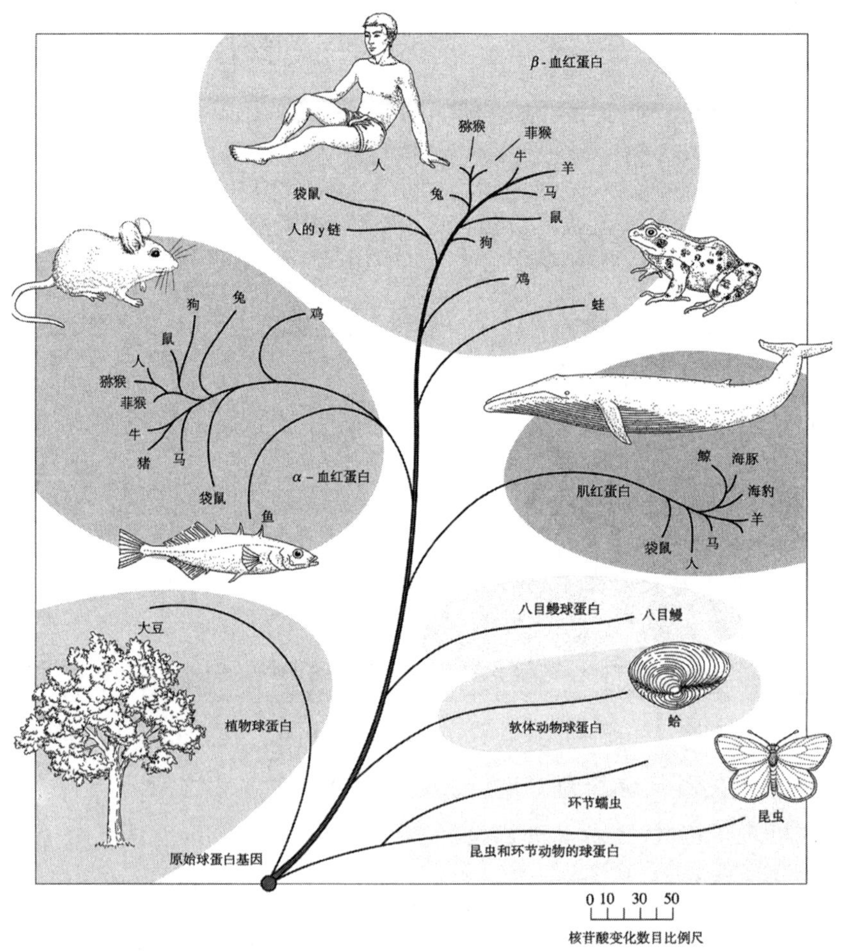

图 1.5–1 血红蛋白和肌红蛋白的基因进化树。图中引线的长度正比例于 DNA 中核苷酸替换数目 [30]。

长的进化、分化而遗传到今天，散布在各种生物的基因中。这些祖传基因至少存活了 8 亿年。

最近几年完成的人类基因组测序计划，进一步为上述结论提供了佐证。据 2004 年美国联合基因研究所（JGI）发表的报告 [92]，把人的基因组序列与 13 种其他中低等生物和细菌的基因序列对比后，已

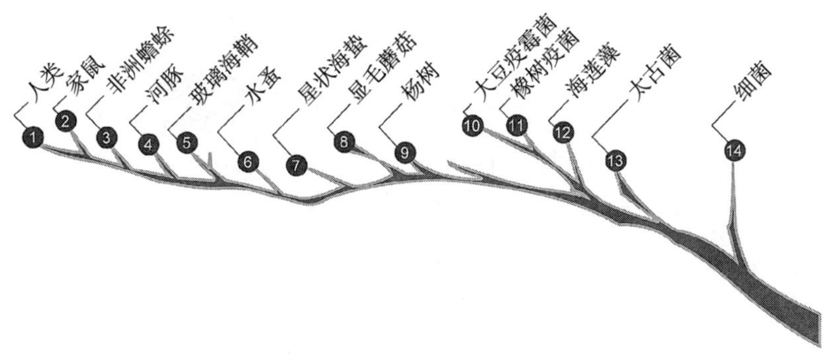

图 1.5–2 人类基因组测序计划完成后与各种生物遗传基因图谱比较得到的结论是：地球上各种生物同源，有共同的祖先。这是美国联合基因研究所（JGI）制作的地球生命遗传树图 [93]

发现有 100—200 多个共同的祖传基因。研究组用生命遗传树的形式描画了人和其他生物的遗传关系，见图 1.5–2。他们的结论是：人类、哺乳类、鱼类、植物、真菌、海藻等等都是从古细菌和太古菌进化和分化而来。这个进化过程在 30 亿年以上。从太古菌开始，在漫长的历史中，最老的基因经历偶然突变的积累，DNA 中的核苷酸逐步发生置换、更替、重组和扩增，驱动着生命载体的形态、功能和结构从简单到复杂，从低级到高级的进化。环境的改变和自然选择使适者留存下来，不能适应者早已被淘汰而灭绝。

各种生物的 DNA 测序图谱已成为研究生物进化的重要依据。到 21 世纪初，已有 50 多种生物测序完毕或正在进行。2006 年由 63 个国际研究机构合作完成了对蜜蜂的 DNA 测序，这是继果蝇和疟蚊后的第三个被测序的昆虫，发现了蜜蜂和它的同类与脊椎动物的基因有很多共同之处，故认为全部膜翅目的 10 万种昆虫都与人类同源，大约于元古代末（6 亿年前）与人类祖先分化。人和鱼类分歧进化发生在 4.5 亿年前，人和鸟类在 3.1 亿年前 [94]。2007 年对原始哺乳类动物袋鼠的测序结果表明，有袋类与人类的分离发生在 1.8 亿年前，而

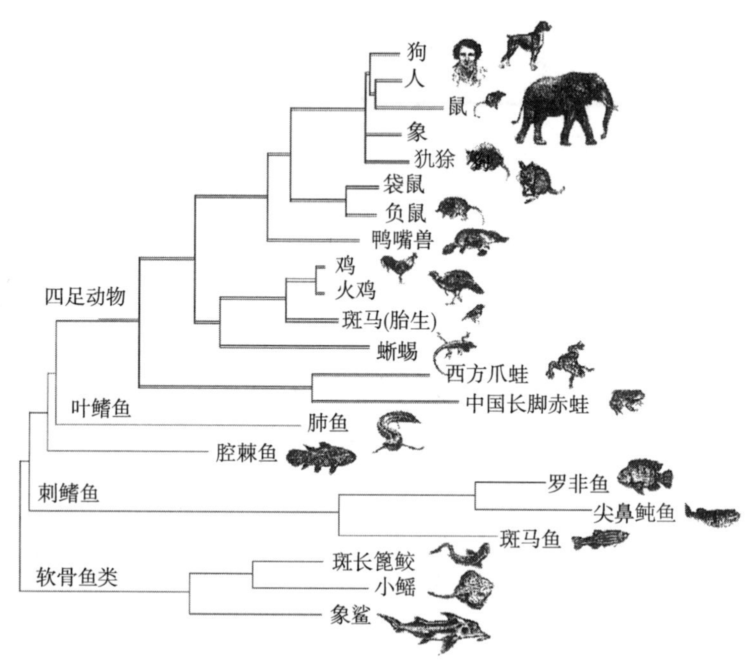

图 1.5–3 根据 22 种有颌类脊椎动物基因测序得到的四足动物进化树 [96]

卵生哺乳类动物（如鸭嘴兽）则分化得更早 [95]。可以预料，再过若干年，被测序的动植物越来越多，那时就会制作出更准确的生物进化年代表。

最新科学数据都提示我们，世上的一切生物都有共同的远祖，就是生活在 30 亿年前的类似古细菌的原核单细胞生物。它的基因至今仍然活在地球上所有生物的细胞中，今称其为“祖传基因”(Orthologous genes)。所以，只要地球上的生物不全部灭绝，这些基因就不会完全消失，通过复制遗传，它们的拷贝将永远生存和发展在每一个生物个体的细胞中。这就是基因不死的科学含义。图 1.5–3 是根据 22 种有颌脊椎动物基因测序得到的四足动物进化树 [96]。

1.6 人性来自教育

人类在地球上能超越其他一切生物而跃居万物之首，盖仰赖于生物性进化的优势和文化的迅速进步。保证人类生物学优势的遗传和先进文化的传承，关系到人群的优秀、人民的福祉、民族的兴衰和未来人类的命运，是人类长远和根本利益所在。

现代人类是高度社会化的生物群体。每个社会成员的个性不仅关系到他个人一生的事业和福祉，也与社会状态和进步密切相连。人的个性与社会性紧不可分。人性善恶是一个古老的命题，哲学家和思想家们已讨论了数千年，并没有达到过共识。20 世纪的科学成就，特别是分子生物学、遗传学和动物行为学为解决这个问题提供了新的知识。掌握这些新知识对人类学、社会学的研究，以及对社会政治的进步、经济发展和社会管理科学化等都有重要的参照意义。

人的本性或称为个性分两类，一类是生来就具有的，称为本能，另一类是后天学到的，称为习得的性能，或称为获得性状。

生来就具有的本能，如饥餐渴饮，防冷避光，防卫危险，求爱育子，以致体魄性格、对外界刺激的灵活反应等，都主要是由遗传获得的。任何一种生物生来就具有一套觅食存活和繁殖后代的本领，是比较固定的，在同种内表现相同，成为物种分类学的特征之一。鹅、鸭生出来就有蹼足，会游泳，鸟类孵出后不久就会飞，婴儿生下来就会吃奶，这都属于本能。本能不必都是简单的，也有比较复杂的技能，如动物的求爱行为，遇危险的条件反射行为等[97，98，99]。

拉马克主义与李森科

后天习得的性能比本能复杂，是由生存环境、形势、教育、社会文化影响所决定的，是从生活经验中学到的，常显得比较灵活，随环境条件的变化而改变。后天习得的性能能否遗传给子代已争论了200多年，这是20世纪生物学家们研究和争论的重大命题之一。现在科学界主流的回答是否定的，尽管至今仍未完全达到一致。

早在达尔文的《论物种起源》出版的半世纪前，法国生物学创始人拉马克就提出过关于生物从低级到高级阶梯式进化的猜想。他首先使用“生物学”（Biology）一词代表一个新的学科。在1809年出版的《动物哲学》中他提出两条假说性定律：动物的器官用进废退，环境影响造成的获得性状可以遗传。他举例说长颈鹿为吃到树上的嫩叶而伸长颈部和腿，结果腿和颈越来越长。进化论出现后，拉马克的假说引起科学界普遍兴趣和争论，长达100多年之久。很多生物学家做过实验，试图证明拉马克的获得性状可以遗传的论点，都没有成功。20世纪30年代到60年代的李森科事件把这个讨论推向新的高潮。拉马克关于获得性状可以遗传的假说，由于缺乏实验证据，后来受到大多数遗传学家的怀疑和否定。20世纪50年代分子遗传学取得突破性进展后，普遍认为生物进化的主要动力是基因突变后自然选择，环境的影响不会改变遗传性状。

德国生物学家魏斯曼（August Weismann，1834—1914）早在1883年出版的《种质论》一书中首先提出后天获得性状不可能遗传给子代的观念。他认为遗传物质是生殖细胞中的一种“种质”而不是生物的“体质”。“种质”是永世常存的，从一代传到下一代，永不断序。“体质”即生物的肌体器官的能力，是维持个体生命的手段，“体质”性状的变化不会遗传给后代。魏斯曼做过一些有争议的试验来证明他的理论。他把小鼠的尾巴切掉，再让它繁殖后代，连续切了 19 代，第 20 代小鼠仍然长有完好的尾巴。尽管这个试验有缺点，但魏斯曼的推测后来被反复证实。他称之为“种质”的遗传物质就是染色体 DNA 上的基因[66，100，74]。

20 世纪发生过的一件与此命题有关的重大事件是主导了苏联生物学界长达 20 多年的李森科主义（Lysenkoism, Lysenko, Trafim Denisovich, 1898—1976），即原由米丘林（Michurin. I. V., 1855—1935）提出的“生物与环境统一理论”被科学界否定。李森科是苏联科学院院士（1939 年当选），乌克兰科学院院长，苏联农科院院长，最高苏维埃代表，两次得到列宁勋章。20 世纪 30 年代他提出一种学说，否认染色体和基因的遗传功能，也否认植物激素的作用，批评染色体理论是西方唯心主义的东西。认为生物肌体上的各个部分都参与了遗传，受环境影响遗传性能可发生改变，这种改变也可以遗传给后代，被称为新拉马克主义。李森科认为冬小麦的春化和无性杂种（不同植物之间的嫁接），不同动物之间交换血液等是这个理论的证明。他学风专横，压制不同学派，指责瓦维洛夫院士（Vavilov, N. I., 1867—1943）研究的遗传学是“孟德尔—摩尔根的唯心主义”，导致后者在苏联“大清洗”中于 1940 年被逮捕，1941 年被判死刑，后改为无期徒刑，1943 年死于集中营中。李森科是瓦维洛夫院士的学生，得势之时，不惜加害师长，为后人所耻[101]。李森科的观点曾受到西方科学界的强烈反对，抵制参加原定于 1937 年在苏联召开的国际遗传学大会，结果会议被取消。但是，李森科的观点受到斯大林和后来的赫鲁晓夫等政治上的支持和保护。斯大林去世后（1953），特别是赫鲁晓夫下台后（1964），苏联生物学界群起批评李森科的理论，否定了“李森科主义”。苏联科学院也对此作出结论：“李森科的理论和原理没有得到实验证实，也没有用于生产实际[103]”。

新中国成立后的20世纪50年代初，在政治上向苏联“一面倒”的方针影响下，李森科的新拉马克主义之风传到了中国。凡研究染色体和基因理论的科学家们都受到批判，被视为“唯心主义”和“资产阶级立场”。谈家桢先生于1933年—1936年曾在美国现代遗传学理论奠基人、诺贝尔奖获得者（1933）摩尔根处学习，得到生物学博士学位，回国后成为中国研究现代遗传学的先驱。在政治上“一边倒”的大潮中，谈家桢被视为“合适的”重点批判对象。1953年斯大林逝世后，苏联科学界开始批判和否定李森科主义。消息传来，毛泽东多次亲自慰问和宴请谈家桢，肯定了生物遗传学的重要性，勉励他把遗传学搞上去[102]。1956年毛泽东提出“双百方针”，艺术上的不同形式和风格可以自由发展，百花齐放；科学上的不同学派可以自由争论，百家争鸣。毛泽东还严厉批评了风派倾向：“有些人对任何事都不加分析，完全以风为准。今天刮北风，他是北风派，明天刮西风，他是西风派，后来又刮北风，他又是北风派。自己毫无主见，往往由一个极端走向另一个极端。当学到以为了不起的时候，人家那里已经不要了，结果栽了个斤斗，像孙悟空一样，翻过来了。”[104]据参加会议的人回忆和记录，毛泽东在谈话中还说：“我们不要盲从，应该加以分析。屁有香臭，不能说苏联的屁都是香的。现在人家说臭，我们也跟着说臭。凡是适用的都要学，资本主义好的也应该学嘛。”

但问题仍然没有完全解决。自然界和人类社会有很多现象说明环境条件对生物界的进化有显著影响。为什么赤道附近的居民皮肤颜色深，而北欧居民肤色浅？唯一合理的解释是赤道附近日照强度大，为防止紫外线对肌体细胞的伤害，皮肤细胞长出黑色素，作为保护性措施。北欧的纬度高，每年大半年晒不着太阳，皮肤不需要大量黑色素。黑色素是酪氨酸和相关化合物合成的暗褐色物质，赋予皮肤、头发以不同颜色。皮肤头发颜色是可遗传性状，新生儿一生下来就带有父母的肤色。说明这种遗传信息含在细胞基因之中。主张“自然选择进化论”的人把这种现象解释为，由偶然发生的基因突变产生了黑色素，这类人容易在赤道附近生存下来，而没有黑色素的人逐步被自然选择所淘汰灭绝，故今天那里剩下的大多数人是有色人种[24]。

克里克的中心法则

支持环境不能直接影响遗传基因的新理论基础是 1956 年由 DNA 双螺旋结构发现人之一、诺贝尔生理学或医学奖获得者（1962）克里克提出的中心法则假说。他提出染色体中的 DNA 是存储遗传信息的中心，是产生 RNA 分子的模板，合成后的 RNA 分子转到细胞质中，在那里合成生物体所需要的蛋白质，决定其中氨基酸的顺序；遗传信息只能单向从 DNA 流向 RNA，再流向蛋白质，不存在反向信息流的可能性。按照这个中心法则，即使环境条件变化对细胞和肌体产生了影响，这种信息也不可能反向传回到 DNA 中去。中心法则的假说否定了信息反馈通道存在的可能性[13]。

但是，不久就发现了反向信息流的存在。有些病毒在宿主的生物体中是以 RNA 为模板转录成互补的 cDNA，而进入 DNA 的双链结构中，成为宿主染色体的一部分，随宿主细胞的复制而繁殖。一种能感染细菌的病毒噬菌体对细菌的破坏和艾滋病病毒（HIV，Human immunodeficiency virus）对人体细胞的感染过程中都有遗传信息的反向传播，即从 RNA 传向 DNA。反转录现象的发现部分否定了克里克提出的中心法则，遗传信息可以从 RNA 反向流进 DNA[105]。最近又有实验证明酵母中的双链 DNA 发生断裂而被修复时是以 RNA 为模板把遗传信息送回同源染色体内[5]。现在，反转录现象已广泛应用于分子生物学和基因工程中，如基因诊断等。1975 年获诺贝尔生理学或医学奖的美国病毒学家巴尔的摩（D. Baltimor，1938— ）最近说："现在主流科学界仍然说生物信息是从 DNA 流向 RNA，再流向蛋白质。但我们已经证明在免疫系统中，信息可由 RNA 反向流到 DNA，所有外部信息都被编码到细胞到 DNA 中。这个观念是革命性的"[106]。

环境影响到遗传进化的另一个由生物学家仔细研究过的范例是欧洲白桦蛾（Biston betularia）的变色。英国产业革命以前，这种蛾的翅膀多为亮淡色。19 世纪中叶以后，生存在工业中心城市附近的白桦蛾都变成了黑色，而 1850 年以前黑色的树蛾很少。工业化带来的大气污染、煤烟使树干变成黑色，习惯在树干上生活的亮淡色树蛾逐渐减少，后来都变成了黑色。有的生物学家解释为，那是由于当树干变黑后，亮色蛾容易被鸟类发现而吃掉，黑色蛾难于被发现就留存的多些[30]。是环境有利于黑蛾生存，而不是改变了基因。这被认为是自然选择等位基因（亮色和黑色）影响物种进化的重要证据。

早在 20 世纪 80 年代初有人发现在生物的 DNA 中不仅有制造蛋白质的遗传密码（只占总长的 1.5%），还存在一类调控肌体发育的基因，称为同源异形基因（Homeotic genes）。如前述，人的每一个细胞中已发现有四套同源异形基因盒（Hox gene），它们负责控制肌体器官的发育和成长，保证身体的各部分在不同的位置按不同的时间次序长成正常的肌体结构。如果出现差错或突变，会导致个体发育畸形，如在手的地方长出脚来或相反。这些基因盒是一组非常古老和保守性很强的基因，是从遥远的共同祖先那里遗传过来的，故称为祖源基因（Orthologous genes）。在物种进化过程中逐渐发生分化和完善。

从系统学的观点看来，这些祖源基因盒构成一些精密的、持久的时空控制系统，在人的一生中都在发挥作用。老年痴呆症（Alzheimer's disease），顾名思义，多发生于老年，已查明这是第 10、21 号染色体的某些基因出了毛病，可见这种调控基因老年时也在发挥作用。按照控制论的理论和实践经验，这么精密和持久的控制系统必须有负反馈回路，用某种方式将肌体发育状态信息送回 DNA 中进行比较，然后发出控制信号使系统保持稳定发育，这就是负反馈。没有负反馈的系统大多是不稳定的，而一个不稳定的系统很快就会发散、瘫痪以至于失效。分子生物学目前尚未找到这种反馈作用的普遍机制。这种反馈现象之所以难以发现，可能的原因之一是到目前为止，遗传学家们只能利用繁殖快的动物做实验，才能观察到多代后的遗传性状变化。例如大肠杆菌（E. Coli）半小时即可繁殖新一代，有人花了 10 年观察到 2000 代的进化差异 [107]。秀丽线虫（C. elegans）受精卵只需 12 小时即变为成虫，4 天内即可繁殖 300 个子代线虫。果蝇受精卵 24 小时即可变成成虫，2—3 天后即可得到第三代幼虫。小鼠要 5—6 周性成熟，寿命 8—9 个月，观察长远后代的遗传变异已很不容易。由于受寿命长和伦理约束，在实验室中观察人类的长期进化几乎是不可能的，以平均每代性成熟为 20 年计算，要发现 100 代后的进化变异即需要 2000 年。这是研究人类进化中的一大困难 [107，108，109]。

人类基因组计划完成以后，有一批分子生物学家转向研究人类基因的系统结构分析，称为“DNA 功能元件百科全书”计划(ENCODE)，通过建立精确目录，详尽描述人类基因组的全部生理功能。这项计划正由 11 个国家的 80 个研究机构，35 个科研小组联合进行。他们已经发现了新的编码蛋白基因、非编码蛋白基因和具有调控、复制能力的 DNA 元件，表明人类基因组是一个复杂的网络系统，各基因相互作用，协同调控机体的发育和成长 [110]。近来研究基因组如何利用特定蛋白酶（甲基化酶、乙酰化酶、磷酸化酶）和染色质中组蛋白的修饰等手段去激活或沉默即开关某些基因的表达，从而调控细胞的功能分化发育，称为“表观遗传学”（Epigenetics），取得很多新成就[108, 109]。这种表观遗传只限于当代个体的表型，而不能向下一代遗传。基因组中的遗传信息（DNA 序列）并无改变。2013 年有报导说表观遗传也可能影响后代子孙，尚无定论。按现在的研究工作进度，每年还会有数十个动植物的基因序列被测出，有更多的非蛋白编码功能基因被发现。我们就会对基因组的功能有更全面的了解。

现在已经很清楚，人类和其他哺乳类动物的基因中 80% 有明显的一一对应关系，它们所生产的蛋白质—氨基酸序列也有 80% 的相似性。剩下 20%的基因和蛋白质的顺序差异是由于不同生物的特异谱系在进化过程中为适应各自的生存环境而分化出来的。人和黑猩猩及其他猿类基因差别这么小（5%），说明生物的基因有高度的保守性。如果人类和黑猩猩分道进化发生在 500 万年前，那么每年 DNA 的变化率不超过 10^{-8}。所以，更多地了解其他动物的生命机理对进一步研究人类自己有重要的参考价值。事实上，20 世纪分子生物学所取得的成就首先是在细菌（大肠杆菌、酵母）、果蝇、秀丽线虫和小鼠等模式动物身上得到的。人们期望测出更多动物的基因组，进行比较分析，进一步探查人类语言的发生、社会行为、社会组织、集体精神、舍己为人的利他倾向等是否有基因遗传的因素在发生作用[20]。

社会性动物

人类是高度社会性动物，靠群体分工合作而生存，依集体力量求安全，赖社会培育后代。一个孤立的人几乎不可能生存。即使笛福笔下《鲁宾孙漂流记》里的鲁宾孙，在一个孤岛上独自生活了 28 年，他终究离不开社会的支持。他从沉船上带走 8 支短枪，3 支鸟枪，全套狩猎和木匠工具，衣服，食品，农作物种子，望远镜，罗盘和一条狗。后来还找到一个名叫星期五的助手才活了下来，最后顺利返回英国 [111]。

20 世纪 70 年代美国以威尔逊（E. O. Wilson，哈佛大学生物学教授）为首的一批科学家提出研究社会性动物的遗传特征，寻找包括人类社会在内所具有的集体生活、利他互惠、舍己为群等行为的生物学根源，称为“社会生物学”（Sociobiology）[112]。

蜜蜂和蚂蚁是具有高度社会性的动物，是彻底社会化了的昆虫，很早就引起了科学界的兴趣，做过长期精细的观察和研究。蜜蜂和蚂蚁在分类学中都属于昆虫纲、膜翅目，有完全相同的社会组织和生命史。蜜蜂生下来就群居，分等级，靠吃植物花蜜和花粉而生存。21 世纪初，生物学家们开始研究蜜蜂的社会生活和测定它的遗传基因序列。由 63 个国家和国际组织的科学家联合工作了 4 年，于 2006 年完成了欧洲蜜蜂（Apis mellifera）的全基因测序和分析 [94]。这是继疟蚊和果蝇后第三个被测序的昆虫。

蜜蜂有 4 个属，分布于全球温热带地区，生活习性相同。每窝蜜蜂通常有 5 万—6 万只工蜂，最多超过 10 万只。每窝只有一个体形较大的雌性蜂王统治，它是由普通受精卵的幼虫因喂食王浆（含有大量称为 Rapamycin 的酶和激素）而发育成王 [113]。幼王稍壮后飞向空中与一群雄蜂交配，这是蜂王终生唯一的一次飞行，称为婚飞。她把诸雄蜂的精子储藏于体内的精囊中，返回蜂房开始产卵。蜂王能控制精囊的开关，决定产的卵是否受过精。蜂王平均寿命 3 年—4 年，每天产 1500 个卵，总重能超过自身体重，以补偿蜂群的高死亡率。受精卵产后 6 天成幼虫，12 天后变成蛹，21 天后发育

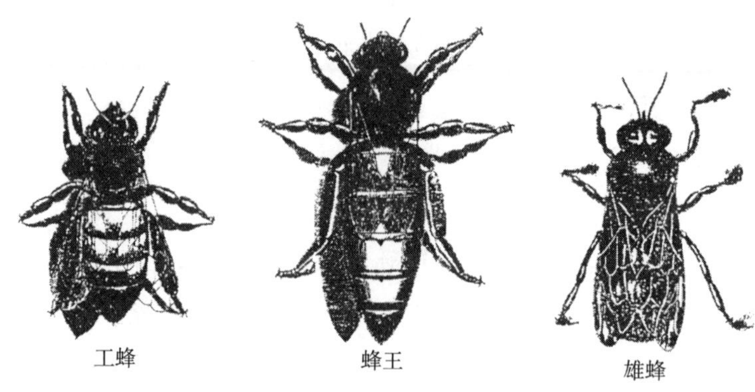

图 1.6–1　蜜蜂群中的三级成员：工蜂（左），蜂王（中）和雄蜂（右）

成雌蜂。未受精卵则孵出雄蜂。雌蜂都是工蜂，但无生殖能力。蛹变成雌蜂后 2 周内先当巢内清洁工，清理蜂房，用翅调节房温，再当保育员，由口腺分泌食物哺育其他幼虫和幼蜂，分泌王浆喂养蜂王；2 周后开始分泌蜂蜡，建造和修补蜂房，是为建筑工；3 周后已长壮而变成采蜜工，飞出蜂房，寻找繁花，采集花粉和花蜜送回巢内，用自己分泌的酶把花蜜变成蜂蜜（葡萄糖和果糖），贮藏于蜜库中。花粉是它们唯一的蛋白食品。同时搜集水和树脂带回，用于蜂巢的修补材料。工蜂的平均寿命 1—2 个月。雄蜂常有数百个，来自未受精卵，出蛹后靠食蜂巢内储蜜和花粉长大，飞出巢后随时准备陪蜂王婚飞。与幼王交配是雄蜂暂短一生的唯一任务。有幸参与交配者事后立即死去，无此幸运的则闲荡于巢内外，不事劳作，最后饿死或被工蜂咬死。所有蜜蜂尾部都有毒刺，对入侵者或偷蜜者能群起而攻之。刺过入侵者的蜂，因刺有倒钩，拔刺时常因撕裂自己的腹部而亡。蜂王的刺无倒钩，可多次蜇敌而不伤身体 [114, 115]。

人类猎食蜂蜜的历史已有上万年之久，人工养蜂也有 4000 年，但科学研究蜜蜂仅在 17 世纪以后。蜜蜂社会组织的严密、分工的精确、为群体生存和福利的自我牺牲精神至今令人惊叹。一窝蜂每个夏天可生产 45kg 蜜。一个蜂王统治数万之众，不用暴力，而是靠分泌一种叫信息素的化学物质——费洛蒙来领导指挥。观察发现，众工蜂时刻都在注视着蜂王的活动。如果养蜂人悄悄把蜂王捉走，蜂群会顿时大乱，个个惶惶不可终日，外出采蜜的会迅速回巢，停止工作。若把蜂王放回，蜂群很快就会平静下来，恢复正常生活和工作秩序。如果把蜂王掐死或偶然死亡，就会有一群工蜂选一个普通蜂房，把它改造成扩大了的“王台”，改用王浆喂养原房内工蜂幼虫，数天后就会长出一个新王来。新王完成婚飞后回来接续产卵，一切又都恢复正常。蜂群世不两王，一旦出现两个蜂王，就发生分群事件，通常由新王带一群工蜂飞走，另行寻址建巢，或由养蜂人另设新箱接纳这分出来的新群。这就是蜜蜂种群扩大繁衍的策略。长期观察发现，由于工蜂个体寿命短，蜂群的繁殖、劳动分工、社会生活秩序，以及个体发育和工作时序等技能不是由学习得到的，而是由存储在遗传基因里的指令信息控制的[116]。

蜜蜂、黄蜂、蚂蚁和蝗虫等昆虫都是单雌有性生殖，其基因组中只有一条 X 染色体，靠 X 的重复决定个体的雌雄。受精卵是双倍体 XX，成虫是雌性。未受精卵是单倍体，记为 XO，孵出是雄性。这种生殖方式称为 XO 型遗传。雌蜂（工蜂）有 16 对染色体，雄蜂只有 15 对半。雌蜂的 DNA 总长 2.6×10^8bp，含有约 10000 个基因，比人的基因数少 3 倍。分析认为蜜蜂与其他昆虫同源，它所属的膜翅目与相近的双翅目（蚊、蝇）和鳞翅目（蛾、蝶）分歧进化已有 3 亿年以上。蜜蜂和人也有共同祖传基因，但分歧进化得更早，在 6 亿年前，当脊索动物（鱼类）开始出现（寒武纪）以前人类的祖先和蜜蜂的祖先就分道扬镳了。在蜜蜂的 DNA 中已找到指导生产王浆蛋白的指令基因簇，发现了 60 多个别的动物所没有的新基因。

遗憾的是2006年完成的蜜蜂基因组DNA测序中并未找到决定蜜蜂社会性生活的基因，也未能识别出60个新基因的功能。这是可以理解的。因为诠释基因组的工作还刚刚开始。人的基因测序工作已完成数年，3万个基因中得到诠释的仅有1万个，其他近2万个基因仍不能确定它们的功能和作用。要弄清所有基因组的含义，还有很多工作要做[78]。另外，哺乳类动物与昆虫类尽管有共同的祖传基因，毕竟分歧进化时间太久，已有6亿年以上的历史，那些决定社会化生活的遗传基因都是后来在进化过程中获得的性状，相互之间也可能没有共同性。无论如何，完成对社会性动物的基因测序是一项重大成就，至少对未来的比较研究创造了条件。

“基因决定论”的偏颇

在科学史上刮过多次大风。每当某学科取得重大成就而风靡时，人们对它的期望和遐想也随之增高，以为它能解决一切问题，至少能解决更多的问题。牛顿的伟大科学发现风靡于18、19世纪，曾被认为“万有引力是支配宇宙一切的唯一定律”，是神支配一切的定律[117]。20世纪下半叶分子遗传学取得重大成就以后，又刮起基因风，既然基因决定子代的遗传性状，那么各种动物的行为，包括人类社会中的各种复杂问题也许都能从基因中找到根源，有人称此为“基因决定论”[24]。这种观点受到社会学家、人类学家、心理学家以致政治思想家们的强烈反对，大多数生物学家也不赞成。

现代人的表型特征，如体魄、器官、大脑的结构和功能等都是由遗传基因决定的，这是作为人类社会成员的资质条件。但是，人与蜜蜂和蚂蚁根本不同的是，人的社会性是靠社会生活方式和文化、教育培养成的，是后天习得的。蜜蜂和蚂蚁个体的技能、生命史和种群的命运则完全是由遗传基因决定的。为了避免不同学科之间的争论，生物学家们现在把基因的遗传作用和环境（包括文化教育）联系起来形成如下的统一表述：基因型决定生物个体的发育的可能性，或者说基因型决定个体发育的反应规范；外部环境可能在一定范围内变化，而个体的基因型并不随环境而改变，在其母卵配子受精时就决定了。生物体的基因型是个体发育的内因，环境是发育的外因，表现型是发育的结果，是基因型与环境相互作用的结果。简言之，包括人在内的生物个体发育可用下式表示[118]：

表现型（性状）＝基因型＋环境

只要把环境广义地理解成包括家庭、文化、习俗、语言、政治、经济、生态、科学、技术等社会因素在内的范畴，上式就成了科学界没有争议的广泛共识。

环境对个体发育和成长的影响是极其明显的。婴儿呱呱坠地，体重平均只有 3.5kg，脑容量只有成人的 20%，弱不禁风，嗷嗷待哺，无知无识。除本能外，断乎一张白纸。1 岁滚爬，2 岁呀呀，迅速成长至 5 岁—6 岁才能认知事物，开始受正规教育（见表 1.6–1）。人的中枢神经发育直到 20 岁的青春期后才告完成。所有的知识、运动技能、语言能力都是在家庭、学校或社会中学到和练就的。观察表明，如果把某幼童与家庭和人群隔离，长大后再回到人类社会就很难成为社会正常成员。即使遗传基因完全相同的同卵双胞胎，如果分由两个不同社会的家庭养育，就会成长为习性和观念完全不同的两个人。“近朱者赤，近墨者黑，形正影直，声和响清”（东晋 · 傅玄），这是很贴切的观察。

表 1.6–1 0—6 岁幼童体格发育平均值 [119]

年龄（周岁）	体重（kg）	身长（cm）	头围（cm）
0	3.34±0.40	50.3±1.9	33.9±2.2
1	10.49±1.05	75.4±2.5	46.1±1.3
2	12.87±1.33	86.6±2.0	48.5±1.6
3	14.94±1.55	96.0±3.3	50.1±1.6
4	16.86±1.87	103.1±3.5	50.0±1.3
5	18.81±2.25	110.2±3.1	50.8±1.3
6	21.58±3.22	116.9±3.5	51.7±1.4

文化与人性

行为科学创始人沃森曾描述过人的后天可塑性："你若选出十几个身体健壮的幼童给我，从中随便选出一个，置于特定的环境条件下培养，我保证能把他教成某一方面出色的专家，成为医生、律师、艺术家、优秀商人，或者乞丐、盗贼，无论他小时候的天资、喜好、倾向、能力和禀赋如何，也不管他祖上是何种民族。" [24] 这个说法虽然略有夸张，但基本上符合社会实际，至今仍被科学界引用。

人类的进化史包括生物进化和社会文化进化两个方面。在进化论中文化一词是广指人类在社会历史发展中所创造的一切物质财富和精神财富的总和，包括生活习俗、生产方式、工具、技巧、社会组织、语言、文字、艺术、科学、教育、宗教、信仰、理念等。中国古人所说的"文"含义也甚广："物相杂，故曰文"(《易经》)，"五色成文"(《礼记》)，或曰"五彩相会"为文。人类本身的生物进化到一定程度，人口增加，大脑发达、前后肢分工，语言文字的产生，推动了社会生产和生活的进步。文化发展到一定水平后就必须有专业分工，建立社会秩序和行为习俗规范。中国周朝 800 年，春秋 500 年，"礼崩乐坏"。

孔子生前300年间，外患内乱，年年战争。子杀父，卿窃国，弑君36次，庶民家破人亡，天下民怨沸腾。迄战国时代，天下大乱。孔子忧社会之无序，喻世仁义道德，倡礼乐、三纲、五行、教育，奠定了2000多年封建社会秩序和行为习俗规范。爰后人有“天不生仲尼，万古如长夜”之说。

经验和知识的积累与传承，集体活动，团体意识和利他的博爱精神的出现等，标志着社会文化的形成。一旦文化出现以后，便与人的生物进化互动，相互促进，交相推动，形成决定人类进步过程的耦合力量。为了仔细研究生物进化和文化进化之间的协同关系，人类学家们根据化石和不同时期人类所制造的工具遗迹，把近代人类文化进化史分成新石器时代、青铜时代、铁器时代等（见表1.3–1）。

首先，从表1.3–1中可看到，人类的生物进化是十分缓慢的过程。大脑容量每增长100ml至少需要10万年，每1000年只增长1ml。大脑千年增长速度远小于今日人群的平均方差，是很难被发现的。有人类学家认为最近3.5万年来，从旧石器时代晚期至今，人的体质和平均脑容量已没有显著增长。相反，文化的进化速度却不断加快。北京直立人的遗迹表明，人类学会用火和熟食至少在50万年前。根据人的咽喉发声生理结构的进化，20万—30万年前即可能已掌握发声语言能力，符号语言的出现可能更早。从狩猎采集到农牧业的转变发生在旧石器时代末期，即1万年前。最早的城邦和记事文字如巴比伦的楔形文字（丁头字），中国的甲骨文等几乎同时出现于5000年前。青铜时代开始于5000年前，2000年后进入钢铁时代。产业革命（18世纪中叶）到现在只过了250年。20世纪下半叶人们已声称进入了原子时代、微电子时代、航天时代、生物时代、网络时代。无论如何划分时代，可以肯定的是，文艺复兴以降人类文化突飞猛进，科学技术日新月异，工业文明彻底改变着生产和生活方式，催生新的分工。人口的增长和生产力的提高，突兀了人在自然界中的主宰地位，迫使人人依存于社会，依偎于社会性生产获得生活资料，靠社会保安全。

随着人口的增长，首先食物需求量增长，古人们为了生存和培育后代不得不从采集狩猎转向农耕畜牧，以提高食物产量，也带动了手工业的大发展。生产方式的改变导致了文化的飞跃；社会、城邦、国家、商业、文字、艺术、宗教几乎同时出现于 1 万至 5000 年前。这一切都发生在地球上最后一个冰期结束（1 万年前）以后，被称为人类“文化大跃进时代”。人们为了生存和种族的延续，首先需要衣、食、住、行及其他东西。保障社会生产和生活的物质需要，是一切社会得以生存和发展的前提，物质生活和生产活动是人类最基本的实践活动，是决定其他一切活动的东西 [120]。生产方式决定人和人之间的社会关系，人类第一个历史活动就是生产满足这些需要的资料，即生产物质生活本身 [121]。科学界公认，是马克思和恩格斯首先发现了人类的生产方式和文化进步的关系，从而第一次把历史研究置于科学的基础之上 [24]。从原始的野蛮时代、蒙昧时代到文明时代，从奴隶社会、封建社会、资本主义社会到社会主义社会的变革，也就是社会文化的进步，都是由生产方式和生活方式变化而引发的，而与人类的遗传基因变化与否没有直接关系。

据古人类学考察，在 1 万年之内，人的生物性进化微乎其微，社会文化的改观已使人类社会变成了另一个世界。俟人口超过领土承载能力后，人满大地，自由程缩短，资源匮乏，田园古风消失，桃源浪漫不再。遂增制法规，紧缩对自由的奢侈，限缚野性，倡导荣辱，社会文化又要发生剧烈变化，盖乎求生存发展的自然法则势所使然，而不是遗传基因变异所致 [122，123]。

从历史长程来看，人类始终在遗传基因变异和文化进步这两种力量的双重推动下进化。遗传基因趋于守旧恋祖，进化缓慢，万代不足彰显。文化是人类在社会化生存环境中产生和发展的，敏感于春雨冬雪，时世变迁，随社会生活而变，可塑性很大。在现代信息化社会中，报章杂志、电视广播、网络空间等，文化的传播快似闪电，新出现的风尚如新潮女装可在数天内跨国流行，重大新闻当天传遍全球。一场革命于 1 年—2 年内足以改变国家命运，改造社会制度，更新生活方式。

从动力学角度看，文化进步属于快变过程，尺度是数年数月。生物进化是慢过程，尺度是千年万年。有效的科学分析方法是分开讨论。分析快过程时，在所研究时间内慢过程变化甚微，可看成是不变的，好像被冻结，故称为“冻结法”。研究社会经济、文化、生产和生活这类速变问题时，可以认为人的生物特性短期不变，被冻结在所研究时代的状态上。采用冻结法有利于抓住和解决主要矛盾。

但是，生物遗传和文化进化的相互耦合作用有时很难绝然分开，不可能使二者绝对解耦。最典型的例子是人口控制问题。人口死亡率和婴儿出生率是典型的生物进化参数。要控制人口增长就要降低出生率，欲增强人民的健康水平和生活质量就要努力降低死亡率。中国能在 30 年—50 年内成功解决上百年积淀下来的人口问题，正是充分利用了生物遗传和文化进步二者之间相互依赖的耦合关系，成功地在全国范围内执行计划生育政策的结果[122，123]。

智能来自学习

过高或过低估计人类生物性进化所达到的高度，及其对文化的发生和进步的影响，都可能误导社会和导致政策偏颇。人的社会行为直接受大脑即中枢神经控制和指挥，而大脑的发育和结构功能是由遗传基因决定的。大脑的日常活动并不完全受基因直接操纵，主要受后天获得的知识体系和理智思维控制。神经系统活动有时会强烈表现出遗传特征，如心律、血压和体温调节，饥餐渴饮行为等受生物性基础需求的激发。求爱行为是受脑垂体、肾上腺、睾丸、卵巢和胎盘等分泌的性激素直接控制。实验和观察统计表明，每一个人的智力虽有明显的遗传因素，但主要是出生后在环境和家庭、社会、学校的教育和影响下，由后天获得的知识体系和逻辑思维能力决定的[124]。

智能是感知、认知、学习、语言、运动、记忆、逻辑推理和解决问题等多种能力的综合，即认识、适应环境和创新科学文化的能力。关于智能的研究已有100多年的历史，但至今未得到一致的、能为大多数人接受的、可测试的科学定义。法国心理学家比奈（Binet，Alfred，1857—1911）从事《智力的试验研究》(1903)，制定了第一个测量儿童智力的量化方法，直到去世前仍在修订他的智力测试量化表。比奈的研究开创了一个新的研究领域。从20世纪初开始，为满足社会需要，科学家们从不同角度设计了多种智能测试方法，其中“斯坦福—比奈成人智力测试法”应用的比较广泛（AFQT，Stanford-Binet-Wechsler Adult Intellignece Scale)，已成为世界各国军队、学校、社会服务等机构招聘特殊人员应试测验的基础。中国人民解放军从2006年开始对应征至空军和其他特殊兵种的人员进行智能心理学测试，也参照了AFQT的经验。实验表明，不管具体测试方法有何差异，在较大人群中的测试结果大体上是一致的，呈正态曲线分布，如图1.6–2所示。这条曲线已成为社会机构和各国政府部门研究解决社会问题的参照。曲线横坐标是受测人的智能指数或称智商（IQ，Intelligence Quotient)，其定义是：

$$IQ=\frac{\text{智力年龄}}{\text{真实年龄}}\times 100 \tag{1.6–2}$$

例如，如果一个10岁儿童的智力达到正常12岁人的能力，他的

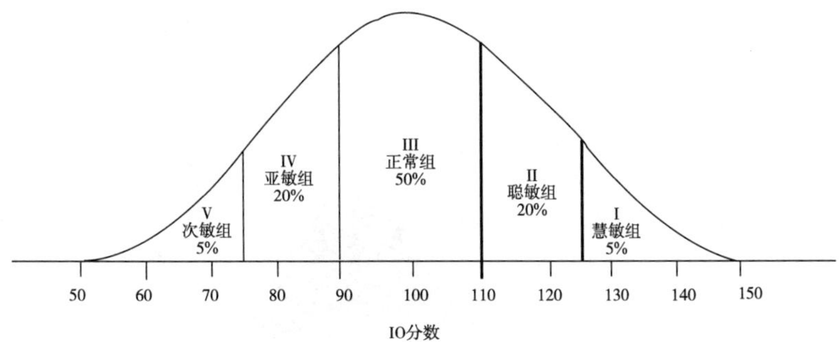

图 1.6–2　在较大人群中智能测试结果的标准正态分布曲线和 5 组分类图。横坐标是测试所得分数。σ 是正态分布曲线的方差。较大人群中总有 50% 进入正常组（III，$100 \pm 0.68\sigma$），各有 20% 进入聪敏组（II）和亚敏组（IV）。有 5% 的人显得慧敏，即早熟慧才（I 组，$\geq 100+1.7\sigma$），另有 5% 属于次敏（V 组，$\leq 100-1.7\sigma$）。较大人群中总有 90% 的人会属于 II、III、IV 组（$100 \pm 1.7\sigma$）。

智商就是 120 分。

图 1.6–3 所示曲线是统计学中的标准正态分布，其表达式是：

$$f(x) = \frac{1}{\sigma\sqrt{2\pi}} e^{\frac{(x-x_0)^2}{2\sigma^2}}, \qquad (1.6\text{–}3)$$

式内 x 是某一人测试的 IQ 值，$x_0 = 100$ 是正常人的智商平均值。$e = 2.71828\cdots$是自然对数的底。σ 称为标准方差：

$$\sigma^2 = E[(x - x_0)]^2, \qquad (1.6\text{–}4)$$

式右边 E 表示对（x-x_0）^{2} 取数学期望值。由于影响一个人智力的因素非常多，在概率论中有证明，在任何一个较大人群中，智商分布必然是正态曲线，称为中心极限定律。按测试结果可以把受测试人群分为五组：正常组 III（占人群 50%），聪敏组 II（20%）、亚敏组 IV（20%）、慧敏组 I（5%）和次敏组 V（5%）。不同社会人群的标准方差 σ 是不一样的。健康水平愈好，教育程度愈高，方差 σ 就愈小，峰值就愈高。但是，不管哪个社会的人群，90% 的人处于 $100 \pm 1.7\sigma$ 范围内，

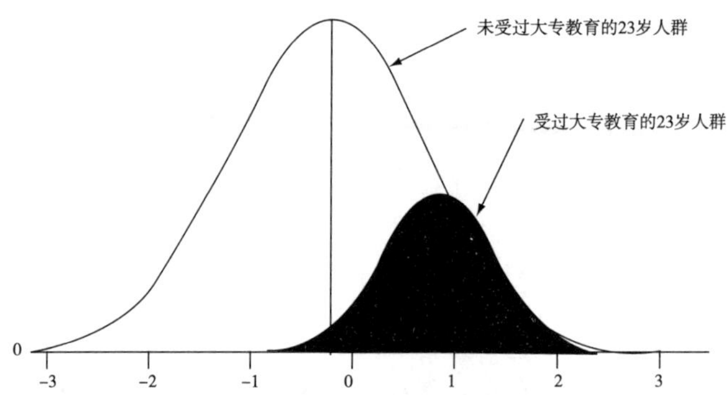

图 1.6–3　美国受过和未受过大专教育的 23 岁人群的智能测试结果比较（1990 年）。曲线下白色区域是未受过大专教育的 23 岁人群，黑色区域是受过大专教育的 23 岁群体。两条曲线下的面积正比例于受测试的人数。横坐标以标准方差 σ 为单位。受过大专教育群体的智能可提高 1 个标准方差单位，相当于 IQ 提高 15 分。

智商高于（100+1.7σ）的慧敏组（I 组）和低于（100–1.7σ）的次敏组（V 组）都只占 5%。

良好的国民教育体系可大幅度提高民众的智能水平。图 1.6–3 中的两条曲线是美国科学家 1990 年对 23 岁的两群人进行的智能测试结果。未受过大专教育的人群的平均智力比受过大专教育的同龄人要低一个标准方差 σ，在图 1.6–2 中相当于 15 分。两条曲线所包含的面积正比例于受测试人群的数量。两群受试人数相差较大，故统计数据可靠性受到影响。但是，高等教育能大幅提高青年人的智能水平是一目了然的。美国的大学教育 20 世纪上半叶猛烈扩大了招生规模，大学入学率从 1900 年的 2% 提高到 1970 年的 35%，据说这是美国经济和科技取得成功的重要原因 [125]。

人们的智力与所生活的社会经济状况、生活福利、医疗卫生、劳动环境和受教育程度有密切关系，这是显而易见的。科学界的共识是，智商测试可以部分地、有选择地评价个人的智能倾向，如爱好文科还是理科，是艺术还是数学等。一个人的智力一生中处于不断变化之中。随着社会的进步，生活的改善，教育的进步，学习的勤奋和知识的积累，智力必然逐步增长。根据某一特定的智能测试方法和结果去断定某人的全面智力和发展前景是不正确的。

人体结构、器官和脑结构是祖传下来的，这决定人类的资质。中枢神经由脑和脊柱神经两部分组成。脑位于颅腔内，包括大脑两半球、间脑（丘脑）、后脑（脑桥、小脑）和末脑（延髓），平均容量1400ml，含有 10^{12} 个神经细胞。男人平均脑重 1.4kg，女人 1.26kg。中枢神经分两大系统，一个是自主神经系统，主管内脏运动，支配心肌、腺体分泌和调节平滑肌等，不受大脑支配，而由下丘脑控制，故也称为植物神经。人的思想行为通常不能对自主神经系统产生影响。自主神经系统是古老的生命保障系统，在长期进化过程中已与人的智能分开。人的智力功能集中在大脑的两个半球，其重量占脑总重的85%。两半球功能相似，信息互通，但有一定分工，如语言和分析思考在左半球，空间感知在右半球。每个大脑半球分为四个大区：额叶、顶叶、颞叶和枕叶，其中额叶最大，管事最多。覆盖于大脑表面的灰质薄层称为大脑皮质，厚约 1mm—4mm，充满了突凹不平的折皱——沟、回结构。人的高等思维能力，认知、记忆、语言、推理、判断、社会行为，以及后天获得的有意识的综合运动，如运动员的技能训练、音乐家的演奏技巧的养成功能都集中储存在大脑皮质之中。由神经解剖可知人的大脑皮质比任何动物都更为发达，折皱多，表面积大，与丘脑、延髓、脊髓等有强大的通讯神经束相连，从中枢下达的控制信号和从各感官（眼、耳、嗅觉、感觉）送到中枢的信号畅通无阻。大脑皮质由 1.5×10^{10} 个神经细胞（神经元）组成，每个神经元有 100 个—1000 个突触通过电信号或化学递质（乙氨酸、γ 氨基丁酸、乙酰胆碱、多巴氨和 5—羟色氨等）与其他神经元相连接，以毫秒级速度相互传递信号，使大脑皮质变成具有强大计算和存储能力的信息处理器。

大脑皮质在细胞层次上的工作原理至今知道得很少，例如长久和短期信息记忆的地点和机制，认知的步骤，推理思维的程序等至今仍不清楚[128]。通过实验和对脑损伤病人的检查和治疗，神经科学已经识别出大脑皮质的52个不同的功能区，称为Brodman脑分区，确认了每个区的主要功能。从古人类头盖骨化石的进化史中可推知，大脑皮质是随着人类的智力增长而发展起来的。例如有了语言能力后，主管语言的脑区功能才逐步形成和进化，这说明生理进化和文化相互影响，或者说文化的进步反过来可以影响生理的进化。另外，人的DNA总长只有3×10^9个碱基对，而大脑皮质中神经元的突触至少有1.5×10^{12}个，基因才约3×10^4个，平均每对核苷酸对应500个信号通道，每个基因则对应10^5个通道开关，所以大脑的日常活动不可能完全由遗传基因控制。唯一可能是大脑根据环境信息的变化、知识和经验的积累和思维能力的提高而相对独立地进化和工作，决定个体的社会行为。说相对独立，是指大脑的生物基础是由遗传基因决定的。心理学家们认为，遗传基因可能蕴涵某种先天性倾向、如性格豪爽或孤僻、神经质、易激动、喜欢冒险等，对一个人一生的行为可能留下长远的影响。基因诊断已发现了相当多疾病是由于某些遗传基因先天或后天出了毛病而导致患病的，如癫痫、神经分裂症等，更不要说由内分泌失常引起的糖尿病、血友病、癌症、老年痴呆症等主要是由基因变异因素引发的[126—130]。

脑神经科学对大脑活动机理的缺识令世人焦急。美国总统奥巴马第二任开始，于2013年4月发起“脑活动研究计划（BRAIN）”，10年投入30亿美元，搞清大脑神经疾病如老年痴呆、震颤性麻痹、孤独症等病理和治疗办法，冀与人类基因组计划媲美。美国科学界正在制定具体实施计划。欧盟也在跟进。BRAIN计划提升了人们对神经科学的期盼，希望能尽早搞清思想、记忆、学习过程的生理物理机制，为诊断治疗神经性疾病建立全新的科学框架。

20 世纪的科学使人们达到的共识是，作为人思维器官的大脑是大自然的产物，是祖上遗传下来的。人的智能和社会行为特征则主要是由社会文化塑造的。大脑和本能会自然遗传给后代。而智能和社会行为是后天习得的性状，不能直接靠基因传给后代。所有新生婴儿都是文盲。每一代人的智能都需要从零开始，观察、学习、训练、养成和创新，才能接续和发展前人的知识、经验、智慧，超越前人已达到的成就。简言之，“创造人的是大自然，教化和启迪人的是社会”（别林斯基，1811—1848）。若时势已非，则英雄无后。环境既变，天才无种。良好的家庭教育，健康的社会风尚，普遍而健全的教育制度是保证社会、民族和国家持续兴旺发达的基础，是决定未来人民命运的基本设施。这就是以人为本，教育为基，科教兴国和科学发展等方针政策的渊源。

1.7 人种与人权

人 种

人类学家根据世界各地人群的体型、脸型、肤色等表征把现代人分为白种人（或称为高加索人种，Caucasians），黑人（非洲人种，Africans），黄种人（也称亚洲人或蒙古人种，Asians or Mongolians）和棕种人（也称为澳巴人种，Australopapuans）四种。

白种人的特征是身材高大，皮肤浅白，体毛多，鼻子高而窄，蓝眼睛，头发从金黄到黑色都有。主要分布在欧洲，从斯堪的那维亚的拉普兰人（Lapps）到地中海沿岸。北非、西亚和印度中、北部也有白种人群。15 世纪末哥伦布发现美洲大陆（1492）后，随着殖民主义扩张，欧洲白人大规模移民南北美洲，后来又占领了南非和大洋洲，逐步成为那里的主导人群。黑人皮肤黑色，嘴唇宽厚，头发黑且卷曲，眼睛深黑，四肢硕长。主要生活在萨哈拉沙漠以南的中南非洲各部落。大洋洲、印度南部、斯里兰卡、美拉尼西亚、加里曼丹等地也有少数黑人群体。16 世纪—19 世纪欧洲殖民者曾大量贩卖非洲黑奴。据美国黑人社会学家杜波伊斯（Du Bois W.E.B., 1868—1963）等人和联合国教科文组织的调查[131—133]，从 16 世纪—19 世纪近 400 年间，由西非贩卖到美洲的黑奴有 1500 万—2000 万人之多。计 16

世纪 90 万人，17 世纪 270 万，18 世纪 700 万，19 世纪 400 万。从 1700 年—1810 年的 110 年间，英国贩卖黑奴 247 万，法国 97 万，葡萄牙 203 万。长达 1 个多月的长途运输使黑奴死亡率高达 15%—20%[134]。今天，黑人的后代已成为南北美洲的重要人群，在美国占人口总数的 11%。

棕种人皮肤棕褐色，头发棕色卷曲，眼睛褐黑，鼻短而宽，唇厚，分布于澳大利亚、巴布亚新几内亚和斯里兰卡等地。

黄种人主要指中国、朝鲜半岛和日本、蒙古等东亚居民，其特征是肤色淡黄、脸扁平，鼻中等宽，黑头发，褐黑眼睛等。也有人把西太平洋密克罗尼西亚和南太平洋波利尼西亚诸岛居民视为黄种人[20]。最近有人类学家对太平洋岛居民的遗传基因进行分析，结果表明美拉尼西亚和密克罗尼西亚居民的遗传基因与东亚人很相似，线粒体的 DNA（母系单传）和男性染色体 Y（父系单传）中有 800 多个标记基因与东亚人相符，推测是 3500 年前从东亚大陆移迁过去的[135]。

有的人类学家把北美爱斯基摩人和南北美洲印地安人单独划为第五个人种，称为美印人（Amerindians）[136]。20 世纪的考古和地球科学已有证据表明[10]，美印人的祖先是在地球最后一个冰期（称为玉木冰期，Würm Glacial Stage，约 7 万年前开始，结束于 1 万年前），于 1 万—2 万年前从亚洲迁徙过去的。那时，北半球大部为冰雪覆盖，海平面比现在低 50m—130m，白令海峡可徒步穿行。部分亚洲人越过海峡进入北美，逐步向南移居，最后达到南美洲。即使从现在的表型和传统习俗来看，美印人应属于黄种人的分支。1 万年前地球气候开始变暖，冰雪融化，海平面上升，白令海峡沉没，美洲被两大洋隔离。今日美印人与黄种人表型的些微差异是由于上万年的地理隔离和初始人群小而引起的等位基因漂变、丢失和变异所致。

人种的形成主要由人群的迁移，不同人群之间地理和文化隔离，环境影响和遗传基因的漂变等因素所决定的。数万年生活在赤道附近的黑人，皮肤黑素沉积多，以吸收太阳紫外线，保护皮下体细胞不受伤害。卷曲的黑发是抗阳光强烈照射的优良隔热体。宽阔的口裂和粗大的鼻腔便于吸气和散热、冷却体温等。北欧纬度高，人们大半年晒不到太阳，皮肤无需黑素保护，故呈淡白色。现在仍然有争论的是这些环境因素如何进入了 DNA 而遗传给后代。传统观念认为这是由自然选择决定的，皮肤有黑素的人在赤道附近容易生存下来。有的生物学家认为环境影响因素最终能够反馈进入 DNA，不过可能很慢，千代万代才能在遗传基因中有所表现[137]。

华夏民族

民族一词是指具有共同居住地域、共同语言文化、经济生活紧密联系、体型类似的人群。地理和文化的相互隔离是形成民族的基本原因。华夏的 56 个民族，除少数是远程迁移人群外，大多是 5 千—6 千年以来聚居地域相对隔离带来的语言、习俗、文化差异而形成的。从各自的语言特征即可追溯出历史演化渊源。例如 56 个民族中有 29 个属汉藏语系，17 个属阿尔泰语系，3 个属南亚族系，2 个属印欧语系。今日中华民族的庞大人群实系新石器时期以来在大迁移、大融合的过程中逐步聚集而形成的。历代的夷、狄、羌、戎、蛮、苗、黎、蒙、满、汉等之间有密切的经济、文化和联姻血缘关系[138—142]。历史记载表明，炎黄二帝（约前 2600 年）是出自西戎羌族的一支。周武王率西北戎、狄诸国伐纣灭商(前 1046 年)。首次统一中国的秦朝元老，从秦穆公（？—前 621）到秦孝公（前 381—前 338）都是西戎霸主。鲜卑族从北魏（386—534）拓跋氏到北周宇文氏（557—581）先后统治华北 260 多年，百万族人迁入洛阳。隋文帝（杨坚，541—604）的独孤皇后和隋朝大多官宦都出自鲜卑家族。隋炀帝（杨广，569—618）有1/2鲜卑血统。唐高祖李渊（566—635）之生母是独孤皇后之堂妹。唐太宗李世民（599—649）和高宗李治（628—683）的祖母、生母都是鲜卑族。唐初主谋玄武门之变助李世民夺位的开国功臣，鲜卑人长孙无忌任宰相30余年。据《魏书·序纪》，鲜卑族的祖先是黄帝少子昌意受封北土后发展起来的，以大鲜卑山为族名，故也是华夏的一支。唐后五代（907—960）的后唐、后晋、后汉都是突厥沙陀族人掌权。及至辽、金、元、明、清各族轮次执政凡800年[138—141]。各朝各代都有人口大规模迁移。客家人来自中原，台湾居民迁自八闽[142]，彝族先世出于氐羌、苗族肇于湘鄂。藏族、壮族都属汉藏语系。20世纪的革命战争和抗日战争又一次引发了全国人民大团结、大流动和大融合。总之，今日之中华民族是新石器时代以后数千年人类大迁移、大融合和地理环境小隔离所形成的格局。用遗传学的语言，可以说中华民族是一个大基因库，每一个民族的基因都进入了这个大库，在后代身上都有遗传表达，你身上有我，我身上有你，差别仅在于等位基因的表达频率有不同而已。

新中国成立后，考古学家大规模的田野考古，各地发掘出大量古代居民的遗骸，为系统研究古居民的民族分布提供了新的信息。人类学家对这些新发现的研究结论是，中国先秦时代的居民主要由黄种人即亚洲人或蒙古人种构成。更详者可划分为5个亚型，即古中原型、古华北型、古东北型、古西北型和古华南型。古中原型人群包括仰韶文化、大汶口文化、庙底沟二期、山东龙山文化和殷商平民及周人，主要分布在黄河和长江中下游，是后来华夏民族的主体。古华北类型分布在内、外蒙和晋北、冀北、辽西等长城沿线，与现代蒙古人种十分接近，是现代东亚人的重要源头。古东北型居民以新开河文化、小河沿、夏家店、西团山、庙后山等地的古居民为代表，分布在黑龙江南北、内蒙东部、吉林等区域，颅型、面宽、眼、鼻等都与现代蒙古人种有区别，但仍属于蒙古人种。古西北型分布在黄河上游和甘、青一带，北至内蒙额济纳旗，东至关中西沿。他们与现代华北居民很相似，故曾被称为“原中国人”(Pro-Chinese)。最近在俄国西伯利亚和中国西北发掘的古墓葬表明，历史上的匈奴人属蒙古人种的华北和西北型。鲜卑族是匈奴的分支。内蒙呼伦贝尔、赤峰发掘的鲜卑族墓葬是东鲜卑的慕容部。始见于《魏书》的契丹族是鲜卑族的宇文部落，曾游牧于潢水（今西拉木伦河）以南和今辽宁朝阳市以北地区，公元907年契丹首领耶律阿保机成为可汗，公元916年称帝，国号契丹，主宰中国华北200年。俄文的“中国”（КИТАЙ）一词即来自契丹国名。在浙、闽、两广一带，以余姚河姆渡，福建闽侯石山，广东佛山、南海，广西桂林出土的骨骼遗存为代表，体型与华北人不同，而与现代东南亚人接近，身材较矮，有长颅、低面、阔鼻、低眶、突颌等“古越人”特征。可以推测，历史上北方地区战乱频繁，大量北方居民屡屡南迁，与古华南人群融合同化形成了今天华南各民族[19]。

全球大迁徙

20世纪世界各国的人类学考古发现，新石器时代以来的1万年左右，全世界人口发生过大流动和大迁移，导致世界五大古代文明的出现。最早有记录的古埃及文明是1万年前冰期退去以后，北非气候转为干旱，植被消失，出现了浩瀚无垠的沙漠，大量居民迁往尼罗河两岸，在这里过渡到农耕生活，创造了铜石文化。经考古发现的有巴德里文化（前4500年）和阿姆拉文化（前3600年—3500年）。西亚幼发拉底和底格里斯两河流域是最早的古代文明之一，在那里苏美尔人（巴比伦）和闪族的塞姆人（来自叙利亚草原）相互融合

（前 3000 年），建立了阿卡德王朝（前 2371 年）和汉谟拉比王国（前 1792 年—1750 年），创造了象形文字（楔形文字—丁头字）和城邦文化。公元前 2000 年中叶，属于印欧语系的雅利安人进入印度次大陆，后来又有波斯人、希腊人、安息人、塞族人等先后迁入定居，肇始了古印度文明。古希腊文明即爱琴海文明，按考古发现将其分为克里特文明（前 2000 年）和迈锡尼文明（前 1600 年）。前者位于克里特岛上，荷马史诗中称其为“百城之岛”，先民来自希腊半岛和地中海东端的土耳其、中东和古埃及等地，公元前 2000 年即进入青铜器时代，产生了由农村公社联合的奴隶制城邦和国家。公元前 1650 年左右在希腊半岛的迈锡尼城一带出现了青铜文化和奴隶制国家，居民的先祖来自巴尔干半岛北部的阿卡亚人。他们创造了泥版线形文字，金属冶炼和手工业作坊，发展到后来辉煌的荷马时代（前 11 世纪—9 世纪），繁荣了约 800 年[143，144]。

16 世纪初到 19 世纪末，欧洲殖民主义盛行，西班牙、葡萄牙占领了印度果阿（1510）、中南美洲。荷兰指向中、日、印度、印尼、菲律宾、锡兰，占领台湾 38 年（1624）。英、法占领了北美。葡萄牙租借了中国澳门（1553）。西班牙在中南美洲建立了庞大帝国，对本地印地安人实行残酷屠杀和驱逐，使本地人口从 5000 万降到 400 万。葡、西、英、荷、法大量从非洲向美洲贩卖黑奴。从 1800 年—1900 年的 100 年间，欧洲白人移民到美洲的多达 5500 万人[145]，中南美洲的人口组成发生了根本性变化。今日墨西哥欧印混血人超过 55%，白人 15%，黑人 0.5%、印第安人占 29%；巴西白人占 53%，黑白混血人 22%，欧印混血人 12%，黑人 11%，印地安人少于 0.1%。18 世纪末（1786）英国占领了澳大利亚和新西兰，大量向此移民，塔斯曼尼亚的本地居民被灭绝，形成了今日英国人占 94%，意大利人占 1.2%，希腊人 0.8%，南斯拉夫人占 0.5% 和荷兰人占 0.3% 的人口分布，澳洲本地人已成为极少数。

18 世纪英国产业革命以后，欧洲和北美诸国大力发展工业，市场、原料和劳动力的需求加快了由殖民主义引发的欧洲人口越洋大迁徙。20 世纪两次世界大战和各国的革命运动又为日本人、中国人、印度人迁居西方和东南亚创造了条件。到 20 世纪末，美国成为世界上最大的移民国家，在 3 亿人口中白人占 83%，黑人占 11.7%，印第安人占 0.6%，亚洲人占 1.5%。20 世纪下半叶日益增长的经济、文化全球化浪潮，推动了世界各民族之间的相互迁徙和交流，以至通婚融合，使全球人类逐渐形成一个庞大的人类大家庭。20 世纪末，西方发达国家和中东石油富国大量吸引高学历技术人才，从 1990—2000 年 10 年间此类流动人口有 6500 万人之多。英国人有 10% 人口工作和居住在国外。中东 85% 的专业人员来自外国：英国的银行家和石油专家，美国的律师，印度的医生，俄罗斯的体育教练，东南亚的劳工等。

据联合国近年来人口流动趋势预测，从 2005 年—2050 年预计从不发达地区迁往发达地区的国际移民净人数将有 9800 万，平均每年 220 万人。有 74 个国家为净移入国。美国每年接收 110 万，德国每年 20 万，加拿大 20 万，英国 13 万，意大利 12 万，澳大利亚 10 万。主要净移出国为中国每年 32.7 万人，墨西哥每年 29.3 万，印度 24 万，菲律宾 18 万，印尼 16.4 万，巴基斯坦 16.4 万，乌克兰 10 万人。可见随着全球经济的国际化，世界各国和各民族之间的人口流动和融合的趋势仍在加强 [146]。21 世纪美国依然是吸收世界移民最多的国家。从 2000 年—2007 年进入美国的净移民达 1030 万人 [147]。

人类共祖

20 世纪的生物学和人类学研究已毫无疑问地证实，所有地球上的现代人都属于同一个人种（Homo sapiens），不存在可以称为亚种的人群。首先不同种族之间都可以相互通婚，繁殖生命力和智力很强的后代。最近500年来在美洲出现了黑白混血（Mulattos）和白人与印第安人混血（Mestizos）的庞大人群，在各方面都表现出很优秀的品质。生物学界普遍接受生物进化史的一条基本原理：凡是相互能交配产子接续繁衍同种后代的动物必属同一个物种，必有不远的共同祖先。生物学界流行一种“归谬论”：既然全人类都能通婚生子遗传正常后代，那么大家必有共同的近祖，否则不可能繁衍[9]。

从人体解剖、基因组和大脑的结构分析看，各种族之间没有明显的差异。不同的体征、肤色、发型只是等位基因出现频率的变化。现在已经识别出来的人类300种显性等位基因和250种隐性等位基因在各人种中都有广泛的分布。例如，不同人种中都有A、B和O型血，但出现的频率不同。在白种人中A、O型血比例较高，分别为24%和70%，而B型血较少，仅有6%。在亚洲黄种人中A、B、O型血比例是27%、17%和56%。在非洲黑人中A、B、O型血比例是19%、16%和65%。美洲印第安人中O型血比例最高。另外，不同人种的某些蛋白质结构类型略有差异，如编码酸性蛋白（天门冬氨酸和谷氨酸等），脂肪酶、腺苷环化酶的等位基因出现的频率比例有所不同[5, 45]。事实证明，由于地理和文化隔离所形成的各种族之间不存在不可逾越的界限。埃塞俄比亚地处东北非，与欧洲接近，所以那里的本地居民的遗传性状介于白种人和黑人之间。西伯利亚的乌拉尔人则介于黄种人和白种人之间。人类由于智能的发达，迁徙能力很强，各种地理和文化隔离都有可能被迁徙、混血而打破，形成遗传基因的融合，就像今天美洲众多的黑白混血和印白混血人一样。最近分子生物学家还发现75%意大利人、俄国人、中国人的DNA中含有微脑磷脂等位基因（ASPM，microcephalin），而非洲人只有10%到

30% 的人才有，推测 3700 年前欧亚之间曾有过人群的迁徙 [148]。在人的 DNA 中还发现存在一种多次重复的微卫星 DNA（micro-satellite DNA），编号为 D9S1120，广泛存在于南北美印第安人和东西伯利亚人的基因组中，而在其他人群中都没有发现，这为美洲印地安人与西伯利亚某些人群的遗传性联系提供了新的证据 [148]。

德国遗传学家最近进行过一项研究 [58]，从各民族的 70 多位女性的 X 染色体取样，对其中长度约 10000bp 的特定片断进行全序列比较分析，结果表明，非洲、欧洲和亚洲女性的性染色体 X 基本相同，她们所含有的祖传基因完全相同。其中非洲妇女的 X 变异最多，说明她们的基因生存的年代最久（见图 1.7–1）。根据血型和某些制造蛋白质的基因变异估计，现代欧洲人的祖先约于 11 万年前从非洲迁来，现代亚洲人中有 4 万年前从欧洲迁来人群的遗传影响，所以今天的亚洲人和非洲人只分隔了 10 万年左右 [5]。

据对 70 位各族女性的 X 染色体的部分基因序列（10000bp）对比分析表明，非洲、欧洲和亚洲女性的染色体基本相同（画有 3 个头像的大圆）。某些地区非洲和欧洲人比较接近，也有亚、欧人比较接近（有 2 个头像的中圆）。连线上的黑点表示两个圆之间的女性 X 染色体的变异程度，点数越多变异越大。变异最多的是非洲妇女，说明她们的 X 染色体生存年代最久。有的生物学家认为这是全球现代人类的祖先来自非洲的证据之一 [58]。

早在 1987 年，有人对现代人细胞中线粒体的遗传基因（mtDNA）进行了测序和对比分析。人体中每一个细胞中都含有成百上千个叫做线粒体的细胞器，它们的任务是生产“小电池”——三磷酸腺苷，为细胞生命活动提供能源，故称为细胞的“发电厂”。据人体胚胎学家观察，精子中的线粒体位于精子的尾部，当卵子受精时，精子的尾部常来不及进入卵内即被卵子中的一种酶所分解，所以受精卵（合

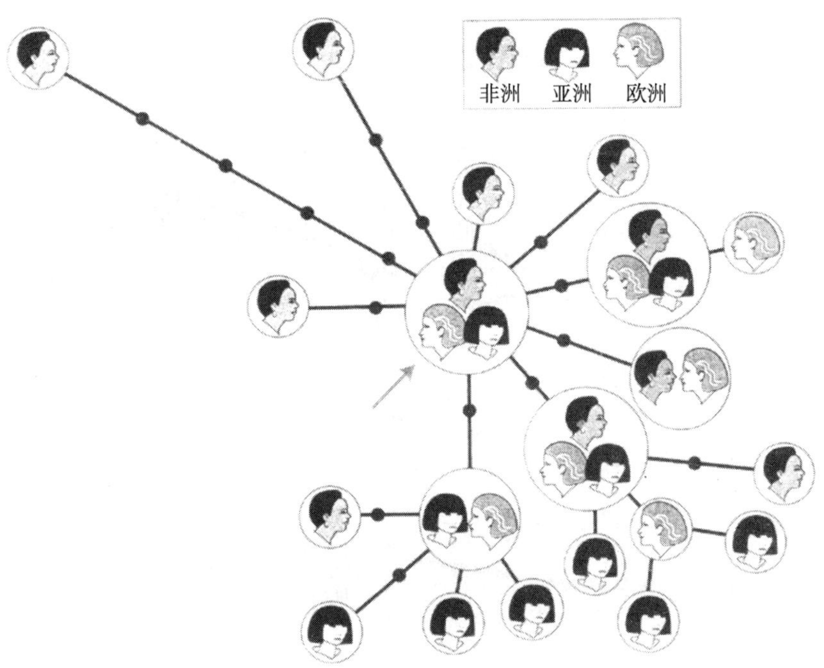

图 1.7–1　今日全世界人类是亲缘度很近的大家庭

子）中的线粒体全来自母亲的卵子。这样一来，每个人细胞中的线粒体是由母亲单性遗传下来的 [149]。线粒体有自己独立的遗传基因 mtDNA，不含在细胞核中，长度只有 16569bp，其序列已经测出。对各族人的 mtDNA 对比分析结果也支持所有现代人都是 10 万—20 万年前从非洲迁出的假说 [150]。男性染色体 Y 是人类最短的一条，总长只有 35×10^6bp。Y 由父亲只遗传给儿子，与女性染色体 X 没有交换或融合。据对世界各大洲的 1500 个男性 Y 进行对比分析，结果表明现代男人的共同祖先约 15 万年前生活在非洲，非洲和欧洲男人的 Y 中也有来自亚洲的片断。现在生物学界主流认为全世界的现代人的祖先是 10 万—20 万年前出自非洲，逐步迁至欧、亚洲。迁到亚洲的人群中也有可能有一部分后来又回到非洲，称为“重返非洲” [151]。

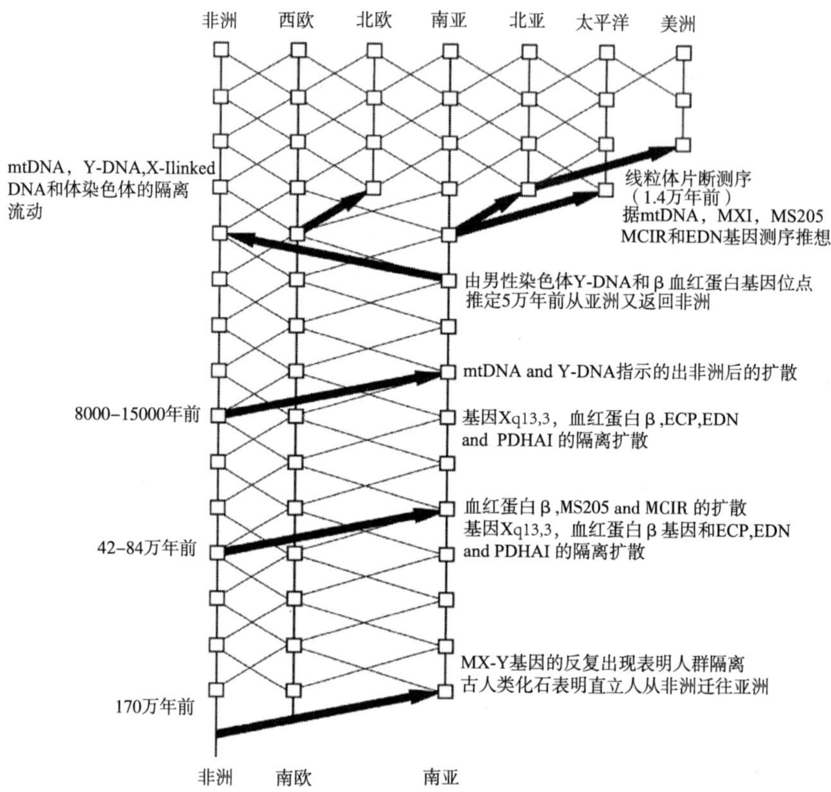

图 1.7–2　三出一回非洲。古人类学家根据考古发现资料和 13 个单模标本的基因比较分析推断，古人类曾三次从非洲迁往亚洲（170 万年前，42 万—34 万年前和 8 万—15 万年前），5 万年前又有人群从亚洲返回非洲。地球最后一个冰期末，约 1.4 万年前亚洲人通过白令海峡(冰上可通行）到达北美，逐步迁至中南美洲。图中垂直线表示传代继承，对角斜线表示基因流动，粗斜线表示根据基因比较推定的人群迁移。1987 年以后对线粒体 DNA 的研究表明，好像所有现代人的祖先都是 10 万—14 万年前出现于非洲的一个不超过 1 万人的种群，尼安德特人的基因与现代人的差异很大。对这个结论仍有争论 [152，153]。

图 1.7–2 是根据世界各大洲发现的古人类化石和分子生物学最近按分子钟原理对现代人类的 13 个单模标本的线粒体基因（mtDNA）、男性基因（Y-DNA）和血红蛋白 β 的基因等测序后对比分析结果的

综合：人类历史上曾三出非洲，一次从亚洲返回非洲。只是在旧石器时代才迁至太平洋诸岛和美洲。

关于非洲是现代人类的发祥地这一假设并未完全为古人类学家们所认同。不少古人类学家认为，根据到目前为止所发现的古人类化石分析，亚、欧、非各洲的现代人也可能是由当地的直立人进化而来，他们也不一定是同时演化为现代人的。中国辽宁金牛山出土的早期智人化石的年龄是 25 万年，早于来自非洲或欧洲的假说。而且，中国发现的禄丰古猿（400 万年前）、元谋猿人（150 万年前）、蓝田猿人和北京猿人（50 万年前）、金牛山智人（25 万年前）、丁村人和大荔人（30 万年前）到柳江人、山顶洞人（约 10 万—20 万年前）等化石证明有连续进化链，牙齿、头骨、颧弓的某些性状都明显具有亚洲人的特征，有力地支持现代黄种人起源于本地的早期智人，而不必是外洲移民[154，155，18]。最近在河南许昌发现的 8 万—10 万年前具有黄种人特征的“许昌人”头盖骨化石，进一步支持了现代人的多地区起源说，而对东亚人来自非洲的假说构成了新的挑战[156]。

数学家们试图利用数学模型和仿真技术确定现代人的共同祖先离现在多么久远[157，158]。假定一个宗姓家族或民族中，男女可以随机婚配生子，1 对夫妇生 2 个子女，2 生 4，4 生 8，繁衍至总数为 N 的人口。每人都有双亲、祖父母和外祖父母，8 个曾祖父母，8 代后有 256 个曾祖的曾祖父母，20 代前的直系祖先已超过 100 万人。中间如果缺了任何一位，就不会有今天的你我。用概率分析方法可以证明[23]，这个总数为 N 的人群的共同祖先至少生活在 T_N 代以前。而从该祖先到今人相隔的代数 T_N 可由下式求出：

$$T_N \approx log_2 N, \qquad (1.7\text{–}1)$$

当 $N\to\infty$ 时，右端趋于 T_N 的概率为 1。如果从 T_N 再向前推若干代，记为 U_N，那时的任何人要么是今日每一个人的血缘直祖，要么他因未留子嗣而绝后。故 U_N 时代可称为共祖时代（Identical ancestors era）。从共祖到今人间隔的最少代数可由下式算出：

$$U_N \approx (1+\zeta)\log_2 N,\ \zeta=0.7698 \qquad (1.7\text{–}2)$$

当 $N\to\infty$ 时，上式右端趋向 U_N 的概率为 1 [23]。

根据中国名门望族家谱推算，过去 2500 年以来平均每代间隔为 30 年。距今 $30U_N$ 年前的某年称为共祖点（Identical ancestor point）。中国现在 13 亿人口，按（1.7–1）式推算，今天所有中国人的共同祖先至晚生活在唐朝，而秦前的每一个留有后代的人都可能是今天每一个人的直系祖先，我们身上都有他们的遗传基因。

但是，（1.7–1）和（1.7–2）式是在人群中男女婚配是等概率假设下得到的，没有考虑地域、语言、文化和其他社会因素对婚配的影响。最近数学家们又用图论的方法研究全世界人类的共祖问题，考虑了国与国和各大洲之间的地理隔离，人口的跨国流动和越洲迁移等因素，得到了类似于（1.7–1）和（1.7–2）式的结果，但系数有所增大 [159]：

$$T_N \approx (\mathrm{R}+\Delta)\log_2 N, \qquad (1.7\text{–}3)$$

$$U_N \approx (\mathrm{D}+1.77)\log_2 N。 \qquad (1.7\text{–}4)$$

若把全世界人口分为 10 个区，用计算机仿真求解 10 个节点的图论问题所得到的参数值为

$$\mathrm{R}+\Delta \approx 3.0,\ \mathrm{D}+1.77 \approx 6.8。 \qquad (1.7\text{–}5)$$

如果把全世界人口看成是一个大家族，那么我们最近的共同祖先至晚生活在公元前 300 年以前，相当于中国战国时代以前或更早。这个理论的推论是，不管我们的肤色如何，讲何种语言，我们有共同的祖先：那些史前在长江流域河姆渡、良渚种稻的和在仰韶、半坡种粟黍的古代中国人，在乌克兰草原牧马的古斯拉夫人，修建金字塔的古埃及人，发明陶器的美索不达米亚人，修建巨石阵的古英国人，都是我们的直系祖先，我们每一个人身上都活着他们的基因。

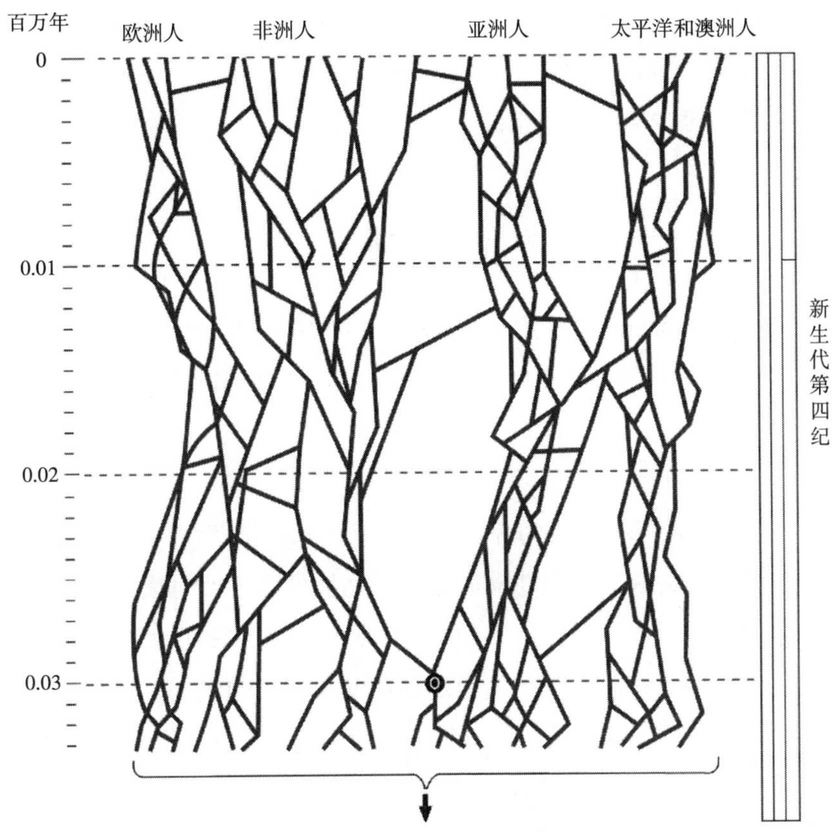

图 1.7–3 今日之全人类有共同祖先的示意图。按遗传基因追溯，3 万年前的每一个留有后代的古人都是今日所有人的祖先，我们每人身上都有这位古人的基因。图中 O 表示共祖点前的任意有后代的人，经过人口迁移、婚配和遗传，他的遗传基因必会传播到各大洲每一个人的身上。从图中 O 出发可沿折线连通今日活着的每一个人。所以，数万年前生活在地球上的每一个人，要么不是今日任何人的祖先（如果他没有后代），要么是今日所有人的共同直系祖先[9]。

人类历史上在各大洲之间曾发生过多次跨洲越洋的人口迁移，与原人群基因互嵌。与外界长期隔离的人群，环境也会使基因偶尔发生变异，称为漂变。分子生物学家根据各地人口基因的些微差别，估计漂变速度，与各时代地层中的古人化石比较，画出了如图 1.7–3 那样的示意图。图中的 O 表示生活在共祖时期及以前的任何留有后代的人，它可以位于共祖点横线的任何位置上，沿竖线、横线或斜线可以连接到今天活着的每一个人的身上 [9]。所以，我们和各国人民虽非同胞兄弟，至少是堂表宗亲。

古人好战

毛泽东在《贺新郎 · 读史》中说人类的祖先是好斗的。“人猿相揖别，只几个石头磨过，小儿时节。……人世难逢开口笑，上疆场彼此弯弓月。流尽了，郊原血。一篇读罢头飞雪。”有文字记载以来世间种族战争不断，彼此征服奴役。恩格斯尝说：“古代部落对部落的战争，逐渐蜕变为在陆上和海上为掠夺牲畜、奴隶和财富而不断进行的抢劫，变成一种正常的营生，如北欧海盗那样。即使在文明时代，战争和进行战争的组织已成为民族生活的正常功能。邻人的财富刺激了各民族的贪欲，在那里获得财富已成为最重要的生活目的之一。掠夺在他们看来比劳动来得更容易甚至更光荣。以前打仗是为了对侵犯进行报复，或者是为了扩大已经感到不够的领土，现在打仗纯粹是为了掠夺。战争成了经常性的行当” [160]。中国从商、周以来，欧洲从荷马“英雄时代”以后，难得有较长的和平时期。人类的这种好战性一直延续到 20 世纪。有的生物学家认为这里有生物遗传因素，如猴群占山称王，狒狒死保领地，黑猩猩誓死争夺食源，猩王独享后宫，人类也总是为争夺领土、资源和女人而战，表现雷同 [161，162，163，47，100，24]。近代人们借用达尔文进化论的语言说这就是“生存竞争，优胜劣汰”。有生物学家认为基因本身为遗传后代就具有自私和侵略性 [47]。有的动物学家认为，“人类的好斗性是一种真正的无意识的本能。这种好斗性，即侵犯性，有其自身的释放机制。同性欲及其他人类本能一样，会引起特殊的极其强烈的快感。” [100] 另一方面，在动物界也观察到对同类的爱心、同情心、友谊合作和利他精神。例如高等动物的护幼和母爱，非洲金丝雀反哺、救弱，哺乳类动物不食同类，狼群合作猎食，鸟群放哨报警，蜂、蚁群舍已护巢等等。人的遗传基因中也许包含有这些品德性状。但是到目前为止，无论是动物的好斗性或者是利他精神的生物学来源，都没有得到遗传学的解释和证明。可以断言的是，很多证据表明，即使存在生物遗传因素，对人类社会来说，社会的文化教育对人性的影响具有决定性的意义。人类进入社会状态后，他们的生存和安全必须依靠同类之间的互助合作才能保证，公共的幸福是个体幸福的源泉。“只有变成社会公民后，我们才变成现代人”[164—168]。

18 世纪以后欧洲进入工业社会，资本主义各国之间争夺殖民地的战争却愈演愈烈，于 20 世纪上半叶达到了顶峰。据统计，19 世纪从 1811 年—1899 年间世界上发生过 171 次战争，其中国家之间的战争 102 次，内战 69 次，1/3 发生在欧洲。20 世纪初奥匈帝国和德国为争夺领土和资源发动了第一次世界大战（1914—1918）。俄、英、法、日本、塞尔维亚和黑山组成协约国集团。奥匈帝国、德国、土耳其、保加利亚、意大利先后组成同盟国集团。中国以冯国璋为代理大总统，段琪瑞为总理的北洋政府于 1917 年 8 月 14 日宣布参战，先后募派 14 万华工去欧洲战场支援协约国部队，9 万 6 千人分至英军，3 万 7 千人分至法军，1 万人分至美军。1 年后一战结束，部分华工未返回，散留在欧洲各国。滞留俄国的华工遇到俄国十月革命，1500 多名华工参加了红军，成立了著名的中国红鹰团，华工任辅臣任团长，编入红军第三军第十九阻击师，战功卓著。战后很多华工留居俄国各地，娶妻成家[169]。第一次世界大战中两集团打了 4 年仗，以同盟国的失败而告终。参战国家 33 个，战火遍及欧亚非三洲，卷入战争的人口愈 15 亿。协约国方面参战兵力 4200 万，战死 500 万人；

同盟国参战 2300 万，死 340 万人，双方共死亡 850 万，伤 2100 万，被俘 775 万。第一次世界大战的惨烈使全世界震惊。各国政治家们痛心疾首，发誓采取措施防止这种悲剧重演。然而只过了 20 年后，日本于 1937 年 7 月 7 日挑起卢沟桥事件，全面发动侵华战争，这实际上是第二次世界大战的开始 [170]。1939 年 9 月 1 日德国占领波兰，紧接着侵入了丹麦、挪威、比利时和卢森堡。1941 年 6 月 22 日进攻苏联。日本集中 6 条航空母舰等 58 艘战舰，于 1941 年 12 月 7 日突袭美海军基地珍珠港，击沉、击伤美军舰 19 艘，飞机 220 架，美国随即参战。与此同时日本又向东南亚扩张。人类有史以来最残酷、最惨烈的一场战争在欧、亚战场上展开。到 1945 年 5 月 8 日希特勒投降，同年日本 9 月 2 日宣布无条件投降，共打了 8 年。各国参战人员 7260 万，死亡和失踪 3500 万—6000 万，伤残 2670 万。中国在 8 年抗战中，伤亡 3500 万人。

两次世界大战的惨痛教训导致了联合国的诞生（1945 年 5 月 25 日）。美、苏、英、法、中牵头制定和签署了为维护国际和平与安全的《联合国宪章》。然而在世界各地战争仍在不断发生。从 1900 年—1995 年共发生各种战争 208 次，其中国与国之间战争 83 次，内战 135 次，战死人数 1.67 亿—1.88 亿。20 世纪最后 10 年中，从 1990 年—2000 年仍有 100 多个地区和国家发生武装冲突，有 20 多处到 21 世纪初尚未结束 [170, 171]。

古代的战争多发生在部落、宗族或区域之间。像中国周朝的春秋时代（前 722—前 481）有一百多个国家，经过战争、融合和兼并，逐渐形成燕、赵、韩、魏、齐、楚、秦七国并立之势。七国之间又进行了 250 年的激烈战争，直到秦始皇统一六国，称为战国时代（前 475—前 221）。那时并未存在种族优劣论。古罗马的奴隶制不是按种族，而是按文化、出身划分。中世纪欧洲的长期宗教战争是由于宗教狂热而非种族原因。17 世纪欧洲资本主义兴起后，出现了大规模的殖民主义，各强国通过武力征服，或海盗式掠夺，或欺诈性贸易去掠夺财富，奴役和剥削落后国家，使后者丧失独立和主权，沦为殖民地或半殖民地，成为资本主义强国垄断的商品市场、原料产地和廉价劳动力的供应地。资本主义世界从 15 世纪—19 世纪近 400 年的黑奴贸易中，捕俘和贩卖了 3000 万黑人去欧、美各国当奴隶。开启了人类历史上最丑恶的种族歧视先例。所以种族歧视是资本主义的恶霸谬论，是帝国主义侵略政策的产物。

种族歧视

有“学者”引伸达尔文的进化论，说这是“优胜劣汰”、“适者生存”。荷兰医生、博物学家 P·坎珀发表论文（1781），企图证明非洲黑人更接近猿类，在体质和智力方面都比欧洲人为劣，是劣等民族或人的亚种，命定应成为优等种族欧洲人的奴隶[131，172，173，134]。德国外交官戈宾诺（Gobineau, Joseph-Arthur, 1816—1882）于 1853—1855 年出版《人种不平等论》，为资本主义的侵略和奴役政策辩护，曾产生过很大影响。戈宾诺提出种族决定社会文化的谬论：北欧日耳曼人是纯雅利安人种（史前居住在伊朗和印度北部的一个民族），生物进化程度和道德水平都高于闪米特人（Semites, 讲闪语系的阿拉伯半岛、北非居民，犹太人和叙利亚人等）、黄种人和黑人；为保持雅利安人社会兴旺，必须防止犹太人、黄种人和黑人的血缘污染，否则雅利安人的文化就会失去生命力和创造性，陷入道德堕落和腐败的深渊[174]。被 20 世纪科学界彻底否定了的戈宾诺谬论曾经是殖民主义时代欧洲历史学、人类学研究中的主导思想，也是当时欧洲人感兴趣的“种族决定论”的组成部分。戈宾诺的谬论对德国的知识界影响较大，19 世纪的德著名音乐家，极端反犹主义者瓦格纳（Richard Wagner, 1813—1883）、恩格斯《反杜林论》的批判对象杜林（Eugen Duhring, 1833—1921）、超人意志论者尼采（Friedrich Nietzsche, 1844—1900）、出生于英国，后归化德国，极端种类主义者张伯伦（Houston Stewart Chamberlain, 1855—1927）都受到他较深的影响。20 世纪初曾被认为是“先进的”英国著名小说和科幻作家威尔斯（H. G. Wells）在《理想的新共和国》（1902）一书中写道：“新共和国应该如何对待那些劣等民族呢？那些黑人、黄种人、棕色人、犹太人等，他们智力和效率低下，让他们走开。新共和国应由人类最美丽、坚强和优秀的种族和后代组成。这个世界不是救济院，不能让他们传播劣质。最好的办法是让他们死亡，必要时杀死他们也值得。”[9] 戈宾诺的谬论成为 20 世纪 30 年代—40 年代法西斯德国种族灭绝主义的“理论基础”。

八国联军进攻中国、占领北京的前 5 年，德皇威廉赠俄国沙皇尼古拉二世一幅油画，把佛像菩萨画为“危险的黄祸”异教徒，号召欧洲各国联合制服“未开化的”黄种人。八国联军进入北京时（1900）德皇告德兵：“要无情地杀戮，不留一个活的俘虏，让他们永远记住德国人的威力”。希特勒在国社党大选获胜后当了总理（1933），把消灭犹太人、吉普赛人和黄种人列为国策。希特勒声称，“帝国的血缘不应被损害，应保持纯洁，过去的一切灾难都与血缘因素有关”（希特勒：《我的命运》）[175]。1933 年 3 月立法规定，从学校、机关、法院开除一切犹太人。1935 年又规定，凡有 1/4 犹太血统的人都应视为清洗对象，要求这类混血人绝育、离婚，或消灭之。希特勒的陆军司令希姆莱（Himmler, Heinrich, 1900—1945）公开号召白人在德国人领导下，团结起来，从黄种人的威胁中拯救自己。纳粹党警察头子戈林（Goring, Hermann, 1893—1946）于 1941 年 7 月 31 日指示要彻底解决犹太人问题。德国法西斯种族灭绝的歇斯底里导致600万犹太人被害。希特勒于1941年3月10日命令德军："枪杀一切苏联政治人员、知识分子、犹太人，不要留活的俘虏，不要管国际法！"德军进攻苏联（1941年6月22日）后，头几周就杀了60万战俘，至1941年末的半年中杀了200万。到1945年在战场上共杀害300万人，俘虏占2/3，被杀的有波兰人、犹太人，吉普赛人、黄种人[170]。

种族歧视是帝国主义欺骗本国人民的毒药，实行扩张侵略和奴役落后民族的谬论支柱。知识界以至科学界每个时代都不乏丑类，御用文人、攀附权奸和趋炎附势之徒，以其铨材小慧，承旨胡诌，随人短长或捏造论据，以求腾达。日本侵华及二战之初，就有一些日本教授、学者，贩售戈宾诺的谬论，发表论文，制造舆论，误导大众。说什么：大和民族是世界上和罗马、雅利安人并列的最优秀民族，是亚洲的领导民族，是亚洲人的父亲；大和文化是亚洲文化的核心。种族污染是对日本民族优越性的最大威胁，移民都应保持大和血统的纯洁性，不要与本地人结婚，特别不要与汉人结婚，要隔离和赶走他们[176]。称"满州国"的人为臭虫，称南京人为害虫；中国人是污染世界的病菌，汉人的反日组织应该消灭，不忠于日本的人应赶到南亚去。东京帝国大学地理学教授常吉小牧（Komaki Tsunekichi）1942年发表论文《全球政策研究》，为建立"大东亚共荣圈"编造悠谬：大东亚共荣圈没有边界可言，欧洲和非洲都可划为亚洲大陆，美洲应叫作"东亚"，澳洲是"南亚"，所有大洋都是连通的，故都应改称为"大日本海"；为实现"大东亚共荣圈"，应先占领中国，再占领东亚，第三阶段征服菲律宾、印度和贝加尔湖以东，第四阶段扩大到亚述、土耳其、伊朗、伊拉克、阿富汗和其他中亚各国，统领西亚和南亚[176,177]。东京帝国大学法学博士大川周明，自诩精通英、法、德、希腊、阿拉伯语和中文、梵文，可谓"学通东西"，他是编造种族歧视和法西斯谬论最为人痒恶的“学者”[178]。日本投降后他被逮捕，于 1946 年 5 月 3 日在远东国际军事法庭受审。因法医鉴定认为他有精神病而被释放。1957 年死前他向人透露：“我那是装病的”。宗教界也不甘等闲，日本耶稣教会负责人中田宣称：《圣经 · 启示录》中说的天使降自东方，是指日本人。“上帝将以日本征服世界，……，以实现《旧约》。”[179]

人　权

18 世纪末美国独立战争期间，第二届大陆会议于 1776 年 7 月 4 日发表了由杰斐逊（Thomas Jefferson, 1743—1809）起草的《独立宣言》，阐述了殖民地人民争取独立的理论根据，申明人生平等，生存、自由和追求幸福是每一个人不可转让的天赋权利。为保障这些权利，人们才建立政府。任何政府一旦损害这些权利，人们就有权改换它或废除它，建立新政府。宣言痛斥了英王对殖民地的暴政，宣告脱离英国，成立自由独立的美利坚合众国。《独立宣言》第一次在政治纲领中确立了资产阶级的革命原则——人权原则，对发动人民大众，参加摆脱殖民统治的斗争起了重要作用，对后来的欧洲各国资产阶级革命，特别对法国大革命产生了积极影响。马克思称之为人类历史上第一个人权宣言。1791 年美国各州批准了《人权法案》，成为美国宪法的重要内容，规定保护公民的言论，出版、宗教、信仰、集会、游行示威等公民权利。

发生于 1789 年的法国大革命，彻底摧毁了法国的封建统治，确立了资产阶级政权，沉重打击了欧洲的封建制度，推动了欧、美各国的资产阶级革命和民族解放运动。大革命中的法国国民会议于 1789 年 8 月 20 日至 26 日通过了《人权和公民权宣言》，共 17 条。提出了人权的基本原则："人人生而自由，权利平等"（第一条）；"人身自由，私有财产不可侵犯，公民有反抗压迫的权利（第二条）"，"在法律面前人人平等，人人有权直接或间接参加立法（第六条）"，"没有司法机关命令，任何人不受逮捕（第七条）"，"人人有宗教信仰自由和言论自由（第十一条）"；"在公共秩序和法律允许范围内公民受到保护"，等等。法国《人权和公民权宣言》成了大革命的纲领，含有鲜明的政治民主和社会民主思想，逐步被世界各国所接受，成为 19 世纪—20 世纪人类精神文明的信条 [180]。

17 世纪—18 世纪不少欧洲思想家、法学家提出了很多革命性新思想，对各国政治思想和社会进步产生了重大影响。自然权利论来自法国百科全书派和英国唯物主义哲学家洛克（John Locke, 1632—1704）。社会共同意志和集体利益的思想来自卢梭（Jean Jacques Rousseau, 1712—1778）。公民人身安全必须受到保护，免受警察的专横和司法机关错判的危害出自伏尔泰。三权分立的政治结构是孟德斯鸠（Charles Louis de Secondat Montesquieu, 1689—1755）提出的，等等。

第二次世界大战尚未结束的 1943 年 10 月，中苏美英四国外长在莫斯科会议上提出《关于建立普遍性国际组织的建议案》，简称为《联合国》。1945 年 4 月到 6 月在旧金山会议上中苏美英等 50 个国家签署《联合国宪章》。《宪章》的中心宗旨是：维护国际和平与安全，尊重各国人民平等权利和自决权利，发展和促成国际合作，以和平方法解决国际争端，不得使用武力侵犯别国领土完整和政治独立等。1948 年联合国全体大会上通过了对各国有约束性的《世界人权宣言》。1966 年大会又通过了《经济、社会和文化权利公约》和《公民和政治权利公约》，于 1976 年有 35 个国家签署后生效。

二战后世界反殖民主义的民族解放运动蓬勃发展达到高峰，亚非43个国家联合提出《给予殖民地国家和人民独立宣言》议案，在1960年联合国大会上获得通过。《宣言》规定取消一切形式的种族歧视和对殖民地人民的征服和剥削，殖民当局应立即无条件无保留地把一切权利归还给殖民地人民，使他们能享受到完全的独立和自由。1977年联合国大会通过了《关于人权新概念的决议》，强调经济、文化权利与个人人权和政府权利同等重要和不可分割。1986年联合国大会又通过《发展权宣言》，定义了发展权是一项不可剥夺的人权。

联合国的上述宪章和公约表明，延续了400多年的殖民主义已被全世界人民彻底抛弃，宣布了它的死亡。到20世纪末，除20多个边远小岛或自己不愿意独立的托管地区外，大多过去的殖民地国家都争得了独立。

这是人类文明史上伟大的进步，理性战胜本能的空前的提升。

中国在数千年的封建制度下形成了儒家伦理长期主宰社会规范的习俗，历朝律法都为保护社会不平等的专制体系而铸范，靠人治牧民。虽古有“民为贵，社稷次之，君为轻”，“人皆可以为尧舜”（孟子），“民惟邦本”（尚书），“民可载舟，也可覆舟”等箴言，文人骚客呼应者寥寥。百姓只能盼明君贤人下凡主世以解脱苦难。

宪法是确立一个国家的性质、政治制度和社会关系的根本大法。19世纪末，清廷枯朽，西学东渐，为改变封建制度的戊戌变法（1898）事发，“老佛爷”慈禧太后杀谭嗣同等六君子。康有为、梁启超逃往日本。谭嗣同（1865—1898）拒绝劝避，被杀前放言：“各国变法，无不从流血而成。今未闻有因变法而流血者，此国之所以不昌也。有之，请自嗣同始。”[181]清廷于1911年11月3日颁布《宪法信条》，即宪法纲要19条，已经太晚。武昌革命起义（1911年10月10日）后，17省代表会议选举孙中山为临时大总统（1912年1月1日—

1912 年 2 月 14 日），公布《中华民国临时约法》。1 个月后孙中山辞去临时大总统职，参议院又选袁世凯为临时大总统（1912 年 3 月 10 日）。1 年后，国会选袁为正式大总统（1913 年 10 月 6 日），黎元洪为副总统。3 个月后袁下令解散国会，遣返和迫害议员；1913 年 5 月撤销国务院，10 月解散国民党，走向独裁；1914 年 9 月追捕孙中山；1915 年 5 月签“卖国 21 条”，举国震怒；改国制为君主立宪，12 月 15 日即位中华帝国大皇帝，改中华民国为中华帝国洪宪纪元；83 天后被迫取消帝制（1916 年 3 月 22 日）。6 月 6 日病死。

袁世凯死后，副总统黎元洪接任大总统。军阀张勋进京，复辟“大清帝国”，拉溥仪“再登大宝”。不到 2 周，段祺瑞从天津发兵讨伐，张勋和康有为逃窜，复辟丑剧结束。1917 年 8 月 25 日孙中山在广州恢复“非常国会”，再次成立军政府，当选为大元帅，号召北伐，推翻北洋政府。1918 年 8 月段祺瑞再立“安福国会”，选徐世昌为大总统。1922 年直系军阀曹锟得势，用每人 5000 银元贿赂 590 个国会议员，当选大总统，史称猪仔国会和贿选总统。2 年后第三军总司令冯玉祥回师北京，发动政变，捕囚曹锟（1924）。到 1928 年北伐战争胜利为止，北洋军阀争斗了 17 年，玩弄过共和、国会、上下院、三权分立、总统、大选、帝制、君主立宪、贿选、政变、暗杀、欺诈等各种政治形式和手段，每次都以失败告终，糟践了所有这些西方以为神圣的政体。

辛亥革命后至中华人民共和国成立前的中华民国时期（1912—1949），颁布了《中华民国训政时期约法》（1931 年 6 月 1 日），《中华民国宪法草案》（1936 年 5 月 5 日，又称“五五宪法”），和 1947 年 1 月 1 日公布的《中华民国宪法》。这些文件以根本法的形式规定了由国民党、蒋介石独裁统治的国家制度，政府形式上保持行政、立法、司法、考试、监察五院分立制，实际上都是总统独裁的执行机构。中国共产党、各民主党派和全国人民都坚决反对这部宪法。

第二次国民革命战争时期（1927—1937），在中央苏区颁布过《中华苏维埃共和国宪法大纲》（1931 年 11 月），解放战争时期制定过《陕甘宁边区宪法原则》（1946 年 4 月 23 日边区参议会第一次会议通过）。中华人民共和国成立的前一天，中国人民政治协商会议公布了《共同纲领》（1949 年 9 月 29 日），确定了国家的社会主义政治制度，1954 年由全国人民代表大会通过了第一部《中华人民共和国宪法》，后来于 1975、1978、1982 年由全国人民代表大会进行了修改。特别是 1982 年大修改后的宪法，进一步总结了中国长期革命斗争中的经验教训，防止十年动乱无法无天的灾难重演，借鉴和吸收了世界各国的成功经验，规定了中国今后的根本任务是进行现代化建设，发展高度文明、高度民主的社会主义法制社会，保障公民的人权和尊严，各民族一律平等，团结、互助，实行区域自治（总纲第 4 条）；保障所有公民的基本人权：享言论、出版、集会、结社、游行、示威的自由（第 35 条）；不分民族、性别、职业、出身、宗教信仰、教育程度等状况都有选举权和被选举权(第 34 条)；人人有宗教信仰自由(36 条)；人身自由、人格尊严和住宅不受侵犯（37、38、39 条）；公民通讯自由和个人秘密受法律保护（40 条）；男女平等（48 条）；在法律面前人人平等（33 条），等等 [182，183]。

1982 年宪法中规定废除各级领导人的终生制，实行任期制，最多不超过两届。这是中国历史上一次最重要的革命性变革，足以防止主要领导人任期过长，自觉或不自觉地出现个人崇拜，独裁暴政，无法无天，损害公民自由和安全的可能性。现代人类学和法学界早就注意到，主要统治者或领导人，一旦任职太长，都有走向独裁和专制的倾向。有人认为这是生物进化的遗传特征，也有人认为这是社会造神文化本身的弊端，或者二者兼有。实行任职限期制，使他在独裁的道路上不能走得太远，从而失去公众监督和纠正的可能性。过期换人，新领导人从零走起，这有利于领导人保持他为人民鞠躬尽瘁的理想和坚持宪法赋予的民主原则。

参考文献：

[1] Miller, J. and Borin Van Loon, *Darwin and Evolution*, Icon Books UK and Totem Books USA, 1992.

[2] [英] 达尔文：《物种起源》，谢蕴贞译，科学出版社 1982 年版。

[3] 《新旧约全书》，中国基督教三自爱国运动委员会印发，上海人民出版社 1980 年版。

[4] 鲁迅：《人的历史》，《鲁迅全集》卷一，人民文学出版社 1982 年版。

[5] Strickberger, M.W., *Evolution*，科学出版社影印 2002 年版。

[6] [英] 赫胥黎：《天演论》，严复译，商务印书馆 1933 年版。

[7] 刘本培、蔡运龙：《地球科学导论》，高等教育出版社 2000 年版。

[8] 陈述彭主编：《地球系统科学》，中国科学技术出版社 1998 年版。

[9] Dawkins, R., *The Ancestor's Tale: A pilgrimage to the Dawn of Life*, Phoenix, London, 2004.

[10] 吴汝康：《古人类学》，文物出版社 1989 年版。

[11] [美] 卢因：《基因 VIII》，赵寿元译，科学出版社 2006 年版。

[12] [奥] 孟德尔：《 植物杂交试验》，吴仲贤译，科学出版社 1957 年版。

[13] [美] 沃森等：《基因和分子生物学》，冯小黎、胡建飞等译，科学出版社 2005 年版。

[14] Watson, J.D. and F.H.C. Crick, "Genetical Implications of the Structure of DNA", *Nature*, Vol. 171, pp.964–967, 5 May, 1953.

[15] Annotation of Celera Human Genome Assembly, pp.1145–1434, 2001.

[16] Putnam, N.H., Butt T, et al, “The Amphioxus Genome and the Evolution of the Cordate Kazyotype”, *Nature*, Vol. 453, pp.1064–1071, 19 June, 2008.

[17] Whitfield, J., “We Are Family”, *Nature*, Vol. 446, pp.247–249, 5 March, 2007.

[18] 郝守刚、马学平、董熙平、齐文同、张昀：《生命的起源与演化》，高等教育出版社 2000 年版。

[19] 朱泓主编：《体质人类学》，高等教育出版社 2005 年版。

[20] 李难：《进化生物学基础》，高等教育出版社 2005 年版。

[21] 胡玉佳：《现代生物学》，高等教育出版社 2004 年版。

[22] 倪衡建、石增立：《基础医学概论》（上、下册），科学出版社 2005 年版。

[23] Chang, J.T., Recent Common Ancestors of All Present-day Individuals, *Advances in Applied Probability*, 31, pp.1001–1026, 1999.

[24] Ehrlich, P.R., *Human Nature-Genes, Culture and Human Prospects*, Penguin Books, 2000.

[25] 鲁迅：《艺术论》译本序，《鲁迅全集》卷四，人民文学出版社 1981 年版。

[26] Venter, J.C., *Sciences*, Vol. 291, 2001

[27] [德] 恩格斯：《反杜林论》，《马克思、恩格斯选集》卷三，人民文学出版社 1974 年版。

[28] [英] 达尔文：《一个自然科学家在贝格尔舰上的环球旅行记》中译本，周邦立译，科学出版社 1957 年版。

[29] 方宗熙、江乃萼：《进化论》，高等教育出版社 1986 年版。

[30] Raven, P. H. and Johnson G, *Biology*, Mosby Year Book, 1992.

[31] Cornell, E.,“What was God thinking science can’t tell”, *Time,* Vol. 14, November, 2005.

[32] Sun Jimin and Liu Tung-Sheng, “The Age of the Taklimakan Desert”, *Science*, Vol. 312, 16 June, 2006.

[33] Kutter, G.S. , *The Universe and Life – Origins and Evolution*, Jones and Bartlett publisher, Boston, 1987.

[34] Falkowski, P.G., Katz, M. E. et al, "The Rise of O_2 over the Past 205 Million years", *Science*, Vol. 309, pp.2202–2204, 30 September 2005.

[35] Kerr, R., "The Story of O_2", *Science*, Vol. 308, pp.1730–1732, 17 June 2005.

[36] Rose, S., *The Chemistry of Life*, Penguin Books, 1979.

[37] Kump, L.R., "The rise of atmospheric oxygen", *Nature*, Vol. 451, pp. 277–278, 17 January ,2008.

[38] Encyclopedia Britanica, Vol. 19, p.755.

[39] 杜汝霖、田立富:《燕山地区青白口纪宏观藻类》, 河北科技出版社 1986 年版。

[40] 陈均远、周桂琴等:《澄江生物群——寒武纪大爆发的见证》, 台湾自然科学博物馆 1996 年版。

[41] Murck, B.W., *Geology*, John Wiley & Sons, Inc. New York, 2001.

[42] "The Human Genome", *Science*, Vol. 291, 16 February, 2001.

[43] Maddox, J., *What Remains to be discovered*, Simon and Schuster, 1998.

[44] 沈桂芳、丁仁瑞:《走向后基因组时代的分子生物学》, 浙江教育出版社 2005 年版。

[45] 陈阅增主编:《普通生物学》, 高等教育出版社 1997 年版。

[46] Larsen, W. J., Human Embryology(人体胚胎学), 人民卫生出版社影印 2002 年版。

[47] Dawkins, R., *The Selfish Gene*, Oxford University Press, 2006.

[48] Dennis, C., "Coral reveals ancient origins of human genes", *Nature*, Vol. 426, p.744, 25 December, 2003.

[49] Yockey, H.P., Information Theory, Evolution and the Origin of Life, Cambridge University Press, 2005.

[50] Brunet, M. Guy, F. et. al, “A new hominid from the Upper Miocene of Chad, Central Africa” , *Nature*, Vol. 418, No. 6894, pp.145–152, 11 July ,2002

[51] 吴汝康、吴新智:《中国古人类遗址》, 上海科技出版社 1999 年版。

[52] Rhesus Macaque Genome Sequencing and Analysis Consortium, “Evolution and Biomedican Insights from the Rhesus Macaque Genome” , *Science*, Vol. 316, pp.222–246, 2007.

[53] Fans de Waal, *Our Inner Ape*, Granta Books, London, 2005.

[54] Laura Rosa :《人和黑猩猩是一家》, 金京编译,《科学世界》2004 年第二期。

[55] Dennis, C., “Branching out” , *Nature*, Vol. 437, pp.17–19,1 September, 2005.

[56] Balter, M., Mid Climate, “Lack of Moderns, Let Last Neandertals Linger Gibraltar” , *Science*, Vol. 313, 1557, 15 September, 2006

[57] Krings, M., Stone, A., et al, “Neanderthal DNA Sequences and the Origin of Modern Humans” , *Cell*, Vol. 90, pp.19–30. July 11, 1997

[58] Paabo, S., “The Human Genome and our View of Ourselves” , *Science*, Vol.291, pp.1219–1220, 1 September ,2005.

[59] The Chimpanzee Sequencing and Analysis Consortium. Initial sequence of the chimpanzee genome and comparison with the human genome. *Nature*, Vol. 437, pp.69–87, 2005.

[60] Dictionary of Geology and Minetalogy,McGraw Hill, 2003.

[61] Goodall, J., *Reason for Hope*, Warner, New York, 1999.

[62] Leakey, R. and Lewin, R. *Origins Reconsidered – In Search of What Makes Us Human*, ABACUS, 1992 .

[63] Marchant, L.F. and Nishida, T.(eds), *In Great Ape Societies*, McGrew Cambridge University Press.

[64] Hayes, K.J. and C. Hayes. The intellectual development of a home-raised chimpanzee. Proc., Amer. Philos. Soc., 95, 1951, pp.105–109.

[65] Gardner, R.A. and B.T. Gardner, "Teaching sign language to a chimpanzee", *Science*, Vol.165, 1969, pp. 664–672.

[66] [英] 德斯蒙德 · 莫里斯：《裸猿》，刘文荣译，文汇出版社 2003 年版。

[67] Pagel M. and Bodmer W., "A Naked Ape would have fewer parasites, Proceedings of the Royal Society of London", *Biological Sciences* (*Suppl.*) , Vol.270, pp.117–119, 2003.

[68] Darwin, C. *The Descent of Man*, 1871 Gibson Square Books, London, 2003.

[69] Hamilton, W. D., *Narrow Road of Gene Land*, Vol. 12, Oxford University Press, Oxford, 2001.

[70] Green, R.E., Krause, J. et al, "Analysis of one million base pair of neanderthal DNA", *Nature*, Vol. 444, pp.330–336. 2006.

[71] 李惟基：《新编遗传学教程》，中国农业大学出版社 2001 年版。

[72] 杨业华：《普通遗传学》，高等教育出版社 2000 年版。

[73] 方宗熙：《普通遗传学》，科学出版社 1987 年版。

[74] 陈茂林、袁力、梅辉、付秀芹：《遗传学》，湖北科学技术出版社 2005 年版。

[75] 宗铁生主编：《人体胚胎学》，科学出版社 1987 年版。

[76] Thomas, J.B., *Introduction to Human Embryology*, Lea & Febiger, Philadelphia.

[77] [美] 卢因：《基因 VIII》，科学出版社 2006 年版。

[78] 王行国：《基因功能注释——后基组时代面临的挑战》，《世界科技研究与发展》第 29 卷，第 1 期，2007。

[79] Olivier, M., Aggarwal, A. et al. "A high-Resolution Radiaiton Hybrid Map of the Human Genome Draft Sequence", *Science*, Vol.291, pp. 1298–1302, 16 February, 2001.

[80] 沈桂芳、丁仁瑞：《走向后基因组时代的分子生物学》，浙江教育出版社 2005 年版。

[81] Yockey, H.P., *Information Theory, Evolution and the Origin of Life*, Cambridge

University Press, 2005.

[82] Shannon, C.E., “A mathematical theory of communication”, *Bell System Technical Journal*, Vol.27, pp.379–424, pp.623–656.

[83] McGinnis, W.M.S., Levine, E. Hafen et al., “A conserved DNA sequence in homeotic genes of the Drosophila antennapedia and bithorax complexes”, *Nature*, Vol.308,pp. 428–433, 1984.

[84] Akam, M., “Hox and Hom. Homologous gene clusters in insect and vertebrates”, *Cell*, Vol.57, p.347, 1989.

[85] Krumlauf, R., “Hox gene in vertebrate development”, *Cell*, Vol.78, p.191, 1994.

[86] Lemons, D. and Mcginnis, V. “Genetic Evolution of Hox Gene Clusters”, *Science*, Vol.313, pp.1918–1922, 2006.

[87] 张锐、宿兵:《一个快速进化的 microRNA 家族》,《中国基础科学》, 9 (57), 2007 年第 3 期。

[88] Wilson, E.O., *On Human Nature*, Harvard University Press, Cambridge, Massachusetts, 2004.

[89] Geddes, L., *New Scientist*, 8 September, pp.41–43 , 2012.

[90] Jenkins, J.B., *Human Genetics*, The Benjamin/Cummings Pub.Co., Inc., 1983.

[91] Pennisi, E., “The Greening of Plant Genomics”, *Science*, Vol. 317, 20 July, 2007.

[92] Venter, J.C. et al, “The Sequence of the Human Genome”, *Science*, Vol.291, 2001.

[93] Nature, Vol.432, 23 December, 2004.

[94] “The Honeybee Genome Sequencing Consortium. Insights into social insects from the gene of the honeybee Apis mellifera”, *Nature*, Vol. 443, pp. 931–949, 2006.

[95] Mikkelsen, T.S., Wakefield, M.J. et al, “Genome of the Marsupial Monodelphis domestica”, *Nature*, Vol.447, pp.167–182, 10 May 2007.

[96] *Nature*, Vol.496, pp.311–316, 18 April ,2013.

[97] Galton, D., *Eugenics, The future of human life in the 21st century*, ABACUS, 2001.

[98] 郭任远:《人类的行为》，商务印书馆 1927 年版。

[99] 郭任远:《行为学的基础》，商务印书馆 1927 年版。

[100] Lorenz, K., *On Aggression*. Helen and Kurt Wolff Book, New York, 1966.

[101] Pringle, P., *Nikolai Vavilov*, Simon and Schuster, 2008.

[102]《简明不列颠百科全书》第 5 卷，中国大百科全书出版社 1985 年版。

[103] 谈家桢:《厚积薄发，勤思创新》，《院士思维 · 卷一》，安徽教育出版社 1998 年版。

[104] 毛泽东:《论十大关系》，《毛泽东选集》第七卷。

[105] [美] 卢因:《基因 VIII》，科学出版社 2006 年版。

[106] [美] 罗伯特 · 劳伦斯 · 库恩:《走近真实》，龚勋译，上海人民出版社 2006 年版。

[107] Lenski, R.E., Rose, M.R. et al, "Long-term experimental evolution in E. Coli-Adapt ation and divergence during 2000 generations", *American Naturalist*, Vol.138, pp.1315–1314, 1991.

[108] 张永彪、褚嘉祐:《表观遗传学后人类基因组》，《科学》59 卷，第 3 期，2007 年。

[109] Wolffe, A.P. and Matzke, M.A., "Epigenetics, Regulation through repression", *Science*, Vol.286, p.481, 1999.

[110] humaENCODE Project Consortium,Identification and analysis of functional elements in 1% n genome, *Nature*, Vol.447, pp.799–816. 14 June, 2007.

[111] [英] 笛福:《鲁宾孙漂流记》，方原译，人民文学出版社 1978 年版。

[112] Wilson, E.O., "How to make a social insect", *Nature*, Vol.443, pp.919–920, 26 October, 2006 .

[113] *Nature*, Vol. 447, p.756, 14 June, 2007.

[114] Burton, M. and Burton,R., *Encyclopedia of Insects and Invertebrates*, Little Brown, 2002.

[115] Preston, C., *Bee*, Reaktion Books, London, 2006.

[116] Wilson, E.O., *Sociology – The New Synthesis*, Harvard University Press, 1975.

[117]《圣西门全集》第三卷，商务印书馆 1997 年版。

[118] 张根发、周宜君:《遗传学》，化学工业出版社 2006 年版。

[119] 戴淑凤编:《中国儿童早期教养工程》，中国妇女出版社 2005 年版。

[120] 毛泽东:《实践论》,《毛泽东选集》第一卷，人民出版社 1952 年版。

[121] 马克思、恩格斯:《费尔巴哈》,《马克思恩格斯选集》第一卷，人民出版社 1974 年版。

[122] 宋健、于景元:《人口控制论》，科学出版社 1986 年版。

[123]《国家人口发展战略》，国家人口和计划生育委员会编制，2007 年版。

[124] The New Encyclopaedia Britannica, Vol. 21,pp.778–781, 1993.

[125] Herrnstein, R.J. and Murray, G., *The Bell Curve-Intelligence and Class Structure in American Life*, Simon & Schuster, N. Y., 1994.

[126] [美] 菲克斯:《神经解剖学》，高秀来等译，中信出版社、辽宁教育出版社 2004 年版。

[127] 邹仲之:《组织学与胚胎学》，人民卫生出版社 2004 年版。

[128] Edelman, G.M., *Neural Darwinism: The Theory of Neuronal Group Selection*, Basic Books, New York, 1987.

[129] Edelman, G.M., *Bright Air, Brilliant Fire—On the Matter of Mind*, Basic Books, New York, 1992.

[130] Seung, S., *Connectome*, Houghton Mifflin Harcourt Pub. Co., 2012.

[131] 联合国教科文组织编:《15—19 世纪非洲的奴隶贸易》，黎念等译，中国对外翻译出版公司 1984 年版。

[132] Lovejoy, P.E., *Transformations in Slavery – A History of Slavery in Africa*,

Cambridge, 1983.

[133] [特] 艾里克 · 威廉斯:《资本主义与奴隶制度》, 陆志宝等译, 北京师范大学出版社 1982 年版。

[134] Hopkins, A.G., *An Economic History of Western Africa*, London, 1975.

[135] Fiedlaender, J., *Online Journal Public Library of Science Genetics*, www.plosgenetics.org, January 17, 2008.

[136] Ayala, F.J., From Races to Species, In Evolution (Ed. Strickberger), 科学出版社影印版 2002 年版。

[137] [美] 罗博特 · 劳伦斯 · 库恩:《走进真实》, 经济科学出版社 2011 年版。

[138] 吕振羽:《史前期中国社会研究》, 生活 · 读书 · 新知三联书店 1961 年版。

[139] 张光直:《中国青铜时代—从夏商周三代考古论三代关系与中国古代国家的形成》, 联经出版公司 1984 年版。

[140] 司马迁:《五帝本纪》,《史记》, 中华书局 1982 年版。

[141] 范文澜:《中国通史简编》, 商务印书馆 2010 年版。

[142] 中国河洛文化研究会:《河洛文化——连结海峡两岸的纽带》,《光明日报》, 2006 年 12 月 21 日。

[143] 崔连仲主编:《世界史(古代史)》, 人民出版社 1991 年版。

[144] Roberts, J. M., *History of the World*, Penguin Books, London, 1995.

[145]《简明不列颠百科全书》第 9 卷, 中国大百科出版社 1986 年版。

[146]《世界人口展望 2004》第一卷, 执行摘要, 联合国出版物, Sales No. E.05. XIII. 5, 2004

[147] Preston, J., *US immigration at record level*, International Herald Tribune, November 30, 2007.

[148] Pennisi, E., "Population Geneticists Move Beyond the Single Gene", *Science*, Vol. 316, pp.1690–1692, 22 June, 2007.

[149] Kaessman, H., Heissig, A., Haeseler, V. Paabo, S., *Nature*, Genet.22, 78, 1999.

[150] Cann, R.L., Stoneking, M. and Wilson, A.C. "Mitochondrial DNA and Human Evolution", *Nature*, Vol. 325, pp.31–36. 1987.

[151] Hammer, M.F. et al, Out of Africa and Back Again. *Mol. Biol. and Evolution*, Vol.15, pp.427–441, 1998.

[152] Templeton, A.R., "Out of Africa again and again", *Nature*, Vol. 416, pp.45–51, 2002.

[153] [美]比尔 · 布莱森:《万物简史》，严维明、陈邑译，接力出版社 2005 年版。

[154] 刘武:《蒙古人种及现代中国人的起源与演化》，《人类学学报》16[1]，1997 年。

[155] 吴汝康:《对人类进化全过程的思索》，《人类学学报》14[4]，1995 年。

[156] China Daily, Jan. 23, 2008

[157] Donnelly, P. and Tavaré, S., Eds. *Progress in Population Genetics and Human Evolution*, Springer, New York, 1997.

[158] Ayala, F.J., "The myth of Eve: Molecular biology and human origin", *Science*, Vol. 270, pp.1930–1936, 1995.

[159] Rhode, D.L.T., Olson, S. and Chang, J.T., "Modelling the recent common ancestry of all living humans", *Nature*, Vol. 431, pp.562–566, 30 September, 2004.

[160] [德]恩格斯:《家庭、私有制和国家的起源》，《马克思恩格斯全集》第 4 卷，人民出版社 2006 年版。

[161] Eibl-Ebesfeldt, I., *The Biology of Peace and War – Men, Animals* and Aggression,Viking, New York, 1979.

[162] Waal, F. De, *Chimpanzee Politics: Power and Sex among Apes*, Harper and Row, New York, 1982.

[163] Montagu, A., *The Nature of Human Aggression*, Oxford University Press, New York, 1976.

[164] [法]卢梭：《社会契约论》，商务印书馆 2011 年版。

[165] [美]巴巴拉·费德姆：《行为科学》，崔树起主译，中信出版社 2004 年版。

[166] Trivers, R.L., "The evolution of reciprocal altruism", *Quarterly Review of Biology*, Vol.46, pp.35–57, 1971.

[167] Hamilton, W.D., "Altruism and related phenomena, mainly in social insects", *Annual Review of Ecology and Systematic*, Vol.3, pp.193–232, 1972.

[168] Packer, C. and Pusey, A. E., "Cooperation and Competition within Coalitions of Male Lions", *Nature*, Vol.296,pp. 740–742, 1982.

[169] 胡绳：《从鸦片战争到五四运动》（下册），人民出版社 1981 年版。

[170] Perguson, N., *The War of the World-Twentieth Century Conflict and the Descent of the West*, The Penguin Press, New York, 2006.

[171] McNamara, R.S., James G. Blight, *Wilson's Ghost*, Public Affairs, 2001.

[172] [特]艾里克·威廉斯：《资本主义与奴隶制度》，陆志宝等译，北京师范大学出版社 1982 年版。

[173] [德]马克思：《哲学的贫困》，《马克思恩格斯全集》第 4 卷，人民出版社 2008 年版。

[174] Joseph Arthur de Gobineau, Essay on the Inequality of Human Races,pp.1883–1885, Paris, 1967.

[175] Hitler, A., *Mein Kampf*, London, 1992.

[176] Dower, J.W., *War without Mercy: Race and Power in the Pacific War*, London, 1986.

[177] Lebra, Champman-Joyce (ed.), Japan's Greater East-Asia Co-Prosperity Sphere in WWII, Kuala Lumpur, 1975.

[178] Thorne, C., The Far Easter War, *State and Societies*, pp.1941–1945, London, 1986.

[179] 鲁迅：《同意和解释》，《鲁迅全集》卷五，人民文学出版社 1982 年版。

[180]《简明不列颠百科全书》卷 6，中国大百科出版社 1986 年版。

[181] 徐中玉主编:《梁启超、谭嗣同传》,《古文鉴赏大辞典》，浙江教育出版社 1989 年版。

[182] 信春鹰:《中国的法律制度及其改革》，法律出版社 1999 年版。

[183]《中国大百科全书》法学卷，中国大百科出版社 1984 年版。

第二篇 生 路

我们目下当务之急，一是要生存，二是要温饱，三是要发展。苟有阻碍这前途者，无论是今是古，是人是鬼，是“《三坟》《五典》”，百宋千元，天球河图，金人玉佛，祖传丸散，秘制丹膏，全都踏倒它。

——鲁迅:《华盖集·突然想到（五）》

2.1　抗争求存

世上的一切噍类，人类的远祖近亲都出生和进化在这个大地上，为维持生存所需要的一切都取自地球表面。形成于 20 亿年前的含氧 21% 的大气是生命须臾不能离开的“命桴”，倘使缺氧数分钟就会窒息而死。现在已经知道，太阳系其他行星上都没有这样的大气层。水是生命之脉，人体 60% 是水，一切生命活动都需要水的介侍，人可数日不进食，不能一日无水喝。太阳系中只有地球上有稳定存在的液态水。人体的结构材料和运动的能源都来自食物，即其他动植物，只有地球上才有丰富多彩的生态系统，给人类提供食品。到现在为止，人类生存、发展所需要的一切资源都来自地球，故曰地球是我们的母亲。至于，生命之始祖，最早的单细胞生物来自何处，科学至今还不能确定，有可能是 38 亿年前在地球上出现的，亦或来自宇宙别的什么地方，生物学家们也仍觉迷惘 [1]。

大地是母亲，生命的摇篮，恩比山高，泽逾海深。另一方面她并非尽善尽美，时常暴虐不羁，惨酷无情。干旱、洪涝、地震、火山、海啸、飓风、雷电、泥石流、瘟疫等自然灾害时有发生。远古时代大自然的暴虐地质学和古生物学已有质证，出现文字历史以来已有详细记录。仅 20 世纪导致人口大量死亡的重大天灾就有数百次 [2, 3]。举其近案：1902 年危地马拉火山喷发烧死 6000 人；1913 年中国中部 12

省大洪水淹死 30 万人；1916 年意大利、奥地利山体滑塌埋没 1 万人；1928 年—1930 年陕西三年大旱饿死 250 万；1937 年台风在印度加尔各答登陆淹死 30 万；1939 年智利海啸吞没 5 万；1942—1943 年河南大旱，饿死 300 万，灾民 1000 万；1943 年印度、孟加拉饥荒致死 350 万；1976 年唐山“7 · 28”大地震死亡 24.2 万，伤 16.4 万；1985 年哥伦比亚火山、泥石流吞没 2.2 万；2004 年印度洋大海啸死亡 22 万；2008 年中国汶川“5 · 12”大地震死亡 8.7 万，伤 36.8 万，等等。

这些令人惊心动魄的灾难，并非“天将降大任于人，先苦其心志”，而每每虐杀人口，瘫痪经济，破坏社会，危害人类生存和社会发展。地质学家认为这是地球系统演化过程中的正常事件。人们对大自然依赖、崇敬、敬畏、爱恋、无奈和怨恨的情结都有。古人尊崇天地至极端，“乐天知命而不忧”(易 · 系词上)，“天地无私，所藏无尽”，“万物皆备于我”(孟子 · 尽心)，至今仍有人认为“宇宙为我而存在”。文学家们赞美“大地的诗意不朽”。谙史者则悟知“天无清（情）而恐裂，地无宁将恐发”，常“以万物为刍狗”(老子 · 河上公)。数千年灾荒不断，靠天吃饭终没饭吃。历代人鸣怨泣诉，哀人生悲欢，阴晴圆缺，大江不羁，千万冰雪。频繁遭灾的波斯人说“大地是谋害过客的黑店老板”。

冰　凌

地质学告诉我们，地球上的气候过去并不总是像现在这样温暖宜人。历史上出现过多次冰期，每次大部分陆地都被冰雪覆盖，海平面大幅度下降，曾多次把许多物种冻死、饿死，赶尽杀绝。5 亿年前，元古代前寒武纪，曾有过长达 1 亿年的大冰期，地球几乎被冻成冰球，使 82% 以上的物种灭绝。4 亿年前的古生代，奥陶—志留纪大冰期持续了 6000 万年，使全球海洋中的三叶虫之类全部死光。3.5 亿年前的泥盆—石炭冰期冻死了所有腕足类。二叠—三叠纪（2.4 亿年前）延续数千万年的冰期，杀死了 80% 以上菊石（鹦鹉螺）和腕足类动物，灭绝了所有蜓类有孔虫类动物 [4，5]。白垩纪—第三纪之交（6500 万年前）的很短时间内，统治全球长达 1.5 亿年的恐龙全部消失，有 3000 多个属的生物灭绝，体重大于 25kg 的食草动物全部死亡。地质学家们认为，那可能不是地球的孽，是被天外小行星撞绝的 [4，6]。

关于地球屡屡虐杀自己的“孩子”，直至灭种，20 世纪的古生物学家们已得到大量“地证物证”，是确凿可信的。

人类很晚才出现在大地上。能直立行走的古猿人降临于 500 万年前，虽未及经历上述大灾难，也一直在艰难困苦中挣扎生存下来，进化到今天的智能人种（Homo sapiens）。新生代（6500 万年前至今）地层显示，200 万年前地球上气候温和，森林草原茂密，是哺乳类动物极美好的乐园。第四纪开始（中国全国地层委员会定义为 248 万年前）气候变冷，间断出现了 5 次冰期：多脑冰期（Donau，中名红崖冰期，190 万—140 万年前）、贡兹冰期（Cunz，中名鄱阳湖冰期，110 万—100 万年前）、民德冰期（Mindel，中名大姑冰期，70 万—60 万年前）、里斯冰期（Riss，中名庐山冰期，30 万—20 万年前）和玉木冰期（Würm，中名大理冰期，11 万—1 万年前），每次持续长达 10 万年。盛冰时，全球 30% 的陆地覆于冰盖之下，北欧、北美、西伯利亚和中国华北曾终年被厚冰层覆盖，气候寒冷，哺乳类动物纷纷南迁，海平面比今日低 130m 以上，渤海曾是平原，把辽东、河北、山东连成一片。那也是人类最艰苦的时代。山顶洞人、丁村人、红山文化的先人能在冰天雪地的恶劣气候中活下来，其苦可忖。居住在欧洲和中亚长达 50 万年的尼安德特人就是在玉木冰期灭绝的。彼时，大概只有在赤道附近的热带和亚热带才能舒适的生活[7，8]。

迄今1.1万年前玉木冰期突然结束，全球气候变暖，中纬度上的冰山消融，欧洲冰盖退到北极圈以内，永冻区的植被和森林逐渐恢复，地质学称为“阿类鲁期”或“新仙女木事件”（Allerod-Younger Dryas），确切原因至今不明。冰山消融后注入海洋，海平面上升100多米，海水入侵大陆，桑田又成沧海，逐步形成今日的海岸线。我们的先人遇到了新的生存发展机遇，适宜的气候使世界人口迅速增长，发明了农耕畜牧，精细石器，绘画艺术，人类从旧石器时代进入新石器时代，史前文化大飞跃。在1万年的时间内，全世界人口从冰期的约100万人增加到公元元年的2亿—3亿。西汉初年，中国的人口达6000万[9]。

水旱风祲

新石器时代以降，地球进入温暖期，高纬度地区也山川相缪，郁郁苍苍，气候宜人，生态繁丽。公元前2000年—500年，风调雨顺，农耕和畜牧技术迅速传遍全球，食品供应有余，人口徐增。出现了部落、城邦、社会和国家。社会分工，各臻其技，生产能力日益提高。发明了文字，改善了语言，出现了宗教、艺术，文化突兀猛进。

“铜铁炉中翻火焰，不过几千寒热”。人类历经了青铜时代、钢铁时代，终于走到今日的科学和工业时代。气候适宜既久，又不知史前诸灭种之灾，古人祈天地敬鬼神，“敬天之渝，不敢驰驱”（诗经）。宗教界冥想，偶遇灾难，还有“天堂”、“天阙”、“仙境”可往。到18世纪，卢梭提倡自然主义，他说大自然至美尽善，人手一动就会堕落，人类应“返回大自然”。现在欧洲的环保人士支持自然主义，大江大河不许动，反对修建水库和电站。可惜世界无论如何也回不到

“挪亚律法”时代，中国也回不到4000年前的唐虞之世了。

过去3000多年的历史记录证明，自然主义并非那么可靠。天有不测风云，即使尧天舜日之福也并非全善。尧舜时代（前22世纪），大江南北“洪水滔天，浩然环山”。鲧治水九年不息，被舜杀于羽山，以平民怨，可见水患之烈。禹治水22年始定九州江河，奠夏代之基（史记·夏本纪）。更远的无可稽考。秦汉以来，逐年有志，可谓铁证如山。据水利部统计，从西汉初（前206）到1949年的2155年间，中国发生过大水灾1029次，大旱灾1056次，年年天塌，岁岁有灾。洪水所至，人畜浮尸蔽江，草木如洗。大旱时，逃荒灾民常千百万，卖儿卖女，父子相食，饿殍遍野，屡见不鲜。中国人真是饿怕了，久成痼患，故“吃饭了没有?”竟成了民间问候语，地道的中国特色。

仅1900年—1949年50年间，大的旱涝灾害就有70多次，平均每年1.5次，张家诚、李文范主编的《地学基本数据手册》中有细录[10]。遂摘几条，以辩谓大自然无情并非不敬。

光绪29年（1903）广西玉林大旱，两造无收，众大饥，多卖妻女，贩去广东、兴贵两邑者约有万余人。

光绪32年（1906），湖南长沙一带，自1月下旬倾盆大雨，连阴4月之久，数百里间，汪洋一片。死者3万—4万人，浮尸蔽江，被灾30万—40万人。

民国6年（1917）7月中旬以后，河北、天津连遭台风袭击2次，暴雨成灾，被淹村镇19247个，受灾人口629万。

民国19年（1930），陕西三年不雨，六料未收。全省940万人口中饿死250万，逃走者40万，被卖出省妇女达30万。同年河南新蔡水灾惨重，淹死15万人；甘肃定西大旱，灾民3万；辽西盘山洪水深7尺，倒房5万余间。

民国20年（1931）6月，湖南大雨兼旬，淹毙5万人，受灾人口30万。同年，四川90余县大水，灾民100万。陕西南郑，汉水大涨，淹毙人数不可胜计，待赈者数十万人。湖北汉口等36县市，江汉两岸各支流，官坝民堤，十九非漫即溃，庐舍荡析，灾民数百万。

民国24年（1935），湖北宜城、钟祥、蕲春等县，淫雨成灾，山洪暴发，水势飞涨，全省淹毙和灾死96000人。湖南益阳、常德等淫雨两月，湘、资、沅、澧四水并涨，淹死37532人，受灾410万。

民国32年（1943），广东普宁大旱，各善堂收埋于莲花峰下红沙窟一处的饿殍凡11000余具。台山全县饿毙15万。

民国34年(1946)，湖南衡阳大饥，饿毙18410人，待济者44万。湖北枝江6月山洪暴发，受灾95000人。广西富川有14万人濒于饿死边缘。河北青县，河流溃决，尽成泽国，无家可归者数十万人。

人们昵称黄河为母亲河，她孕育了中原文明，养育了炎黄子孙数千年，其惠无尽，其恩无穷。然而真暴虐起来也万分可怕。有文史记录的决口大灾1590次，每次淹没数省，浮尸蔽流，生命如洗。仅20世纪上半叶就有8次。最末一次，1938年国民党军队为阻日军进攻扒决花园口，淹3省44县，受灾1250万人，死亡89万。

公元1893—1970年的77年间，亚洲遭飓风和台风袭击死亡人数950万。1964—1973年10年间全世界发生热带气旋登陆89次，死亡41万6600人。历史有细录的还有，1281年台风到日本九州，死10万人；1737年飓风登印度加尔各答，死30万；1876年印度吉大港死30万，1882年孟买死10万，1970年孟加拉死30万。

灾害史表冗长，不及细录。回想新中国1959—1962年的全国三年大旱，损失人口过千万，虽“三分天灾七分人祸”，也会长远留在“自然无情”的账下。

大地不牢

人云脚踏实地牢靠，其实不尽然。20 世纪，地质学家用地震波造影术和其他仪器已探清，固体地球内部分为地核、地幔和地壳三部分。地核又分为固体内核，半径 1200km，温度约 5000℃—10000℃；外地核为液体，厚度 2300km，温度 3000℃。地幔总厚 2900km，分为上地幔（厚 40km—150km）、中地幔（厚 1000km）和内地幔（厚 1700km），温度从内向外由 3000℃降到 600℃—1000℃。故上地幔呈半流体状态。地球内部 45 亿年来保持高温，地表目前以 0.08W/m^2 的强度向空间散热。其能量来源主要靠钾 –40，铀和钍等放射性同位素衰变释放的能量。固体地壳称为岩石圈，大陆地壳厚约 40km，大洋底的地壳很薄，仅 4km 左右。（见图 2.1–1）

固体地壳由 12 个大板块和若干小板块组成，半漂浮在上地幔之上。在流体地幔对流的驱动下，各板块缓慢漂移。大量证据表明，3 亿年前，曾存在过一个全球统一的联合古陆（Pangea），2 亿年前古大陆分裂，部分留在北半球为劳亚古陆，南半球留下一个冈瓦纳大陆（Gondwana）。1 亿年前冈瓦纳大陆又分裂成数块；澳洲、南极洲、南美与非洲分别漂向今位；印度板块则北漂，后与亚洲板块相撞，3000 万年前俯冲到亚洲板块之下，拱起了喜马拉雅山脉和青藏高原（图 1.1–1），被地质学家称为新生代“最伟壮的地质事件”，影响至今已数千万年。印度板块的俯冲挤皱出了天山、昆仑山、阿尔金山、祁连山和横断山等，现在仍以每年 5cm 的速度北压。今仍逐年升高的喜马拉雅山隔断了印度洋来的季风，使中国大西北变得干旱无雨，曾郁郁葱葱的湖泊、草原、森林变成荒漠 [11]。

地质观察还表明，各大洋中部都有连绵数千公里的洋脊，那里从

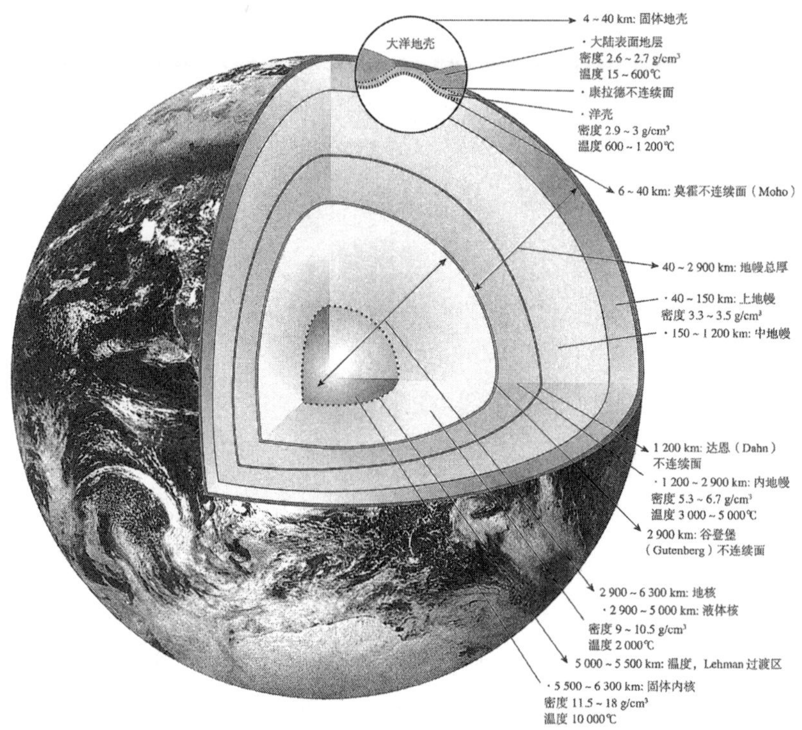

图 2.1–1　地球内部构造 [46]

地幔中不断冒出炽热的岩浆，凝结成新的洋底岩石，向外推挤旧岩石，使洋底地壳不断扩张，推动大洋板块挤向大陆边缘，俯冲至大陆岩石圈之下的软流层中。

图 2.1–2 表示地壳各板块现在的位置和目前相对于非洲板块的漂移方向和速度。

从图中可看到，各相邻板块边界有相对运动，挤压、开裂、滑动或上下错叠，导致附近地壳出现断层和褶皱。全球的大部分地震和火山都是沿板块的破坏性边界发生的。太平洋板块与南、北美板块相邻边界，经阿留申群岛、千岛群岛、日本、中国台湾、菲律宾、印尼直

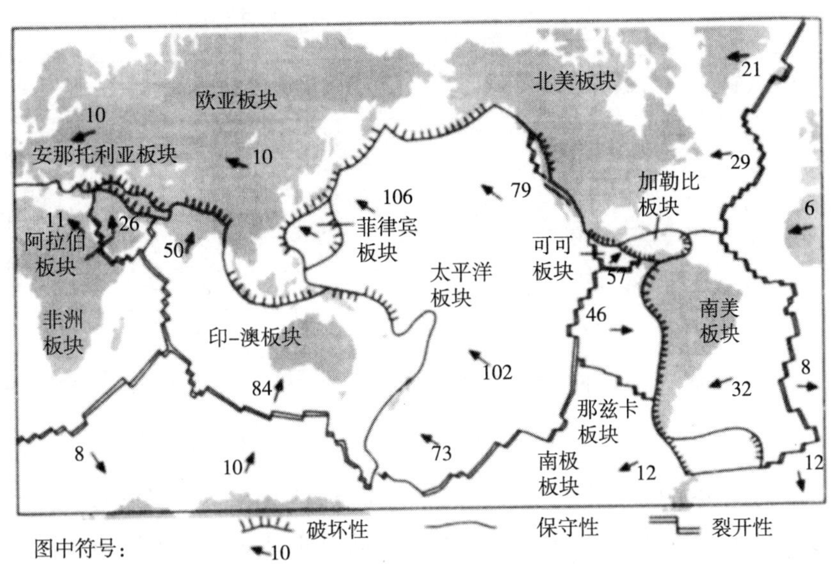

图 2.1–2　各板块边界和现在的漂移速度。箭头表示相对于非洲板块的漂移方向，旁注数字表示漂移速度（mm/ 年）。毛状线表示的破坏性边界是指地史上最近发生的板块碰撞，现在仍在进行中[12]。

到新西兰是地震和火山频发带，称为太平洋“火环”。对中国有重大影响的另一条地震火山带是由大西洋东缘的亚速尔群岛，经阿尔卑斯山、喜马拉雅、中东、中亚、中国云南到印尼诸岛，最后与太平洋火环相接，也是沿板块的破坏性边界延伸的，这是意大利和中国云南省近代火山多和地震频发的原因。各板块内部的岩层也有很多断层。由于断层两边有相对变形或运动，常积累巨大能量，一旦达到某一临界值便发生岩层断裂或塌陷，引起地震。

在所有的地质灾害中，地震最可怕。它常突然爆发，人们猝不及防，释放能量又很大，致地动山摇，建筑物瞬间倒塌，造成惨重的人员伤亡。按能量分级的里氏震标（Gutenberg-Richter scale），震源每差一级，波幅相差 10 倍，释放能量相差约 30 倍（见表 2.1–1）。

表 2.1–1 里氏各级地震释放的能量 [7]

M_l（里氏震级）	能量（J）	TNT当量	M_l（里氏震级）	能量（J）	TNT当量
1.0	2.0×10^{16}	0.17kg	6.0	6.3×10^{20}	6270t
2.0	6.3×10^{16}	5.9kg	7.0	2.0×10^{22}	1×10^{5}t
3.0	2.0×10^{17}	397kg	8.0	6.31×10^{23}	6.27×10^{6}t
4.0	6.3×10^{17}	6t	8.5	3.6×10^{24}	3.16×10^{7}t
5.0	2.0×10^{19}	199t	9.0	2.0×10^{25}	1.99×10^{8}t

一个 8.9 级地震所释放的能量相当于 1 千颗百万吨 TNT 当量的氢弹，破坏力之大可想而知。震源在地面上的投影称为震中，离震中的距离越远，破坏烈度越小。中国地震部门按破坏性把烈度分为 12 度，7 度可造成轻微损害，9 度以上引起严重破坏，12 度则地面剧变致山河改观。

按震源深度，分为浅源（≤ 70km）、中源（70km—300km）和深源（300km—700km）地震。全球每年发生地震约 500 万次。从公元前 70 年到 1980 年中国发生 7 级以上的地震 152 次，死亡 1000 人以上的 78 次，死万人以上的 25 次。死亡 10 万人以上的有 6 次 [10, 13]。举其大者有：

元朝至元 26 年（1290）9 月 27 日，内蒙宁城 6.8 级地震，死亡 10 万人；

元朝大德 7 年（1303）9 月 17 日，山西洪洞、赵城 8 级地震，死亡 47 万 8500 人；

明嘉靖 35 年（1556）1 月 23 日，陕西华县 8 级，死亡 83 万人；

清乾隆 51 年（1786）6 月 1 日，四川泸定善西面 7.5 级，死亡 10 万人；

民国 10 年(1921)12 月 16 日宁夏海原 8.5 级，死亡 23 万 4117 人；

1976 年 7 月 28 日，河北唐山大地震 7.8 级，死亡 24 万 2000 人。

最近，2008年5月12日发生于四川汶川的8级大地震，夺走了8.7万人的生命，伤37万4000人，直接经济损失超过8000亿元。

大地的暴虐不独发生在中国。据不完全记录统计，过去2000年中，全世界各国发生7级以上且死亡超过千人的地震325次。历史上著名的记录有：公元856年伊朗大地震死亡20万人，27年后的893年又发生一次大地震，死亡15万人；1133年叙利亚甘扎大地震死亡23万人；1201年埃及大地震死10万人；1693年意大利西西里9级大地震死9万3000人；1737年印度加尔各答大地震死30万人；1908年意大利卡拉布里亚7.5级地震死亡11万人；1923年日本东京、横滨7.9级大地震死亡142807人。

火山海啸

倘若火山爆发在人口密集地区将会造成巨大的灾难。地壳的强烈构造运动常使岩石圈破裂，上覆岩层静压降低，地幔中的塑性岩浆变为液态，从深处高压区向地壳薄弱处喷涌而出，就成为火山。爆发时常形成火山泥石流、碎屑流、熔岩流、灰云和毒性气体排放等，足以吞噬和危害附近的一切生物，造成惨痛的人员伤亡和经济损失。公元79年意大利维苏威火山爆发埋葬了庞贝、赫库兰尼姆和斯塔比奥三座城市，1860年被发掘，成为今天的庞贝博物馆，供后人叹惋。1815年印尼坦博拉休眠火山突发，烧死10万人。1985年，哥伦比亚鲁伊斯火山爆发，死2.2万人。

全世界有活火山582座，每年都有一些爆发，70%在海底。日本是世界上火山最多的国家，有活火山76个，火山口遍布列岛，每年都有一、二个爆发。中国新生代（6500万年以来）火山有1000余座，更新世以来（248万年至今）喷发过的有70余座。分为120个火山群，7 个火山带。计有台湾火山带，有 14 个火山群，火山 70 座；长白山—庐江断裂带，长 2200km，宽 200km，含 41 个火山群，火山 549 座；福鼎—海南岛火山带，位于浙、闽、粤沿海，长 1200km，4 个群，101 座；大兴安岭—太行山火山带，长 2500km，宽 200km，28 个群，300 座；小兴安岭火山带，11 个群，60 座；西昆仑山—可可西里火山带，长 1300km，宽 200km，12 个群，64 座；冈底斯山—腾冲火山带，长 2200km，宽 150km，3 个群，48 座 [14，15]。此外还有乌鲁木齐以西的伊宁和独山子火山群等。

据近期火山喷发历史记录、地下微震频度、休眠时间和人口稠密程度推测，中国有五个火山群近期仍有喷发的可能，已给予重点监视。五大连池，有 14 座火山，其中老黑山、火烧山于 1719 年—1721 年 2 次喷发过，形成了 800km^2 熔岩台地，火山口至今有热喷气孔；雷州半岛—琼海火山群，1883、1933 年澄迈、临高都有火山喷发过；腾冲火山群，处于阿尔卑斯山—喜马拉雅火山带东端，1609 年打莺山火山喷发过，现有热泉、温泉、热气孔 70 余处；长白山火山群，明清 1597、1668、1702 年喷发过，现微震频繁；台湾火山群，包括绿岛和兰屿的火山，1853、1854、1887、1916、1923、1927 年多次喷发，多为海底火山。台湾和日本列岛均处于太平洋火环之中，威胁长存 [15]。

海啸是由海底火山、地震、塌陷和飓风等激起的海水长波大浪，以每小时数百公里的速度在海上传播，波长上百公里，到达岸边浪高达数十米。海啸强度分为四级：1 级波高 1m—3m，2 级 4m—6m，3 级 10m—20m，4 级波高大于 30m。3、4 级海啸常入侵陆地 200km—500km。1900—1981 年中国发生大海啸 45 次，每次都有重大人员伤亡。

历史上最高记录是 1964 年发生在阿拉斯加瓦耳迪兹港的海啸，

浪高 51.8m。1958 年 7 月 9 日因地震、滑坡引发的阿拉斯加利鲁雅湾的激浪高达 525m。除破坏沿岸设施外，海水侵入陆地数十至上百公里。前鉴不远，1864、1876、1970 年孟加拉湾三次大海啸，每次淹死 25 万—30 万人。1967 年印度加尔各答海啸死 10 万人，2004 年印度洋地震海啸死 22 万，2008 年 5 月 2 日飓风致海啸使缅甸死亡 84500 人。中国，1905 年 8 月上海宝山、南汇海啸，崇明死亡 1.7 万人，川沙死 5400 人，宝山 2500 人；1922 年 6 月广东汕头澄海海啸夺去了 3.45 万人的生命；1938 年 8 月 11 日渤海海啸，潮高 4.8m，山东无棣、沾化，河北黄骅、盐山，天津汉沽海水入侵 30km，人员财产损失无数。1939 年 8 月 29 日江苏大丰、盐城沿海众多村镇覆没于海啸中，死亡 13000 人；1956 年浙江象山，海啸入侵陆地 10km，死伤数万人。史载详实篇长，不胜细举 [10]。重察每次灾难，都会惶悚不迭。

新石器时代以来的历史证明，对大自然单是“亲近、热爱、尊重和敬畏”是不够的。为了人类的生存、发展和进步，认识、适应和改造自然，与自然灾害抗争，永远是人类不得不为的要务。认识、适应和改造自然，这是现代科学技术的使命和夙鹄，是现代人类生存进步的法宝。人类不可能放弃这个理性武器，回到听天认命、靠天吃饭的时代。由狩猎采集到农耕畜牧，由石器时代到工业文明和信息时代，是人类历史上最伟大的文化革命。靠的都是认识、适应和改造世界这个法宝。治水灌溉，南水北调，植树造林，杂交水稻，以至高铁巨轮、穿隧造桥、卫星飞船、暖气空调等都是认识、适应和改造自然这个法宝的功效。

人类正在改造着自己。基因治疗、基因改造，器官移植、人造器官、疫苗接种等多已成为临床医学常规。计划生育、优生优育、试管婴儿等是改善人群结构和提高人口素质的科学壮举。

天不至善

大自然是地上一切生命之母，大地生态环境是人类的家园，恩泽无穷，永世不足相报。保护和建设生态环境是今人和无数后代的天责。人们也绝不会忘记，世上没有完美无缺的事物，大地并不尽美至善。天灾人祸总要发生，敬畏祈祷都全然无用。只有发展经济，增强国家实力，提高技术水平，科学防治，才能减少以至避免灾难时的损失。2008 年 8 月 22 日，国际科学理事会（ISCU）发布了“环境灾害综合研究计划（IRDR）”，以应对人类面临的自然和人为的灾害。该文件指出，全世界每年因自然灾害丧生的达数十万人，受伤、传染、迁移的人口数百万。过去 40 年中，灾害损失 7 年翻一番。随着经济全球化、人口增长、自然灾害风险愈来愈大。当前的任务是努力缩小科技发展和广泛应用能力之间的差距，提高防灾抗灾能力。这是与经济发展相行不悖的目标 [16]。

“人定胜天”一语出自南宋狂放诗人刘过的《襄阳歌》，后常被引作鼓干劲的口号，其情可喻。但是作为一个科学命题，在哲学上这话是唯心主义悖论，在科学中是谬误，在社会实践中是可能导致灾难的政策夸诞。在可望的未来，人类的知识和能力对于地球和太阳系这个“小天”来说也是很有限的，遑论银河系这个“大天”。天文学和航天科学已经证实，地球是太阳系中唯一能支持生命的一叶孤舟。人类无力去影响太阳的行为，或者改变地球的轨道和姿态，使其为“人之恶寒而辍冬”。

全世界人类所掌握的能量总和（每年 200 亿吨石油当量），不抵太阳照射到地球能量（100 万亿吨）的千分之一。例如，我们还无力阻止那些可疑的小行星把地球“撞翻”，无力去影响热带飓风和大气环流，阻止地震、火山和海啸的暴发，或者杜绝险恶的不测风雨，因为人类的能力还太小。我们能做到的大抵是发现灾源，认识规律，避害趋利，在能力所及范围内采取措施，防御灾害的发生和减低其危害程度[17，18]。

鲁迅 80 年前曾呼号，我们目下当务之急，是一要生存，二是要温饱，三要发展。苟有阻碍这前途者，无论是谁，我们都反抗他，扑灭他（华盖集·北京通讯）。

鲁迅的呼号是 20 世纪中国人的战斗号角。今人甚幸，中国人终于争得了生存，解决了温饱，开始了大发展。然时移情迁，今昔迥异。20 世纪世界人口增长了 4 倍，中国增长了 3 倍，人口密度已大增，环境已近绌窄，资源相对不足，只有可持续的科学发展，才足以出围。

保护和建设生态环境，节约和永续利用资源，统筹人口，提高素质，今人和后代才能共福。不必赧言改造。勘探开发资源，抽油采煤，再生能源，改造沙漠，植树造林，以至炼石成钢，拉燧制芯，都是改造自然。科学发展，人们还得改造自己。发展就是改变。自古至今，回归故道或保持现状都是不可能的。世界上除变化外，没有什么东西是永恒的。只有百利而无一弊的至善方案也不会有。科学论证，权衡利弊，取其最优、次优，或可行者就是科学发展。

2.2 大气是生命之桴

人如果 2 天—3 天不喝水，10 天—20 天不进食，仍可能活下来。但是，3 分钟—5 分钟不呼吸就会死亡，理论上最长只能存活 6 分钟。这是由人体的生物本质决定的：人体每个细胞的代谢所需要的能量都来自对食物（糖、脂肪和蛋白质）的氧化燃烧。没有充分的氧气供应，细胞很快因缺氧气而死。成年人每分钟需要吸进氧气（O_2）0.25 升，而体内贮存的氧仅有 1.5 升。新鲜空气中所含 21% 的氧气是一切高等生物须臾不能缺少的生存物质。成人平时每分钟呼吸 14 次，每次吸入 500 毫升（ml）空气，每分钟 7 升—9 升（L），每天需要 10 立方米。重体力劳动或激烈运动时需氧量增加 10 倍—20 倍。儿童每日需氧量是成人的 1/10。在正常情况下，每人每天必须有 100m^3 的新鲜空气供应，儿童应有 10m^3，才能保证供氧安全 [19]。氧气可溶于水中，溶解度是 0.3%—0.5%（体积），水生动植物是靠吸取水中的溶解氧而生存的。

产业革命以前，自然大气很少受到人工污染。前贤云“江上清风与山中明月，取之无禁，用之不竭，是造物者无尽藏也，吾与君子共适”（苏轼·前赤壁赋）。人们至今仍习惯地认为空气的自由享用是理所当然的。然而，近 100 年来，情况发生了变化。放纵的工矿企业和燃油车辆排放有毒物质，污染大气，直接危害人类健康。大量排放的 CO_2、SO_2 和其他温室效应气体导致气候变化，洪涝、干旱、台风、冷灾、烟雾、臭氧层被破坏等气象灾害增多，对人类和动植物的生存也带来危害。

地球大气

大气层是厚达数百公里的幕幛，覆盖着地球表面，储存充分的氧气为生物提供能源氧化剂，泽降雨露，以滋养生命，保护生物免受来自外空的彗星、陨石、宇宙射线（带电粒子）和太阳紫外辐射的扰乱和杀伤，为生命的生存进化创造了舒适条件。今天的大气组分从在地面到 15km 高空的对流层内大致是均匀的，有 78% 氮气分子(N_2),21% 氧气（O_2），其他气体合起来占 1%（见表 2.2–1）。这里集中了大气总质量（5.3×10^{18}kg）的 90%，99.9% 的大气总质量位于 55km 以下。海平面上的大气密度为 1.23kg/m^3，大气密度随高度按指数下降，高空无明显边界[20—24]。

表 2.2–1 近地表大气的化学组分

成分	体积百分比
氮（N_2）	78.08
氧（O_2）	20.95
氩（Ar）	0.934
水汽	0.1—0.01
二氧化碳（CO_2）	0.033
氪（Kr）	0.00011
氖（Ne）	0.0018
氦（He）	0.00052
甲烷（CH_4）	0.00015
氢、一氧化碳、氙、臭氧、氡等（H_2、CO、Xe、O_3、Rn）	<0.0001

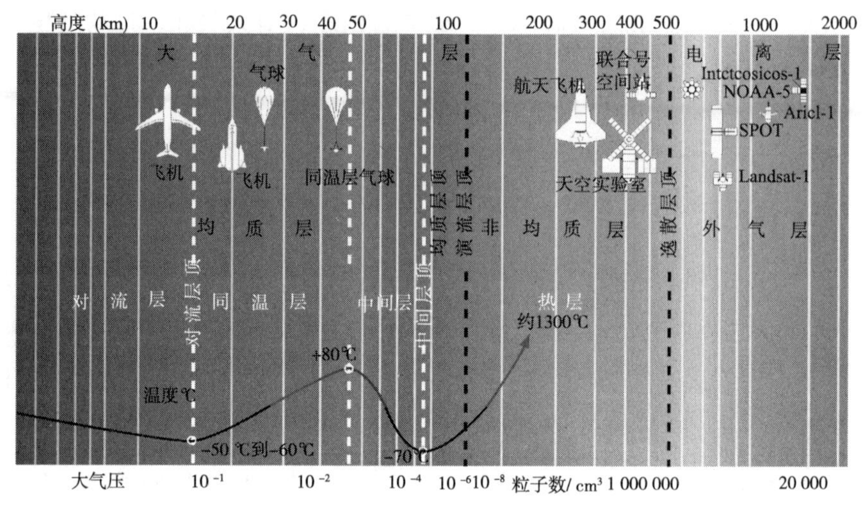

图 2.2–1 地球大气密度、压力和温度随高度变化和分层 [173]

海平面上的平均大气压定义为标准大气压（1atm=101.325kPa）。大气层的高度划分见图 2.2–1，20km 以下大气压、密度和温度随高度的变化见表 2.2–2。从表中可看出，地面高度（海拔）每增加 1000m，大气密度和氧分子含量都减少 1/10，在海拔 3000m 处都减少了 30%，这是多数人在 2000m 以上的高处就感到呼吸困难和体力不适的原因。在 5000m 高度上大气密度和氧气比地面降低 40% 以上，没有补充的氧气供应，人们不能正常活动甚至有生命危险。登山运动员的禁忌是：不得在含氧量降低一半的 5500m 高度上久留，7500m 是死亡线，那里大气含氧量比地面少 3 倍。

表 2.2–2 20km 以下大气层温度、压力、密度与平均分子量的高度分布 [10]

高度（m）	温度T（K）	压力P（mb）	密度 ρ（kg/m^3）	平均分子量M（kg/kmol）	O_2分子密度（分子数/cm^3）
0	288.000	10.1400×10^2	1.2250	28.970	5.276×10^{18}

续表

高度（m）	温度T（K）	压力P（mb）	密度ρ（kg/m^3）	平均分子量M（kg/kmol）	O_2分子密度（分子数/cm^3）
1，000	281.651	8.9872	1.1117	28.964	
2，000	275.154	7.9501	1.0066	28.964	
3，000	268.659	7.0121	9.0925×10^{-1}	28.964	
4，000	262.166	6.1660	8.1935	28.964	
5，000	255.676	5.4048	7.3643	28.964	3.197×10^{18}
6，000	249.187	4.7217	6.6011	28.964	
7，000	242.700	4.1105	5.9002	28.964	
8，000	236.215	3.5651	5.2579	28.964	
9，000	229.733	3.0800	4.6706	28.964	
10，000	223.252	2.6499	4.1351	28.964	1.798×10^{18}
11，000	216.744	2.2699	3.6480	28.964	
12，000	216.650	1.9399	3.1194	28.964	
13，000	216.650	1.6579	2.6660	28.964	
14，000	216.650	1.4170	2.2786	28.964	
15，000	216.650	1.2111	1.9476	28.964	8.251×10^{17}
16，000	216.650	1.0352	1.6647	28.964	
17，000	216.650	8.8497×10^{1}	1.4230	28.964	
18，000	216.650	7.5652	1.2165	28.964	
19，000	216.650	6.4672	1.0400	28.964	
20，000	216.650	5.5293	8.8910×10^{-2}	28.964	3.790×10^{17}
30，000	220.509	1.1970×1^{0}	1.8410	28.964	7.776×10^{16}
40，000	250.350	2.8714	3.9957×10^{-3}	28.964	1.741×10^{16}
50，000	270.650	7.9776×10^{-1}	1.0269	28.964	4.595×10^{15}
100，000	295.08	3.2011×10^{-4}	5.604×10^{-7}	28.40	2.859×10^{12}
200，000	854.56	8.4736×10^{-7}	2.541×10^{-10}	21.30	9.968×10^{7}
300，000	976.01	8.7704×10^{-8}	1.016×10^{-11}	17.73	6.408×10^{6}

注：压力单位为巴（bar），1 巴（b）＝ 10^3 毫巴（mb）$=10^5$ 帕（Pa，Pascal）。

1 标准大气压（atm）＝ 101.325 千帕（kPa）。

今天的大气层是地球 45.6 亿年的历史上演化而成。地质学有证据表明，30 亿年前大气中 CO_2 浓度比现在高 1000 倍，20 亿年前的

含 O_2 量只有今天的 1%（见图 1.1–2）。大量 CO_2 溶于海水中，与 CaO 结合以碳酸岩 $CaCO_3$（石灰岩）的形式沉积于海底。到 14 亿年前大气 CO_2 含量降低了 5 倍。35 亿年前，自养生物的藻类出现后，在光合作用下利用太阳光的能量使二氧化碳和水化合成有机糖类以营养生物，同时放出氧气进入大气，如下式所示：

$$6CO_2+6H_2O \xrightarrow{\text{叶绿素}} C_6H_{12}O_6+6O_2\uparrow, \qquad (2.2\text{–}1)$$

右端 $C_6H_{12}O_6$ 就是葡萄糖有机分子。从元古宙（25 亿年前—5.7 亿年前）以降，大气含氧量逐步增加，CO_2 含量则进一步减少。到志留纪（4.3—4.1 亿年前）浅海中和大陆上已有了大量多细胞生物和植物，由光合作用向大气中排出更多的 O_2。积累到中生代末期（约 1 亿年前），大气氧含量即达到了现在的水平。氧气的化学性质十分活泼，只要有机会就会与大气中和地面上的其他物质发生氧化作用而不断消耗。今天大气中 21% 的氧气是靠生物光合作用释放氧气而保持平衡的。保护森林、植树造林、绿化大地荒山是保证大气含氧量持续稳定的关键措施之一。

至于地球诞生后早期 10 亿年的大气（冥古宙，45.6 亿年前—35 亿年前），至今所知甚少，彼时的组分已很难质证，只能根据太阳系其他行星上的大气、月球上的岩样和地质构造进行推测。地质学界认为最早的大气已不复存在，在最初的数亿年中，早已被小行星碰撞和太阳风扫荡殆尽而弥散于太空。后来的大气是由火山爆发冒出来的、从太空中俘获的和生物放出的气体混成的，故被称为第二代大气层 [25—28]。

氧气需求

人的一生中肌体的运动、劳动、社会活动和保持体温都需要有能量供应，服从能量守恒物理定律。人体约由 10^{15} 个细胞组成。每一个细胞都要生存、发育和保持活力，从而支持肌体整体的健康和各种生理功能的发挥，总称为新陈代谢，都需要有不间断的能量供应。和一切高等动物一样，人体的能量来自分解和“燃烧”摄取的食物：碳氢化合物，脂肪和蛋白质。从能量供应角度来看，人的食物中主要有大量淀粉（多糖）。在消化器官中，多糖由水解转变为单糖（葡萄糖、果糖等），分子式都是 $C_6H_{12}O_6$。在细胞的代谢过程中单糖在酶的帮助下逐步被氧化而释放出能量（化学能和热能），如下式所示：

$$C_6H_{12}O_6+6O_2 \rightarrow 6CO_2+6H_2O+E_1, \qquad (2.2\text{–}2)$$

每 1 克葡萄糖完全氧化后放出能量 4.12 千卡（Kcal）或 17.49 千焦尔（KJ），即 E_1=4.12Kcal/g=17.49KJ/g。脂肪蕴含的能量比糖类高。以含 16 个 C 的棕榈油酸 $CH_3(CH_2)_{14}COOH$ 为例，经完全氧化后每克释放能量 9.5 千卡或 39.6 千焦，E_2=9.46kcal/g=39.6KJ/g，

$$CH_3(CH_2)_{14}COOH+23O_2 \rightarrow 16CO_2+16H_2O+E_2 \qquad (2.2\text{–}3)$$

人们摄入的蛋白质通常不是细胞和肌体能量的主要来源，它有其他用处。但在消化道中经水解成单氨基酸后，必要时也可经氧化提供能量，最终排出 H_2O、CO_2 和 NH_3。每克蛋白质能提供能量 E_3=4.32Kcal/g=18.07KJ/g。每克食物放出能量，消耗的氧气和排出的 CO_2 见表 2.2–3。

表 2.2–3 人体代谢每克食物释放的能量、消耗的 O_2 和放出的 CO_2（L/g, 升 / 克）

食物（g）	放出能量（kcal/g）	消耗O_2（L/g）	排出的CO_2（L/g）
碳水化合物	4.12	0.81	0.81
脂肪	9.46	1.96	1.39
蛋白质	4.32	0.94	0.75
酒精	7.10	1.46	0.97

氧气经过肺泡进入血液，由血红蛋白吸附分送至各体细胞的线粒体中，氧化葡萄糖产生能量。回血又把细胞排出的CO_2带回肺部，由呼气排出。食物氧化所释放的能量大部分是自由能，即可做功的能，转存于一种可称为“小电池”的三磷酸腺苷（ATP，Adenosine Triphosphate）分子中。每一细胞中都有很多称为线粒体的细胞器，专事生产这些ATP，后者为细胞和肌体器官的代谢活动分散提供化学自由能。保持体温的热能只是代谢的副产品，有如正在工作的电机发热一样。但肌体内存在其他机制，如下丘脑有体温调节中枢，专门检测和调节体温。

成人每天吸入纯氧气约$2m^3$，折合新鲜空气$10m^3$，排出$2m^3$的CO_2。人肺平均重600克，分左、右两部分。右肺分3叶，共有10个支气管。左肺有2叶和9个支气管。每侧肺支气管以下有2万—8万个细支气管与3亿—4亿个肺泡相通。肺泡是位于细支气管末端的小气囊，直径小于1mm，由细支气管连成“葡萄串”，是呼吸的基本功能单位。肺泡壁薄，多毛细血管，靠扩散作用与静脉血进行气体交换，让O_2进入血液，换出血中的CO_2而呼出。动脉血液是向肌体组织和细胞输送氧气的主要通道。氧分子在血液中不是以气泡形式存在，少量溶解在血浆中（占0.3%），大量吸附于血红蛋白（Hb）中的亚铁原子Fe^{2+}上（占98.5%），成为氧合血红蛋白（HbO_2）。成人的血液总量平均5升—6升(L)。每100毫升(ml)血浆中能溶解0.3ml氧气，而血红蛋白能吸附18.76ml，故动脉血每100ml中共含19ml氧气。同样多的CO_2可溶入血浆和吸附在血红蛋白上（$HbCO_2$），或以碳酸氢根HCO_3^-的形式随静脉血流运动，回到肺泡中析出。呼出气体中CO_2含量比吸入的气体高100倍。表2.2–4列出人呼吸时吸入和呼出气体的组分[29，30]。

表 2.2–4　人吸入和呼出的气体组分

气体组分	吸入（%）	呼出（%）
N_2	78	75
O_2	21	16
Ar	0.9	0.9
CO_2	0.04	4.0
H_2O	0.00	4.0

靠呼吸维持生命的动物和人类须臾不能缺少氧气的供应。定量地说，每种动物每公斤体重单位时间内需要的最少氧气量可以在实验室内测出，少于这个量，生物就不能正常活动（见表 2.2–5）。从不呼吸潜水的最大持续时间和浓度可看出生命对氧气的依赖程度（见表 2.2–7）。大多数人最长能停止呼吸 1 分钟，受过特殊训练的潜水员也不超过 2.5 分钟。若 3 分钟—5 分钟不呼吸就会引起生理死亡或脑死亡。

表 2.2–5　数种动物的耗氧量

种类	体重（克）	耗氧量（毫升/每小时 · 每公斤体重）
草履虫（Paramaecium）	0.000001	500
贻贝（Mytilus）	25	22
淡水小虾（Crayfish）	32	47
蛱蝶（Rhopalocera）	0.3	
静止时		600
飞行时		100000
鲤鱼（Cyprinus carpio）	200	100
狗鱼（Esox reicherti）	200	350
鼠	20	
静止时		2500
奔跑时		20000
人	70000	
静止时		200
重劳动时		4000

表 2.2–6　某些靠大气呼吸的哺乳类潜水的持续时间和深度

种类	持续时间（分）	水深（米）
鸭嘴兽	10	
北美水貂	3	
斑海豹	20	
海象	10	80
北海狮		146
灰海豹	20	100
韦氏海豹	43	600
巨齿鲸（长吻鲸）	120	—
抹香鲸	75	900
蓝鲸	49	100
鼠海豚	12	20
宽吻海豚	5	—
北美河狸	15	—
麝鼠	12	—
大多数人	1	—
有经验潜水员	2.5	61

脆弱的大脑

中枢神经系统由脑和脊髓构成，分别位于脑颅和脊椎管内，是控制全身器官运动、记忆、思维、意识和语言的中心。中枢神经和周边神经组成监视和调节全身肌体活动的指挥控制系统，对个体的生命具有决定存亡的重要意义。位于颅腔内的脑可分为大脑（两个半球）、间脑（丘脑）、后脑（脑桥、小脑）和延脑，见图 2.2–2。大脑和小脑都分为两个半球，由脑膜隔开。大脑两半球占脑总重的 85%。大脑每半球又分为额叶、顶叶、颞叶和枕叶四部分。粗略地

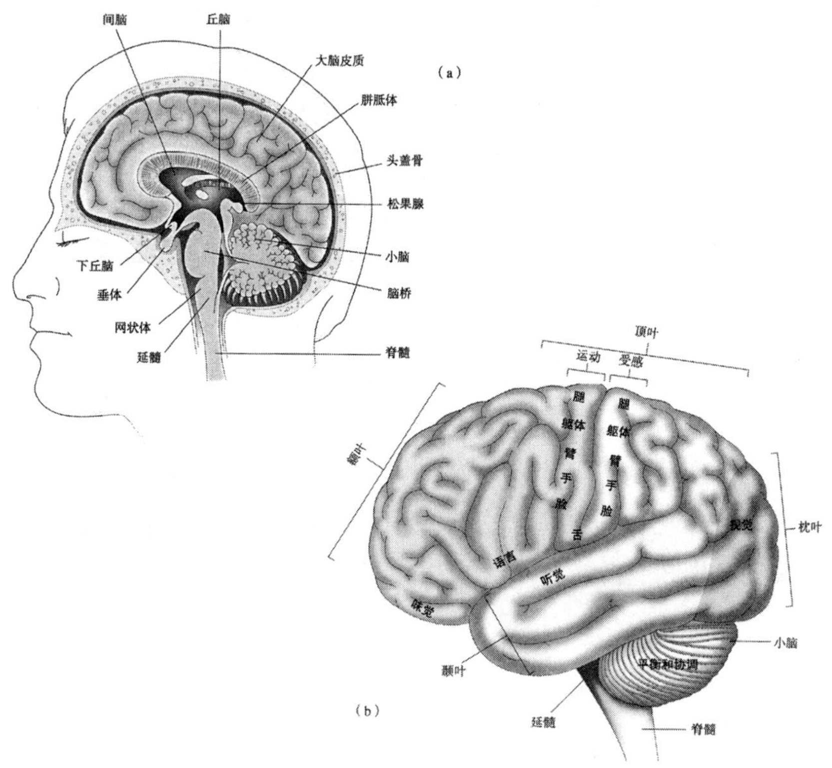

图 2.2–2　大脑结构。(a) 人脑结构的中间断面，大脑覆盖着全脑。(b) 大脑的 4 个叶及其功能分布，从外面只能看到大脑皮层 [48]。

说，额叶是思维语言中心，顶叶是味觉和空间几何分析中心，颞叶负责听觉、话语、嗅觉和平衡，枕叶为视觉神经中心。大脑左半球联系和指挥右半身，右半球负责左半身。丘脑是全身感觉信息收集和综合分析中心。下丘脑是性活动、饥饿和体温感觉的控制中心。小脑也分为两半球，各负责对面半身躯体的运动协调。延脑也称延髓，下接脊髓，是呼吸、血压、心脏和肠活动的调节中枢。脑桥是连接大、小脑、脊髓神经的信号“交换站”，上传各肢体器官的状态信息和下达中枢指令。男人平均脑重 1.4kg, 女人平均 1.26kg，仅为体重的 2% 左右，但需要的血流量占心脏排血量的 15%，耗氧量约为全身总耗量的 25%。

脑部对缺氧最为敏感。急性缺氧时引起头痛、情绪激动、思维、记忆和判断力降低或丧失，肢体运动平衡受损。慢性缺氧则易疲劳、嗜睡、精神抑郁、注意力不能集中。血中氧含量降到正常值的 1/2 以下（相当于海拔 5000m 以上）时即为严重缺氧，可导致烦躁、惊厥、昏迷甚至脑死亡 [19]。

供氧少了不行，太多了也不好。虽然氧气为维持生命所必需，但如果氧分压高于 0.5 大气压，则对细胞和肌体有严重的毒性作用，称为氧中毒。实验表明，如果吸入 1 个大气压以上的纯氧超过 8 小时，或 6 个大气压的高压纯氧数分钟就可能氧中毒，发生听力障碍、恶心、抽搐、晕厥或昏迷和死亡。

大气污染

由工业化及人口增长和城市化带来的大气污染是当代世界性的问题，严重威胁人类的健康和生存。从 20 世纪下半叶开始各国政府都制定了法律，限制工业和公众对大气的污染，制定室内外大气质量规范，建立全面的监视和检测机构，以保证大气环境的安全。中国早在 1980 年代全国人大常委会颁布了《中华人民共和国环境保护法（试行）》（1979）和《中华人民共和国大气污染防治法》（2000）。国家环保局和技术监督局制定和发布了《环境空气质量标准》（GB3095—1996）和《室内空气质量标准》（GB/T 18883—2002）以防止大气污染，改善空气质量，保持清洁适宜的大气环境，保护人体健康（见表 2.2–7 和 2.2–8）。

表 2.2–7 环境空气质量标准（GB 3095—1996）[31]

表1 各项污染物的浓度限值					
污染物名称	取值时间	浓度限值			浓度单位
		一级标准	二级标准	三级标准	
二氧化硫 SO_2	年平均	0.02	0.06	0.10	mg/m²（标准状态）
	日平均	0.05	0.15	0.25	
	1小时平均	0.15	0.50	0.70	
总悬浮颗粒物 TSP	每平均	0.08	0.20	0.30	
	日平均	0.12	0.30	0.50	
可吸入颗粒物 PM_{10}	每平均	0.04	0.10	0.15	
	日平均	0.05	0.15	0.25	
氮氧化物 NOx	年平均	0.05	0.05	0.10	
	日平均	0.10	0.10	0.15	
	1小时平均	0.15	0.15	0.30	
二氧化氮 NO_2	年平均	0.04	0.04	0.08	
	日平均	0.08	0.08	0.12	
	1小时平均	0.12	0.12	0.24	
一氧化碳 CO	日平均	4.00	4.00	6.00	
	1小时平均	10.00	10.00	20.00	
臭氧 O_3	1小时平均	0.12	0.16	0.20	
铅 Pb	季平均	1.50			μg/m²（标准状态）
	年平均	1.00			
苯并［a］芘 B［a］P	日平均	0．01			
氧化物 F	日平均	7[2]			
	1小时平均	20[2]			
	月平均	1.8　3.0			μg/(dm²·d)
	植物生长季平均	1.2　2.0			

注一：①适用于城市地区；②适用于牧业区和以牧业为主的半农半牧区，蚕桑区；③适用于农业和林业区。

注二：大气平均分子量 M_0 约为 29，密度为 1.225kg/m³。某种气体占 10^{-6} 体积称为 1ppm。1ppm = 1.225×（M/M_0）mg/m³。

注三：环保部 2012 年规定的 $PM_{2.5}$ 的标准为年均值 35，日均值 75。各大中城市开始监测和发布。

表 2.2–8　室内空气质量标准（Indoor Air Quality Standard）（GB/T 18883—2002）[14]

序号	参数类别	参数	单位	标准值	备注
1	物理性	温度	℃	22～28	夏季空调
				16～24	冬季采暖
2		相对湿度	%	40～80	夏季空调
				30～60	冬季采暖
3		空气流速	m/s	0.3	夏季空调
				0.2	冬季采暖
4		新风量	m^3/（h · 人）	＞30[3]	
5	化学性	二氧化硫SO_2	mg/m^3	0.50	1小时均值
6		二氧化氮NO_2	mg/m^3	0.24	1小时均值
7		一氧化碳CO	mg/m^3	10	1小时均值
8		二氧化碳CO_2	%	0.10	日平均值
9		氨NH_3	mg/m^3	0.20	1小时均值
10		臭氧O_3	mg/m^3	0.16	1小时均值
11		甲醛HCHO	mg/m^3	0.10	1小时均值
12		苯C_6H_6	mg/m^3	0.11	1小时均值
13		甲苯C_7H_8	mg/m^3	0.20	1小时均值
14		二甲苯C_8H_{10}	mg/m^3	0.20	1小时均值
15		苯井 [a] 芘 B [a] P	ng/m^3	1.0	日平均值
16		可吸入颗粒物PM_{10}	mg/m^3	0.15	日平均值
17		总挥发性有机物TVOC	mg/m^3	0.60	8小时均值
18	生物性	菌落总数	cfu/m^3	2500	依据仪器定[b]
19	放射性	氡$^{222}R_n$	Bq/m^3	400	年平均值（行动水平[c]）

续表

序号	参数类别	参数	单位	标准值	备注
a新风量要求≥标准值，除温度、相对湿度外的其他参数要求≤标准值； b按规范测检方法； c达到此水平建议采取干预行动以降低室内氡浓度。					

注：

a 新风量要求≥标准值，除温度、相对湿度外的其他参数要求≤标准值；

b 按规范检测方法；

c 达到此水平建议采取干预行动以降低室内氡浓度。

术语和定义

1．室内空气质量参数（Indoor Air Quality Parameter）

指室内空气中与人体健康有关的物理、化学、生物和放射性参数。

2．可吸入颗粒物：PM10、PM2.5 是指悬浮在空气中，空气动力学当量直径小于等于 10μm 和 2.5μm 的颗粒物（Particulate matter）。

3．总挥发性有机化合物（Total Volatile Organic Compounds, TVOC）利用 Tenax GC 或 Tenax TA 采样，非极性色谱柱（极性指数小于 10）进行分析，保留时间指正己烷和正十六烷之间的挥发性有机化合物。

4．标准状态（Normal state），指温度为 273K，大气压为 101.325kPa 时的干物质状态。室内空气质量应无毒、无害、无异常嗅味。

气体杀手

大气中人工排放或自然生成的污染物对人体危害最大的通常有 6 种：一氧化碳（CO），臭氧（O_3），氮氧化物（NOx），二氧化硫（SO_2），浮尘（PM，Particulate Matter）和铅（Pb）。有些地方如工厂、矿床、湖泊、火山附近也可能出现危害生命的硫化氢（H_2S）、高浓 CO_2 及其他化学或放射性有毒气体。

一氧化碳（CO）被称为无色无味的气体杀手。碳炉、油炉、煤气灶、燃油发动机、汽车、内燃机车等排出废气中都含有 CO，进入空气。CO 是由三价化学键结合起来的（C≡O）分子，与血红蛋白的

亲和力比 O_2 高 250 倍。被吸入肺部后，迅速进入血液与血红蛋白 Hb 结合，形成稳定的碳氧血红蛋白（HbCO），阻止后者吸附 O_2，从而阻断血流的输氧通道，引起致命的 CO 中毒。轻者影响脑供氧和肌体代谢，引起头晕、恶心。重者，若有一半以上 Hb 被 CO 侵占时，即发生窒息性呼吸衰竭、脑昏迷和死亡。即使经抢救生存下来的也可能导致永久性心脏和中枢神经损伤。碳氧血红蛋白（H6CO）呈特征性樱桃红色，中毒者皮肤和嘴唇亦呈鲜红色。治疗必须迅速及时，进行人工呼吸和给高压氧气。轻度中毒可完全恢复。慢性一氧化碳中毒常在锅炉房内、汽车和机车修理厂中发生，因症候与伤风、风湿病相似，常被误诊。国家环保总局和技术监督局颁布的空气质量安全标准规定，室外大气中 CO 含量每小时平均不得超过 $10mg/m^3$—$20mg/m^3$，室内空气不超过 $10mg/m^3$（见表 2.2–7，2.2–8），相当于浓度 10ppm—20ppm（1ppm 等于空气体积的百万分之一）。

即使空气符合安全标准的上限，成人每次吸入 0.5 升的空气中也含有相当多的 CO 分子被血液吸收。从物理学中我们知道在 1 个大气压和常温条件下，每升空气含有 2.69×10^{22} 个氮氧和其他分子（洛喜密脱常数）。如果 CO 的浓度为 10ppm（约 $10mg/m^3$），那么每次吸气 0.5 升中含有约 1.4×10^{17} 个 CO 分子，每小时共吸入 1.2×10^{20} 个 CO 分子。常人血液中红细胞密度为 $5 \times 10^6/mm^3$，每升血中含 5×10^{12} 个血红细胞。成人的血液总量 5 升—6 升，红细胞总数约为 3×10^{13} 个。另一方面，健康人血液中血红蛋白（Hb）含量约 150g/L。血红蛋白是由 4 个支链结合成的大蛋白分子，每个支链含有 1 个亚铁 Fe^{2+}，每个 Fe^{2+} 吸附 1 个 O_2 送往全身，或吸收 CO_2 排出体外。血红蛋白的分子量为 64500，每个单位原子量重 1.657×10^{-24} 克，每个血红蛋白分子重 $64500 \times 1.657x10^{-24}g=1.07 \times 10^{-19}g$，故每升血液中有 150/（$1.07 \times 10^{-19}$）$=1.4 \times 10^{21}$ 个 Hb。成人心脏排血量每分钟约5升，故全身的血液中的每个Hb都有充分机会吸附CO分子。如果每小时内吸入的全部CO都被吸收，每个Hb可吸附4个CO分子，那将有$1.2\times10^{20}/(5\times4\times1.4\times10^{21})=0.043$，即全身血液中4.3%的血红蛋白被CO侵占。每个红血细胞平均含有$1.4\times10^{21}/(5\times10^{12})=3\times10^{8}$个Hb，有$1.3\times10^{7}$血红蛋白可能丧失功能。这就是说，即使在符合国家标准上限的条件下，若空气中长时间含有10ppm的CO浓度（$10mg/m^3$），也会对人体的健康造成一定的损害，8小时内会有1/3的血红蛋白被CO侵占而降低代谢功能的30%。

在城市和工矿企业密集地区的第二杀手是臭氧O_3。它是由化学键把3个氧原子束缚在一起的分子，只有高能量供给情况下才能产生。电火花、内燃机、汽车尾气、强太阳光辐照等情况下都能产生O_3。它是有刺激性气味的淡蓝色气体，是极强的氧化剂，能使许多有机物质脱色，故在工业中常用于漂白、杀菌等。O_3毒性很大，甚至在低浓度情况下也易发生分解爆炸，比重比O_2大1.5倍，易沉积于地面。臭氧对动物和植物的肌体有强烈的破坏作用，人吸入肺内后，立即进入血液，与血红蛋白结合，长时间损害后者的输氧能力。如果进入肌肉组织，则因发生强力氧化反应而把细胞杀死，毒性比CO大100倍。臭氧的化学结构是1872年被确定的，由一个单键和一个双键把3个氧原子结合在一起，故键能较大。在无污染情况下近地面大气中常含有0.1ppm—0.02ppm臭氧。国家标准规定室外空气臭氧含量不得超过$0.2mg/m^3$（0.38ppm），单位换算见表2.2–7的注二。室内空气含量应小于$0.16mg/m^3$（0.3ppm）。含量0.2ppm时，每次呼吸摄入3×10^{15}个O_3分子，进行类似前面的计算可估计出，一小时摄入2.5×10^{18}个O_3，能破坏0.03%的血红蛋白。

高空臭氧层

臭氧在地面对人是毒气，而高空大气中的臭氧却是福气。它能高效吸收从而屏蔽太阳的紫外辐射，防止后者对地面生物的伤害。

大气探测发现在 15km—30km 同温层高空有一个臭氧层，那是由太阳紫外线辐射使 O_2 分子分解成原子 O，后者又与其他 O_2 相结合而成。臭氧分子浓度随高度的变化（见图 2.2–3），在 20km—25km 高空浓度达到最大值，约为 12ppm。由于大气总质量的 90% 处在 0km—15km 的对流层中，故 O_3 总含量的 90% 也在对流层内。

紫外射线（UV）的波长为 100nm—360nm（纳米，$1nm=10^{-9}m$），分为 UV–A（320nm—360nm）、UV–B（280nm—320nm）和 UV–C（100nm—280nm）三段。实验表明对生物和人体危害最大的是高能量部分 UV–B、UV–C。长时间处于紫外线照射下的人能引发皮癌、白内障和其他皮肤病，直接伤害上皮细胞，间接影响到眼睛、粘膜和肌体的正常代谢。植物的叶、茎也会受到紫外线的伤害。据生物学家估算，若高空 O_3 减少 25%，所引起的紫外线增强可导致水生初级生物产量降低 35%，陆上农作物，如大豆减产 20%—25%。在 15km—30km 高空的臭氧层 O_3 的分子振动光谱恰好吸收杀伤力最大的 UV–B 和 UV–C 辐射，使之不能到达地面，从而保护了地球的生态系统。太阳辐射的 UV–A 部分不能被 O_3 吸收，仍能到达地面，对生物细胞也有一定的伤害作用，但因能量稍低，危害也轻些（见图 2.2–4）。

20 世纪各国气象机构和地球物理学家用专门仪器“总臭氧测量谱仪”对同温层的臭氧层密度进行测量，积累了 80 多年的数据。后来又用卫星从大气层外部观测达 20 年之久。这些监测发现南北半球上空的臭氧层近来有明显的减薄趋势，南极洲上空的臭氧层密度从 1980

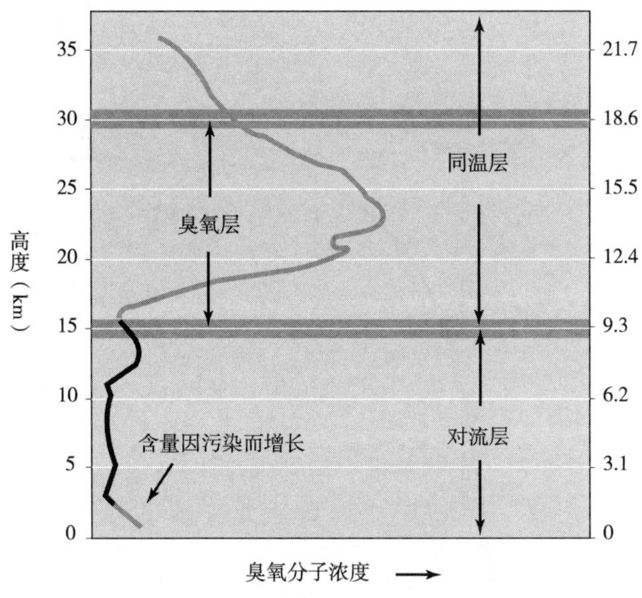

图 2.2–3　臭氧浓度随高度的变化 [32]

年—2003 年降低了 1 倍，形成了很大范围的“臭氧洞”，北纬 60° 上空的 O_3 密度降低了 10%，这引起了科学界的严重关注。2006 年 9 月的观测数据表明南极臭氧洞面积达到 3200 万 km^2，比北美洲面积还要大，O_3 分子密度降低了 100 倍。1979 年—1991 年青藏高原上空的臭氧分子密度降低了 10%，面积有 $250km^2$ [34]。经过多年的研究分析和实验，科学界终于找到了破坏臭氧层的主要元凶，那就是人类工业社会大量使用和排放的氯氟烃，即 CFCs（Chlorofluorocarbons）。给出这个问题答案的三位科学家（F.Sherwood Rowland, Mario Molina 和 Paul Crutzen）共获 1995 年诺贝尔奖。

氯氟烃 CFCs 是一类化学合成物质，其代表是叫做氟里昂的惰性液体。因为其化学性能稳定，易挥发，几乎不与其他普通物质发生化学反应，故广泛用作冰箱中的致冷剂，灭火剂，化妆品的溶剂等。从 20 世纪 30 年代以后世界大量合成 CFC–11（氟里昂 –11，CCl_3F）和

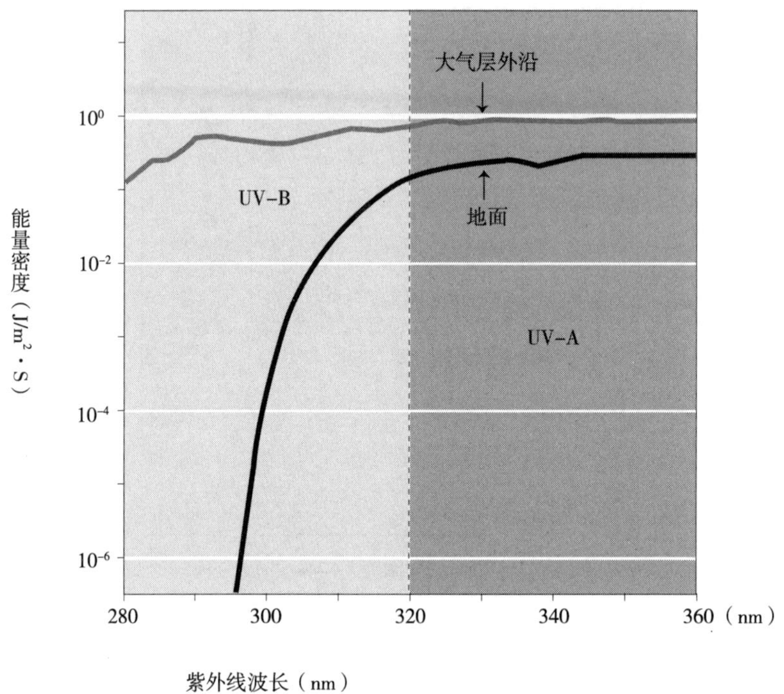

图 2.2–4 太阳紫外辐射和 O_3 的吸收区。波长 100~300nm 的紫外射线几乎全部被 O_3 吸收[33]

CFC–12（氟里昂 –12，CCl_2F2），20 世纪 80 年代全世界平均每年生产 100 万吨，最终都被释放到大气中。氯氟烃扩散到大气上层，在太阳强照射下发生分解。例如，CFC–12 分子受到波长小于 220nm 紫外照射后释放 Cl 原子，后者迅速破坏 O_3 分子，形成新的自由基 ClO 和 O_2：

$$\begin{array}{c}\mathrm{Cl}\\ |\\ \mathrm{F}-\mathrm{C}-\mathrm{C}\\ |\\ \mathrm{F}\end{array} + 光子（\lambda \leq 220\mathrm{nm}）\rightarrow \begin{array}{c}\mathrm{Cl}\\ |\\ \mathrm{F}-\mathrm{C}-\cdot\\ |\\ \mathrm{F}\end{array} + \mathrm{Cl}\cdot ,$$

$$2\mathrm{Cl}\cdot + 2O_3 \rightarrow 2\mathrm{ClO}\cdot + 2O_2 \qquad (2.2\text{–}4)$$

式中 $-\overset{|}{\underset{|}{C}}\cdot$ 和 Cl · 表示外层电子（化学键）缺一个电子配对成 8。实验表明，上式右端的 ClO · 是一个很活泼的自由基，能很快结

合成 ClOOCl，然后在紫外线照射下又分解成

CLOOCL+ 紫外光子→ Cl · +O_2。　　(2.2–5)

可见氯原子 Cl · 是破坏 O_3 的极强的催化剂，使 $2O_3 \rightarrow 3O_2$。一个自由 Cl 原子在高空平均能破坏 10^5 个 O_3 后才离开同温层，或与其他原子结合而变得无害。

弄清臭氧层破坏机理以后，1985 年 3 月联合国环境署主持通过了《保护臭氧层维也纳公约》，1987 年 9 月 16 日《关于消耗臭氧层物质的蒙特利尔议定书》生效，旨在逐步减少以至禁止氯氟烃、甲基氯仿、四氯化碳、哈龙（CF_3Br）等含氯、溴元素易挥发物质的生产和使用，以保护高空臭氧层。有 140 个国家加入了议定书。中国政府于 1989 年 9 月加入了《保护臭氧层维也纳公约》，1993 年 1 月 12 日批准了《逐步淘汰消耗臭氧层物质的国家方案》，后来又制定了具体行政措施：从 2007 年开始，含氯氟烃的冰箱、冰柜禁止在中国市场上销售。图 2.2–5 表明从 1987 年以后全世界氯氟烃产品大幅度减少。由于氯氟烃和哈龙分子都十分稳定，在高层大气中的平均生存寿命很长（约 100 年），故只有在 30 年—50 年后才可能看到减少 CFCs 的排放对臭氧层的影响。为了满足社会生活对 CFCs 的需求，《议定书》允许暂时用含氢原子的氢氯氟烃，如 HCFC–22（$CHClF_2$，二氟甲烷）和 HCFC–141b（$C_2H_2Cl_2F$，二氯乙烷）代替氟里昂。虽然氢氯氟烃也含氯原子，但在低空较易分解，很少能到达 10km 以上的高度去破坏臭氧层。国际社会已达成共识，到 2030 年以后各国都应停止生产和排放氢氯氟烃。

SOx 和 NOx

城市、交通线和厂矿附近的大气常受到硫、氮氧化物的污染。煤

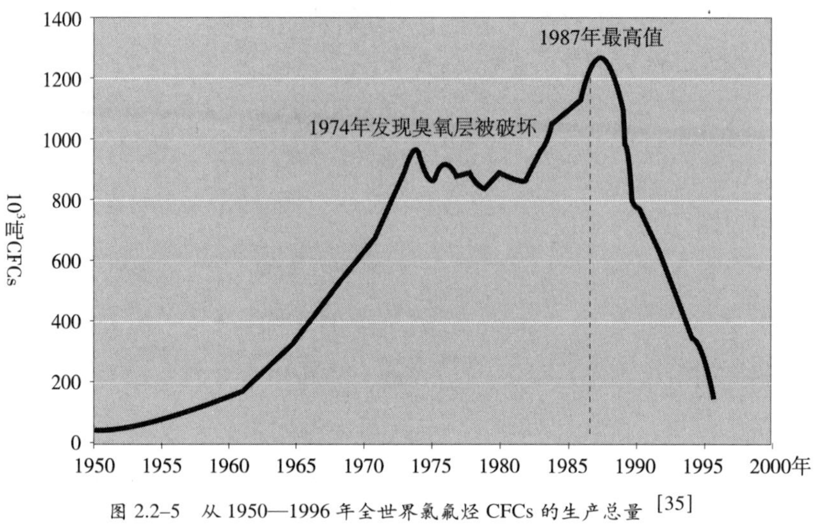

图 2.2–5　从 1950—1996 年全世界氯氟烃 CFCs 的生产总量 [35]

碳中天然含有 1%—2% 的硫（低硫煤），有的达到 3%—5%（高硫煤）。燃烧后放出 SO_2 或 SO_3（简写为 SOx），遇到水分子后变为硫酸或亚硫酸，

$$SO_2+H_2O \rightarrow H_2SO_3 \text{（亚硫酸）}$$

$$SO_3+H_2O \rightarrow H_2SO_4 \text{（硫酸）} \qquad (2.2\text{–}6)$$

它们都是具有很强腐蚀性的气体。即使是烧低硫煤的发电厂，每百万吨煤放出约 4 万吨 SO_2。另一类 SOx 污染源是冶炼厂。铜、镍、锌等有色金属矿石大多是硫化物，精选后的矿石也含有大量的硫，在高温冶炼过程中把 SOx 气体排入大气。火山爆发，深矿井排出的包含 SO_2 和 H_2S 等有毒气体进入大气，常造成附近大批居民中毒以至死亡。菲律宾皮纳图波火山（Pinatubo）1991 年喷发时放出约 1500 万—3000 万吨 SO_2。重庆开县 2003 年 12 月 23 日发生的天然气井喷事故中大量硫化氢泄入大气造成 243 人死亡和居民的大规模疏散撤离，损失巨大 [36]。据 2002 年科学调查，大气中的有毒 SOx 有 86% 来自煤碳燃烧，9% 来自化工企业，5% 是运输车辆排

放的 [37]。

内燃机、汽车、电车、高温锅炉、冶炼炉等通常还排放出另一种有毒气体氮氧化物，NO_2，NO 等，简称为 NOx。大气中含有 78% 的 N 分子，它在常温下是两个原子以能量很高的双键结合在一起，性能十分稳定，几乎不与任何物质发生化学反应。但是在高温、高压、强辐射条件下或者在闪电中和电火花作用下，N_2 发生分解成为原子 N，立即与周围的氧气结合成 NO_2 或 NO，遇到水汽分子即成硝酸 HNO_3，

$$N_2+O_2+\text{高能量} \rightarrow 2NO,$$
$$2NO+O_2 \rightarrow 2NO_2,$$
$$4NO_2+2H_2O+O_2 \rightarrow 4HNO_3。\quad (2.2\text{–}7)$$

据美国环保局 2001 年的研究报告 [38]，大气中的 NOx 55% 来自运输车辆，38% 由燃烧化石燃料排放的，工业企业排放占 4%。

硫氧化物 SOx 和氮氧化物 NOx 都是毒性很大、化学性能又很活泼的大气污染物。人们吸入肺部后能引起气管发炎、哮喘和心脏病，严重的可导致死亡。大量排放这类气体的厂矿附近地面寸草不生。SOx 和 NOx 是引起酸雨的主要元凶。美国现在每年排放 SOx 约 2000 万吨，NOx 约 2500 万吨。中国年 SO_2 排放量为 2600 万吨（2006），NOx 约 1860 万吨（2004）。全球的 SOx 和 NOx 污染物的一半以上是美国、俄罗斯、欧洲、日本和中国排放的。在各国工业发达的地区，酸雨问题一直很严重。美国东部老工业区有 1/3 以上国土每年酸雨成灾，雨、雪、雾中的酸度有时达到 pH $\geqslant$ 3.0，几乎与柠檬汁的酸度相当，引起河水和湖水变酸，车、船和建筑物受侵蚀，森林枯萎，树木死亡，大气可见度下降，雾霾增多。中国近年来也有很多地方酸雨成灾，长江流域和华北东北地区酸雨沉降，面积达全部国土面积的 1/3 以上。在有统计的 343 个大中城市中，只有 1/3 达到二级空

气质量标准，符合宜居条件。有 107 个城市空气质量劣于三级，氮氧化物、硫氧化物和臭氧浓度超标。“不见蓝天”已成为许多城市的共同忧患。联合国开发计划署估计（2002），中国每年因空气污染导致 1500 万人患支气管病，1.3 万人死于心脏病。

大气中的有害气体有些是自然界产生的。海洋和土壤中的生物作用，火山和温泉，暴雨闪电等都产生 SO_2 和 NOx。据国际政府间气候变化委员会（IPCC）研究报告，全球每年自然产生 SO_2 3500 万吨，NOx 约 1000 万吨。但人为排放（工业、运输等）SO_2 6900 万吨，NO_x4000 万吨，分别是自然排放的 2 倍和 4 倍 [39]。

粉　尘

漂浮于大气中的固体颗粒（PM, Particulate Matter），微尘或液体雾滴，通常是固体化学物质粉末，如铅、尘土、烟尘和含有病菌和病毒的液滴等混合物。直径大于 10μm（微米）的颗粒吸进肺部后常被气管粘膜捕获而随痰液排出，而小于 10μm 的颗粒则可能长期积累留驻于肺中，对支气管和肺泡产生伤害，有的可能进入血液与肌体的组织发生化学反应。汽车燃烧含铅汽油时，铅以粉末形式随废气排入大气，一旦进入肺部对人体细胞有巨毒，铅（pb^{2+}）汞（Hg^{2+}）和镉（Cd^{3+}）等重金属对儿童的骨细胞和大脑危害最大，能长期沉积于骨骼和大脑中，引起发育迟缓、失眠、易激动、食欲减退等症状。矿山附近大气中的岩尘含有高浓度硅粉末，在肺部长期积累后可引起矽肺病。导致流行性感冒、肺炎等传染病的细菌和病毒也是通过空气传播的。气象和环保部门对大气中直径小于 10μm 的固体悬浮颗粒物密度记为 PM_{10}，进行不间断的监视和记录（见表 2.2–7，2.2–8）。有的国家规定对小于 2.5μm 颗粒密度（$PM_{2.5}$）单独进行监测，并规定了安全标准。中国环保部决定从2012年起把$PM_{2.5}$列入监测项目，定期向公众发布。

沙尘暴

中国黄河流域以北广大地区被西北和中亚、蒙古大沙漠包围，又处于西风带，有160万km^2沙化荒漠土地，每年春季发生的沙尘暴对华北的大气质量是一大威胁。细沙尘$PM_{2.5}$还会漂浮到朝鲜、韩国和日本。我国西北地区强沙尘暴发生时，沙尘密度能达到5mg/m^3以上，超标10倍以上，大气可见度降到数百米。世界气象组织（WMO）按沙尘密度和可见度把沙尘天气分为浮尘（用S_1表示）、扬沙（S_2）和沙尘暴（S_3）三级，由目视或仪器观测数据确定。浮尘天气时$PM_{2.5}$占主要成分，沙尘暴严重地区比PM_{10}更大的颗粒可占到40%以上[40]。近几十年来华北各省市地区大量植树造林种草，每年沙尘暴发生次数和强度有所减小，对大中城市的威胁有所缓解。但是，要想根除大自然的这种“恶作”，在可见的未来是不可能的。华北和西北的“千里黄沙”已有上百万年的历史，还可能更久。有的地质学家研究表明，西北高原上50万km^2的黄土，主要是由风从沙漠中搬运过来的。自从新生代（3000万年前）以来印度次大陆北漂与亚洲板块相撞后，青藏高原隆起，遮断了印度洋的风雨，中国西北地区变得干旱，西风肆虐，出现了大沙漠，距今已有100万到350万年之久[41,42]。图2.2–6显示出华北1961年—2000年40年间春季沙尘暴平均每年扬沙日数分布图。

据联合国环境署公布的数据（2003）可知[43]，中国北京和上海是亚洲微尘污染较严重的城市（见图2.2–7）。

令人欣慰的是，据气象和林业部门监测数据显示，近50年来大

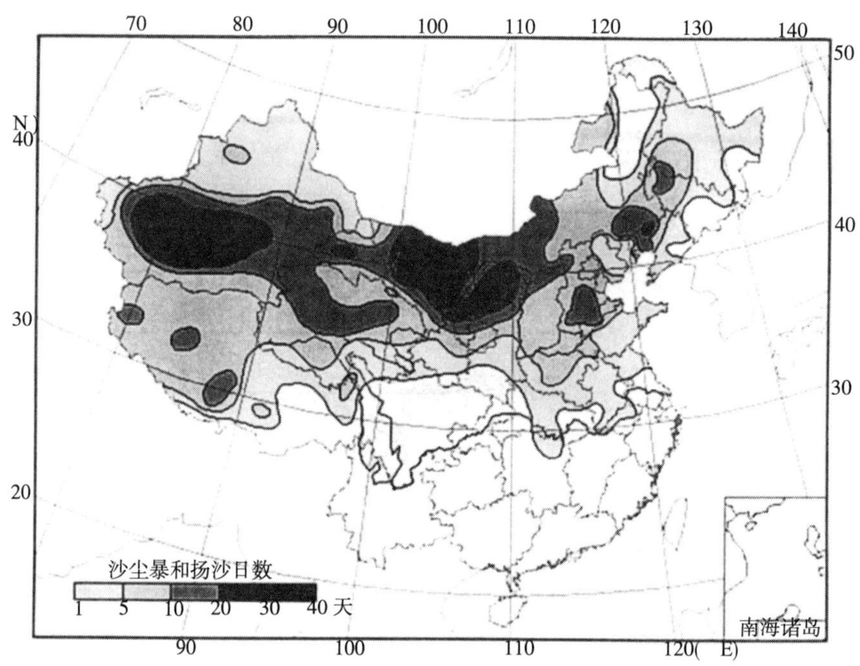

图 2.2–6 1961—2000 年平均春季沙尘暴和扬沙日数分布图 [40]

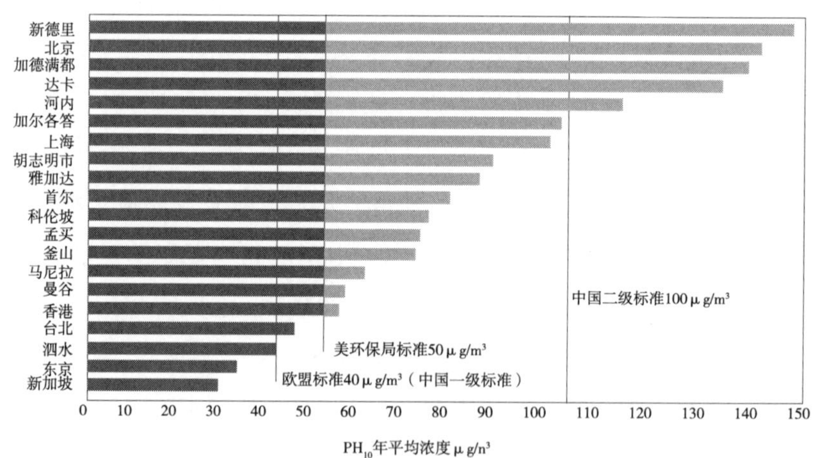

注：釜山和首尔是 2002 年数据

资料来源：UNEP-GEO Year Book 2006

图 2.2–7 亚洲若干城市大气微尘 PM_{10} 污染程度比较（2003 年）[43]

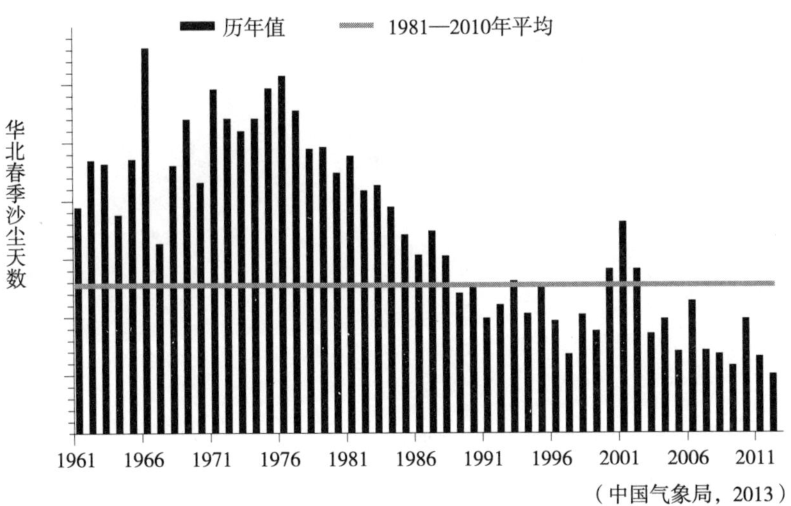

图 2.2–8　近 50 年华北平均沙尘天气年变化

力造林植树，植被增加，北方年降水略增，沙尘天气总体呈减少趋势。2012 年春季平均沙尘天气为 2.1 天，为 1961 年以来历史同期最小值（见图 2.2–8）。

清洁的空气是人类生存和健康的第一需要，是命根子。随着人口的增加和人口密度的增长，工业、农业和交通运输业的发展，江上清风与山中明月已不再是取之无禁和用之不竭的无尽藏了。保持空气的清新是环保工作的要务，是建设现代化富裕和谐社会的先决条件。污染大气就是侵犯人们的生存权，遑谈美丽中国。

2.3 水是生命之脉

水是地球上一切生命须臾不能缺少的物质，被称为生命之脉。早期生命发源于水中，依赖水而生存进化。人人都要在羊水中发育 270 天（平均 267 天，上下界 250 天—285 天），才能出生到这个世界上，叫你不忘本，是谓十月怀胎，一朝分娩。人类古代文明都是傍水发展起来的，如埃及文明与尼罗河，中华民族与黄河、长江，巴比伦文明与底格里斯和幼发拉底河，印度与恒河等。现代人类需要的能源可以替代，而水则不能。地球上所有生物都离不开水，水是生物细胞内各种活性物质的溶剂，是各种生化反应的介质。细胞内的所有生化过程只能在水溶液中才能进行，能否正常生存依赖于体液中水和盐类的含量。动物必须有相应的器官和机制来保证体内水分和盐类含量的稳定。是故寻找地外生命和太外文明的科学活动首先是寻觅液态水的存在。

人体中的水

成年男人体重的 60% 是水，女人为 55%。新生儿、幼儿、学龄儿童的体液分别占体重的 80%、70% 和 65%。60 岁以上的老人体液量减少至体重的 50% 左右。身体内的水有 2/3 存在于细胞内部，1/3

处于细胞外部如循环血浆（占体重的 5%）和组织中（占体重的 15%）。体内一些特殊的分泌液体如胃肠道消化液、脑脊液、关节囊液等都是细胞分泌出来的水液，称为跨细胞液体（占体重的 1%—2%）[19]。所以水是人体内含量最多的物质。

血液循环是维持生命的命脉。成人血总量平均占体重的 7%—8%。体重为 70kg 的人血液总量约为 5 升—6 升。血浆中 91%—93% 是水，7%—9% 是血浆蛋白（65g/L—85g/L）和低分子物质（20g/L）. 人体需要的全部氧气和营养物质都溶解和吸附在血液中被输送到全身。实际上是水主导着食物消化、养分输送、氧气供应、物质代谢、体温调节和废物排出等生命过程的一切活动。人体内各种具有特定功能的化学物质，如数以万种的酶、激素、磷脂、神经递质、消化液、粘液等都要借助于水才能被输送到需要的地方发挥作用。

人体如果失水 1% 时即感到干渴，失水 5% 时就全身无力，失水达到 10% 时就会引起精神错乱和视力模糊，失水 20% 以上的结果就会死亡[37]。对水依赖最大的是大脑。大脑组织含水 85%，占体重的 1/50，但占用全部血量的 20%。身体稍微脱水立即影响到大脑的功能。实验证明，人体失水 2% 就能降低大脑 20% 的思维、计算、记忆和视觉跟踪能力。肾脏每半小时过滤全身血液一遍，每日排出 1 升—1.5 升尿液。被滤出的尿酸、尿素和肌酐等代谢废物都溶解在水中随尿液排出。体内水分不足时，肾脏就不能正常工作，或者增加肾器官的负担。肌肉含水 70%，少量失水就会影响肌肉的功能，减小肌肉的强度和控制肢体运动的能力，降低肌肉细胞的正常代谢调节速度。摄入足量的水还有利于消化和排出脂肪，减少体内的脂肪积累[1，44]。

表 2.3–1　健康成人每人每日水的摄入和排出量

摄入（ml）		排出（ml）	
饮水	1000—1500	尿量	1000—1500
食物水	700	皮肤蒸发	500
代谢水	300	呼吸蒸发	400
合计	2000—2500	粪便水	100
		合计	2000—2500

人体每个细胞都从血液中取得营养和氧气，向血液中排出废物。驱动细胞与体液物质交换的动力主要是内外液体渗透压之差。依物理学定律，体液的渗透压与离子浓度成正比 [29, 45]。血浆的渗透压主要由钠离子浓度调节。正常人每天需要摄入 5g—10g（5g—6g，新标准）食盐（NaCl），全部由小肠吸收进入血液，在血浆中离解成 Na^+ 离子和 Cl^- 离子，使体内正常钠含量保持在每 kg 体重 1g—1.5g 左右。人体中 40% 的钠长期驻存于骨骼内，50% 在细胞外液中，10% 在细胞内液中。血浆中的正常钠浓度为 3g/L—3.5g/L。每天摄入的钠有 60%—70% 又随尿、汗和粪便排出，由尿排出的约占 90%。所以保持体液特别是血液的渗透压和酸碱平衡是肌体能正常代谢和每个细胞都具有活力的重要条件。

饮水不足或因病伤失水（呕吐、腹泻、大量出汗、失血）都能引起体液明显减少，称为脱水。如果水分丢失较多，而钠丢失较少，称为高渗性脱水。若钠丢失多于水，称为低渗性脱水。脱水时，人感到口渴，血压降低，尿量减少，血液离子水平失衡。严重脱水时体温升高（脱水热），中枢神经功能发生障碍：头痛、谵妄、抽搐、昏迷甚至脑出血、死亡。细胞外液的容量和渗透压是靠神经系统（下丘脑）和内分泌系统（脑垂体和肾脏的肾上腺）联合调节的。口渴感觉神经位于下丘脑后侧，那里有体液渗透压感受器。缺水时，血浆渗透压和 Na^+ 离子浓度升高，下丘脑发出口渴信号。同时神经垂体（见图 2.2–2）释放抗利尿激素（ADH, antidiuretic hormone）作用于肾管，促进对水的重吸收，节约水的消耗。脱水时肾上腺分泌醛固酮（ALD, aldesterone）使肾管重新吸收 Na^+ 离子而排出 K^+ 和 H^+ 离子，有助于增强对水的重吸收。由上述可知，人体缺水、脱水会引起全身性疾病，从大脑中枢到器官肢体都会发生障碍。

过去半个世纪的航天事业的发展证明了水对宇航员的极端重要性。飞船上或空间站上工作的宇航员正常工作的保障是充分的氧气、食物和水的供应。每人每天平均供应最低标准为：840g 氧气，620g 食品（干重），食品含水量 1.15kg，饮用水 1.62kg，食品烹调用水 0.76kg。每人每天排出 930g CO_2，1500g 尿，230g 粪便。此外还需要洗手、洗脸用水 4.9kg, 洗澡用水 2.73kg, 厕所冲洗 9.49kg，洗衣用水 12.5kg, 洗餐具用水 5.45kg。在每天 30kg 的物资保障中，水占了 27.7kg, 即 91%[46]。

宇宙中的水

宇宙生物学的基本出发点是生命傍水而发生，与水同在，这是从地球上生物的现状和进化史推论出来的。地球上所有生物都靠水才能存活。代谢和遗传都是在水介质中进行的。化学家们说生命的化学就是水中的化学，液态水是生命的舞台。天文观测和航天探测都证明，水是宇宙中大量和普遍存在的简单物质，在遥远的星云中和太阳系的彗星中水冰无处不在。寻找地外生命首先要找到水的存在。世界各国已花费了 40 多年的时间在月球、火星、木星的 4 个伽利略卫星（木卫一、二、三、四）和土星的土卫六（Titan）上找水。21 世纪初天

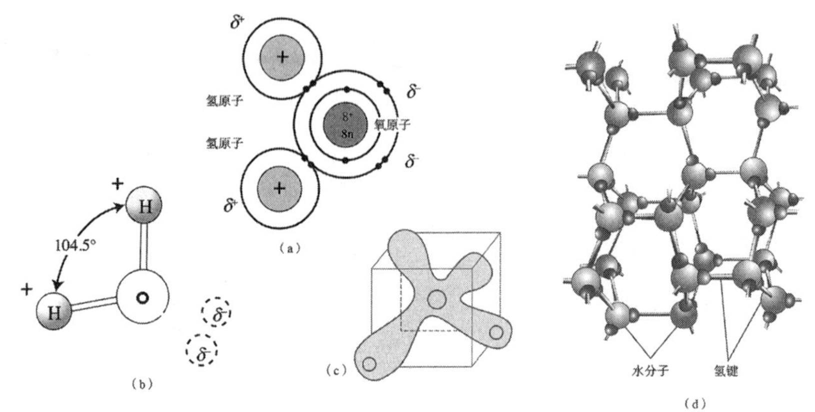

图 2.3–1 水分子的空间不对称性。(a) 玻尔的共价键模型; (b) 球棒模型; (c) 水分子的空间不对称性; (d) 水冰的分子结构 [48]。

文学家又利用天文望远镜在太阳系以外的天体上寻找水的踪迹，也是为了寻求太阳系以外存在生命的可能性。

水（H_2O）是宇宙中最简单的物质之一。在类似的简单物质中，只有水在 0℃—100℃温度下是液体，其他如 N_2、O_2、CO_2 和 NH_3 等都是气体。天文观测得到的全宇宙元素质量丰度表中，氢元素（H）是第一位，占 73.5%。氧 0.73%，占第三位。氢和氧极易结合成水分子，靠共价键结合得很牢固，即使在 2700℃高温下发生氢氧离解的水分子只有 10% 左右。所以，H_2 和 O 一旦结合成水分子后就可能长存于宇宙空间。

由物理化学测量知，H 和 O 的共价键长 0.1nm，两个 H 键之间夹角 104.5º，相对于较大的 O 原子两个 H 原子的位置不对称（见图 2.3–1），故水分子一侧有弱负电性，另一侧有弱正电性。虽然整个水分子呈电中性，但它是有电偶极子的极化分子，是已知中性分子中极化程度最大的。水分子的极化现象使它与其他有极化倾向的化合物分子产生亲和作用。水的介电常数很高，比真空中的介电常数高 80 倍，在真空中由电子和带正电的原子核相互吸引而结合的分子一旦进入水中后正负电吸引力降低 80 多倍。凡分子有极性的化学物质都极易溶于水而发生离化，所以水是很多物质的最好的溶剂。除少数非极性化合物如油脂等，酸、碱及其化合物都能溶于水。所以人们称水为“万能溶剂”。

由于水分子在水中极化，相邻分子之间有显著亲和力，常聚成一团，要想把分子之间距离拉大，或者把单个分子拉出来变成水蒸汽，要付出较多能量，故水的比热（4.2J/g·℃）和汽化热（2430J/g）都很高，比 C 的化合物高两倍，比 Fe 大 10 倍。高的比热使水温能较长时间保持稳定，便于吸收肌体代谢所产生的热量。每克水蒸发后带走 586cal 热量，使 0.6kg 水降低 1℃，故人在热时出汗能明显降低体温。

酸碱度

水分子中的 H–O 共价键有时会自发断裂，离解出 H^+ 离子和 $(OH)^-$ 离子，称为水的自发离化。H^+ 离子在水中独立存在的寿命很短，约为 10^{-14}s，立即与另一个中性水分子结合成一种酸 H_3O^+，

$$H^+ + H_2O \rightarrow H_3O^+ \tag{2.3–1}$$

在一定温度下，自发离化处于平衡状态，平衡常数 K 可根据测量水的导电率算出：

$$K = \frac{[H_3O^+]\times[OH^-]}{[H_2O]^2}, \tag{2.3–2}$$

式内［K］表示溶质的摩尔（mol）浓度。(1 mol 等于溶质用克表示的分子量。摩尔浓度指每升水溶液中溶质的摩尔数)。在 25℃的纯水中，$K=1.00\times10^{-14}$。为简单计，常把浓度 $[H_3O^+]$ 写成 $[H^+]$，

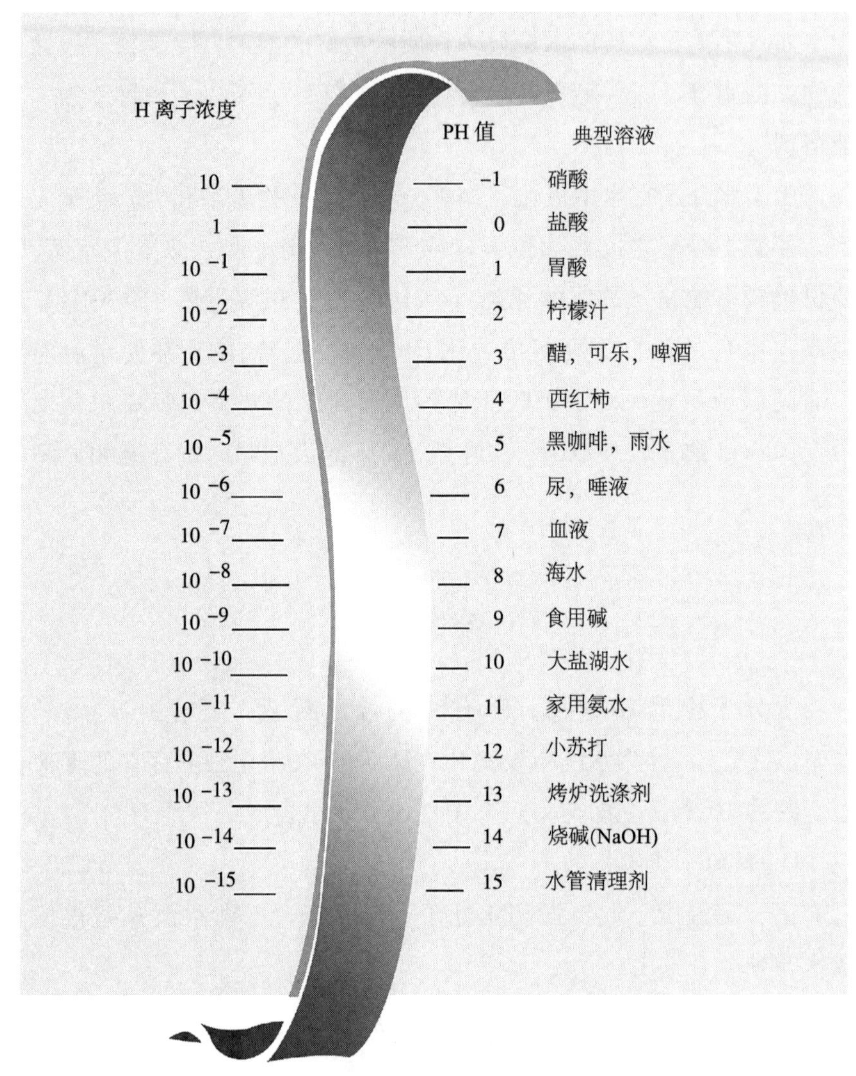

图 2.3–2　水溶液的pH度规，按单位溶剂中含有 H^+ 数目的负对数定义。pH 变化 1 时 H^+ 离子浓度变化 10 倍，故柠檬汁比番茄汁酸 100 倍，雨水比纯水酸 100 倍。

水自发离化时 H^+ 与 OH^- 离子数总相等，故有：

$$[H^+] = [OH^-] = \sqrt{K} = 1.00 \times 10^{-7} \tag{2.3–3}$$

更一般情况下，把 H^+ 的相对浓度的对数定义成任何溶液的酸度，用 pH 表示，

$$pH = -\log[H^+] \tag{2.3–4}$$

按式（2.3–3），纯水的 pH 值为 7.00，阴、阳离子数目相等，总体呈中性。由上式可推知，凡 pH 值大于 7.00 的液体呈碱性，小于 7.00 的呈酸性。凡能与正离子 H^+ 结合成中性分子的任何物质都称为碱基。水中碱基离子增加时 H^+ 的浓度必减少，故一切碱基物质的水溶液 pH 值都大于 7.00。例如食用碱的 pH=9，而烧碱（NaOH）的 pH=12~14。胃酸的 pH=1，比番茄汁酸 1000 倍。图 2.3–2 中列出了与人类健康有关的液体食品和用品的酸度 [47，48]。

水的 pH=7.00 这一点十分重要。所有陆生哺乳类动物血液的 pH 都在 7.00 左右。正常人的血液 pH 值为 7.35—7.45，波动范围很小。人体对血液 pH 极为敏感，低于 7.35 即会酸中毒，高于 7.45 则为碱中毒。如果低于 6.9 或高于 7.8 将立即危及生命。进入血液水的质量和摄入盐类和酸碱物质的多少会影响血液和其他体液的酸碱平衡。肺、肾和消化道可部分排出体内过多的酸或碱，有助于保持血浆 pH 值的稳定 [49，50]。

饮用水

水不仅是人体各器官的重要组成部分，也是人体内部一切生命代谢活动的介质。通过水循环消化食物、吸收营养和输送氧气，分送到每一个细胞中，保持肌体的能量和物质供应，同时把部分代谢废物排

出体外。没有水一切生命活动都将停止。

随着人口密度的增长和工农业生产的发展，人们向江、河、湖、海大量排放污染物，使人类和其他生物赖以生存的水源受到严重污染，威胁着人们的健康，破坏着自然界的生态平衡。正是由于水是“万能溶剂”，绝大部分无机和有机污染物都能溶入或混入饮用水中。如果这些污染物不加处理，而随水进入人体或其他生物体中，就会对健康以至生命造成严重后果。18 世纪中叶在英国、1991 年在秘鲁都发生过霍乱大流行，成千上万的人死亡，都是通过水源传播的。从 20 世纪下半叶起，各国社会和政府机构开始重视对城市、社区、农村人群饮用水质量的监督和管理，纷纷制定法律，建立专门执法机构，以加强对水源的建设、保护和监视，保证饮用水的安全。美国 1974 年立法颁布《安全饮用水法》，1986 年和 1995 年两次修订，使饮用水安全法规日趋完善，对 80 多种污染物规定了最高含量标准，规范了检测方法。20 世纪 80 年代欧盟也制定了饮用水的安全标准。从20世纪90年代以来全国人大常委会颁布了《传染病防治法》(1989)、《环境保护法》(1989)、《水污染防治法》(1996)、《食品卫生法》(1995) 和《水法》(2002)，都对饮用水和环境水源的安全提出了严格的卫生要求。卫生部、水利部、建设部和国家环保总局各自对饮用水和生态水的安全制定了管理条例和实施细则，并负责监督执行。卫生部研究了世界各国的经验，总结了过去十多年的实践，根据中国的国情，于 2006 年制定了新的《生活饮用水卫生标准》，对 106 项污染物的最高允许含量作了规定，已正式列为国家标准（GB5749—2006），开始在全国执行。这项标准的全文作为附件列于本节的最后，便于读者细察。

中国卫生部规定的《生活饮用水卫生标准》，对 106 项污染物在饮用水中的最高含量做了限制，择其要可分为下列数类。

（一）细菌、病毒、微生物和寄生虫，绝大部分能在污水中生存、繁殖和随水传播。细菌大多是体积微小(数微米）的原核单细胞生物，外观可为球形（球菌，Coccus)、杆状（杆菌，Bacilus）或螺旋形（螺形菌，Spirala)，肉眼看不到，要靠显微镜才能发现。如果先后用结晶紫、碘液、乙醇复红等染色后（革兰染色法，Gramstain)，如果最后呈红色，称为革兰阴性菌，如果是紫色称为革兰阳性菌。不易着色的杆菌常用抗酸染色法。细菌的体内 75%—90% 是水，有自己的细胞核，从周围的环境中汲取各种营养物以维持生命。大多数能使人致病的病原菌的体液 pH 值在 7.2—7.6 之间，最适宜的生长温度是 37℃。有的需要氧气（需氧菌)，有的在无氧环境中也能生长（厌氧菌)。细菌靠二分裂无性繁殖后代，平均 20 分钟—30 分钟繁殖一代，慢的也不过数小时，所以增殖很快，易形成菌落。能引起宿主致病的病毒和细菌称为病原体。据传染病学统计，有 30 万种细菌和 5000 种病毒是病原体，对人类的健康和生存能构成威胁 [51]。它们能突破人或动物的皮肤、粘膜等生理屏障进入体内，在生长繁殖中释放毒性物质—毒素。如革兰阴性菌、金黄葡萄球菌、链球菌、炭疽芽孢杆菌、破伤风杆菌、白喉杆菌和革兰阴性的大肠毒性杆菌、霍乱弧菌、流感杆菌、痢疾杆菌等都排放毒素。这些细菌广泛存在于自然界，淡水、土壤中都有，有的来自其他生物的肌体中，随大气或水传播。细致观察发现，在温暖湿润的热带雨林中，每一勺土中含有 10^{13} 个微生物，2.5×10^{9} 个细菌，40 万个真菌和 3 万个原生动物。海水中微生物总重占海水生物总重的 90%。地球生物圈中微生物总重达 10^{17}kg 之巨，差不多为地球总质量的 10^{-7}。病毒（Virus）是一类体积极微小(10nm—100nm)，结构简单，只含有一类核酸的非细胞微生物，只能在其他生物的细胞中增殖。但是人类传染病有 75% 是由病毒感染的，有的能引起大流行，如流感、肝炎、乙型脑炎、艾滋病毒（获得性免疫缺陷综合症，AIDS）等，一次大流行能造成上百万、千万人死亡。第一次世界大战末的1918年，发源于西班牙的流行性感冒病毒在欧洲大流行，使5亿人致病，2500万人死亡[52]。人类传染病，特别是肠道传染病，很多是通过饮水或接触污水被感染的。中国的《生活饮用水标准》规定饮用水中不得含有病原菌类[53]。

（二）有毒的无机物。铅（Pb）、汞（Hg）、铬（Cr）、镉（Cd）、砷（As）、硒（Se）等重金属和非金属元素都是毒性很大的固体污染物，阻碍身体发育和引起智力障碍，对婴儿和未成年人危害最大。日本1953年发生过大量水俣病，由于汞中毒，大批患者四肢麻木，精神失常，在痛苦中死亡。后查清原因是附近一座生产氯乙烯和乙醛的化工厂，用无机汞盐作催化剂，废水排入河流，在水生鱼类身上聚集，人吃了含汞的鱼后引发水俣病。每公斤海水中通常含有汞10^{-14}mg，在生物体内积累，从浮游生物到鱼类，汞的浓度通过食物链增加10^5倍。砷和硒的所有化合物都有毒，最毒的三价砷离子，与人体细胞中的酶发生反应后，阻止和破坏细胞代谢过程。氟（F）、氰化物、无机酸和碱是剧毒污染物。农药（DDT等）和持久性有机污染物（POPs）有的能致癌、致畸，甚至影响人类遗传突变。所以各国饮用水卫生标准对这些污染物含量作了极为严格的限制。

（三）农业生产大量使用化肥，未被植物吸收的随雨水进入河、湖，使水中氮（N）、磷（P）化合物浓度增加。全世界化肥使用量从1960年的1400万吨增加到2000年的1.4亿吨，被植物吸收不到50%。中国2001年生产化肥3100万吨，2010年提高到6740万吨，有一半以上进入河湖水体。为提高洗涤效果，有的化工厂往洗衣粉中加磷酸盐（$Na_5P_3O_{10}$），废水进入河、湖增加了水中的磷浓度，有的湖水中70%的磷来自洗衣粉。河水、湖水的富营养化使藻类和微生物疯长，形成赤潮或蓝潮，大量消耗水中的溶解氧（BOD，生物需氧量)，使鱼虾因窒息而死亡。排入河水、湖的有机和无机化合物与氧化合，也消耗一些溶解氧，称为化学需氧量（COD)。向河、湖、海水中排放石油或油脂污染物，漂浮在水面形成油膜，阻碍大气中的 O_2 进入水中。有的研究工作者估计，每年泄漏入海的石油有 1000 万吨，约占全世界年产量的 0.5%[47]。所有这些污染物都使溶于水中的氧气减少，严重的引起鱼、虾等水生动物因窒息而大量死亡。中国的《饮用水卫生标准》对能消耗水中氧气的化学物质总量规定了限制条件（见附录表 2.3–5)。

放射性污染

物理学家们 100 年前发现自然界存在放射性元素时（贝克勒尔，Antonie Henri Becquerel, 1852—1908；玛丽·居里，Marie Curie, 1867—1934；卢瑟福，Ernest Rutherford，1871—1937)，并不知道这种放射性对人体有严重伤害。居里夫人最后得白血病而逝，后人认为是受放射性照射太多所致。实际上，所有周期表中原子序数等于和大于 84（${}^{209}_{84}Po$）的 20 多种元素都有天然放射性辐射。20 世纪原子能科学大发展，物理和医学界对放射性有了全面了解，发现它对生物有巨大损伤力。原子能工业、矿业、电厂、医院等部门都利用和排放天然或人造放射性元素，进入大气和水体，常成为最危险的污染源。1986 年 4 月 26 日，乌克兰的切尔诺贝利核电站发生爆炸事件，造成大量居民受辐射伤亡，数万居民迁逃。2011 年 3 月 11 日日本东北 9 级大地震引发大海啸，致福岛核电站发生重大泄露事故，数百万平方公里海岸变成长久危地，外迁 34 万人。两大事故震悚了科学界和各国政府，引起了世界对核辐射危害的高度重视。

铀（${}^{238}_{92}U$）是自然界普遍存在的放射性元素，岩石和土壤中处处有它的痕迹。它经过一系列衰变，从原子核中放出 α 粒子（He 核）、β 粒子（电子）和 γ 射线（电磁辐射）衰变成原子序数（左下角）和原子量（左上角）小一些的元素，如下式（2.3–5）所示。式中双线箭头⇒表示 α 衰变（原子量 –4，序数 –2）单线箭头→表示 β 衰变（原子序数 +1，原子量不变）。

$$^{238}_{92}U \Rightarrow {}^{234}_{90}Th \rightarrow {}^{234}_{91}Pa \rightarrow {}^{234}_{92}U \Rightarrow {}^{230}_{90}Th \Rightarrow {}^{226}_{88}Ra \Rightarrow {}^{222}_{88}Rn \Rightarrow {}^{206}_{82}Pb \tag{2.3–5}$$

从上式可看出，铀 $^{238}_{92}U$ 经衰变后终止于稳定同位素铅 $^{206}_{82}Pb$，而地球表面到处存在的放射性气体氡（$^{222}_{86}Rn$）是中间产物。另一种同位素 $^{235}_{92}U$ 经衰变后变成稳定的铅 $^{207}_{82}Pb$。由于 $^{238}_{92}U$ 的半衰期长达 45 亿年，$^{235}_{92}U$ 为 70 亿年，比地球的年龄还长，我们测到的地球中铀的元素丰度几乎是常数。原子序数小于 84 的轻元素中也有几种同位素有放射性，如钾 –40 衰变成氩 –40（$^{40}_{19}K \rightarrow {}^{40}_{18}Ar$），半衰期 12.5 亿年，碳 –14 衰变成氮 –14（$^{14}_{6}C \rightarrow {}^{14}_{7}N$），半衰期 5730 年，碘 –131（$^{131}_{53}T$）是人工制造的，半衰期 8.04 天等。铀—铅和钾—氩衰变半衰期很长，常用于测量天体、地层或岩石的年龄。

C–14 是在大气层 9km—15km 高处由宇宙线粒子与 $^{14}_{7}N$ 原子反应生成的。氮原子吸收一个中子（n），放出一个质子后变成原子序数为 6 的 $^{14}_{6}C$。另一方面，$^{14}_{6}C$ 不断释放 β 粒子（电子）和反中微子（$\bar{\nu}$）而最终成为稳定的 $^{14}_{7}N$ 原子，见式（2.3–6）。

$$^{14}_{7}N + n \rightarrow {}^{14}_{6}C + P,$$

$$^{14}_{6}C \rightarrow {}^{14}_{7}N + \beta + \bar{\nu} \tag{2.3–6}$$

C–14 的半衰期为 5715 年，能以 $^{14}CO_2$ 的形式均匀扩散到全球生物圈内，和普通的 $^{12}CO_2$ 一起被海水、动植物吸收。地球物理和生物学家认为，C–14 的产生（2.3–6 上式）和衰变（2.3–6 下式）最后达到平衡，使地球上的C–14总量数万年内保持常数，总量约为70吨。动植物死后，不再吸收CO_2，体内的^{14}C逐步衰变而耗尽。生物学广泛利用这个现象测定与动植物有关的文物和生物遗迹的年龄，在500年至5万年范围内可得到1%以上的精度。碘–131和磷–32（$^{32}_{15}P$，半衰期14.3天）等人工制造的短寿命放射性同位素则应用于科研和医学诊断或治疗等。

放射性的计量单位为居里（Curie，简号Ci），以纪念首先研究天然放射性的法国物理学家居里夫妇。作为辐射强度的计量单位，一克镭（$^{226}_{88}Ra$）中每秒有3.7×10^{10}个原子发生衰变（$^{226}_{88}Ra\rightarrow^{222}_{86}Rn+^{4}_{2}He+Q$, Q=4.87Mev）的辐射强度称为1居里。目前，计量放射性强度的国际单位改用更小的单位贝可勒尔（简称贝可，法定符号Bg），以纪念首先发现铀天然放射性的法国物理学家贝可勒尔（A.H. Becguerel, 1852—1908，与居里夫妇共获1903年诺贝尔物理学奖），等价于1克镭中每秒有1个Ra原子发生衰变的辐射强度称为1贝可：

$$1\text{居里（Ci）}=3.7\times10^{10}\text{贝可（Bq）。} \quad (2.3\text{–}7)$$

对生物有危害的放射性分为三类，带电粒子（α粒子、质子、电子）、不带电粒子（中子）和电磁辐射（x和γ射线），辐射能量因不同来源而异，故需分别测量。同是α粒子辐射，能量常散布在4Mev—9Mev之间（$1Mev=10^6ev$, 1ev（电子伏）$=1.6X10^{-19}J$（焦耳））。

生物体吸收辐射的计量单位是拉德（rad, Radiation absorbed dose）。每公斤组织吸收0.01焦耳（J）的辐射能定义为1rad，即$1rad = 10^{-2}J/Kg$。能量相等的不同的辐射源对生物体的损害程度不同，例如α粒子辐射在相同的能量下比X光和电子危害性大20倍。为评估辐射对生物体的危害程度，引入一个相对生物效应系数Q（RBE，Relative Biological Effectiveness），

$$Q=\frac{\text{引起同等生物效应的X射线辐射（rad）}}{\text{引起同等生物效应的某种辐射（rad）}}。\qquad (2.3\text{–}8)$$

为统一计算方法，国际辐射单位与测量委员会（IGRO）规定了一个专用单位雷姆（rem，Roentgen equivalent man），用 H 表示。科学界也采用另一个单位称为希沃特，简称希（Sv，sielvert），或用毫希（$1mSv=10^{-3}Sv$）。

$$H=QD\ (rem)\ ,1Sv=100rem, \qquad (2.3\text{–}9)$$

D 是每千克生物吸收的辐射剂量，单位是拉德。生物实验表明，对 X、γ 和 β（电子）射线 Q=1，对 α 射线（^4He 核）Q=20，快中子（0.1~10MeV）Q=10，热中子 Q=5 等等 [54]。

大自然总有些微量辐射存在，称为背景辐射，它们来自太阳风、宇宙射线、岩石土壤、食品（C–14）、医用设备、烟尘等。例如放射性气体氡（$^{222}_{86}Rn$）是铀衰变的中间产物，存在于矿井、岩石和有些水泥制品中，常泄漏于室内外空气中，见 2.3–5 式。据美国科学院测量，居住在美国的人每年吸收的背景辐射剂量平均为 0.4rem[55]。按美国航天局公布的数据，凡遭受一次辐射的剂量对人体危害程度见表 2.3–2。

表 2.3–2　遭受一次辐射的剂量对人体健康的影响

剂量（rem）	剂量（Sv）	人体效应
0—25	0—0.25	无明显反应
25—50	0.25—0.5	白血球计数下降
50—100	0.5—1.0	白血球数大降，功能受损
100—200	1—2	恶心、呕吐、脱发
200—500	2—5	出血、溃疡、死亡
>500	>5	死亡

从人们的生殖系统的安全出发，宇航员 30 天内最高允许剂量

13rem，1 个季度允许剂量为 18rem，1 年以内为 38rem，10 年内为 200rem。中国的《饮用水卫生标准》规定每升水中 α－辐射强度不得超过 0.5Bq, β－辐射不得大于 1Bq，保证人和生物可能受到的辐射剂量不超过安全界限，保持在天然背景辐射的范围之内。

水硬度

水的硬度是影响饮用水质量的因素之一。硬度是指溶于水的固体物质的总量，主要是钙、镁的氯化物、硫酸盐和碳酸盐。测量硬度时通常把所有溶于水的固体物质折算成碳酸钙（$CaCO_3$），每升水中所含的等价于碳酸钙的总质量称为水的硬度，单位是 mg/L，也称为 ppm（1 升水质量的百万分之一）。富有石灰岩地区的地表水和地下水常含有大量 $CaCO_3$ 和 $MgCO_3$ 等碳酸岩，硬度较高。硬度高的水被加热时产生大量水垢沉积于锅炉、水壶和水管内壁上，阻碍传导，有异味。用肥皂或洗涤剂洗刷用具或衣服时不易起泡。虽然这些盐类对人体健康无大影响，国家法律仍然规定限制自来水厂和一切供水部门所供饮用水的硬度。卫生部 2006 年公布的饮用水卫生标准（GB5749—2006，见本节附录）规定饮用水溶解性固体总量不得超过 1g/L，总硬度（以 $CaCO_3$ 计）不得超过 0.45g/L。

为使饮用水达到国家标准，政府有关部门对一切集中供水的水厂设施和供水质量制定了规范，规定了检测方法。例如，所有自来水厂都要具备随时检测水质的能力，应通过过滤、沉淀、消毒，去硬等措施使供给的水体全面达到卫生标准。输送不合卫生标准的水供人们饮用是违法行为，执法部门可依法追究其刑事责任。政府有关部门还制定了《地表水环境质量标准》（2000）、《农田灌溉水质标准》（1992）、《渔业水质标准》（1990）和《海水水质标准》（1998）等，从而建立了完整的法律和科学管理体系，以保证人民饮水和与水直接有关的食品的安全。

水危机

虽然地球是水球，地球表面71%由水覆盖，但淡水只占3%，贮存于河川、湖泊、冰川和南北极的冰雪中（见表2.3–3），地下水所占比例也很小。人类可利用的又只占淡水总量的1%，地球总水量的0.01%。

表2.3–3　地球上水的分布和自然消耗[56]

水分布	水量（10^3km^3）	每年自然损失量（10^3km^3）	更新时间
全球	1460000	520（蒸发）	2800年
海洋	1370000	449（蒸发）	3100年
地壳中（深5km以上）	60000	13（地下径流）	4000年
地下淡水	10530	—	
湖泊	750	—	
冰川和永久积冰雪	29000	1.8（径流）	10000年
土壤中水分	65	65（蒸发和径流）	280天
大气中的水蒸气	14	520（降水）	9天
河水	1.2	36.3（径流）	12天—20天

表2.3–4　2000年全世界人类需水量估计[57]

消耗种类	消耗量（km^3/年）	不能再用的水（km^3/年）
农业灌溉	7000	4800
居民用水	600	100
工业用水	1700	170
其他消耗	400	400
总计	9700	5470

20世纪全世界人口增长了近4倍，从1900年的16亿增加到

2012年的70亿，中国人口增加了3倍，从4.26亿（1901）增加到13.4735亿（2011）[58]。人口的增长和工、农业的发展导致淡水需求量增加，在全世界引发了水的危机。到20世纪末，全球有15亿人缺少饮用水，12亿人严重缺水。预计到21世纪中叶会有30亿以上人口缺水。有人说，人类19世纪为煤而战，20世纪为石油而战，21世纪将为水而战[59]。

据水利部2011年统计，中国多年平均年降水量567mm，水资源总量为24000亿立方米，其中地下水8288亿立方米，人均占有量仅为世界平均值的31%，是加拿大的1/50，美国的1/5。耕地亩均水资源是世界平均值的61%。降水的地区分布极不平衡，南多北少，与人口、水土和生产力布局很不匹配。新疆平均年降水仅25mm—50mm，青海、西藏、甘肃、内蒙不超过200mm，近十多年来明显减少。据最近水利普查，到2011年全国已建成年供水能力8100亿立方米的水利设施。2011年全国用水量6213亿立方米，农业占用68%，工业21%，城乡生活占11%。人均综合用水量452立方米。正常年份全国缺水400亿立方米，其中农业缺水300亿立方米。有2000万农村人口缺饮水，3亿人饮水不安全。全国660座大中城市有400座缺乏水供应，主要在华北。华北地下水超采严重，年超采74亿立方米，北京市每年采地下水27亿立方米，超采4亿立方米。华北地区已形成15万平方公里的“漏斗”，地下水位大幅度下降（见图2.3–7）。全国工业和生活污水排放由1950年的20亿吨上升到2006年的730亿吨，大量污水未经处理排入江、河、湖、库，60%以上流经城市的河流严重污染，50%的城市附近地下水遭污染。淮河、松花江中度污染，海河、辽河全线严重污染，近岸海水劣于V类的占32%[60, 61]。21世纪初国务院已制定了规划，确定了工程和社会措施以应对水供应这个严峻挑战，保证全社会防洪、供水和生态安全。这些措施是：建立

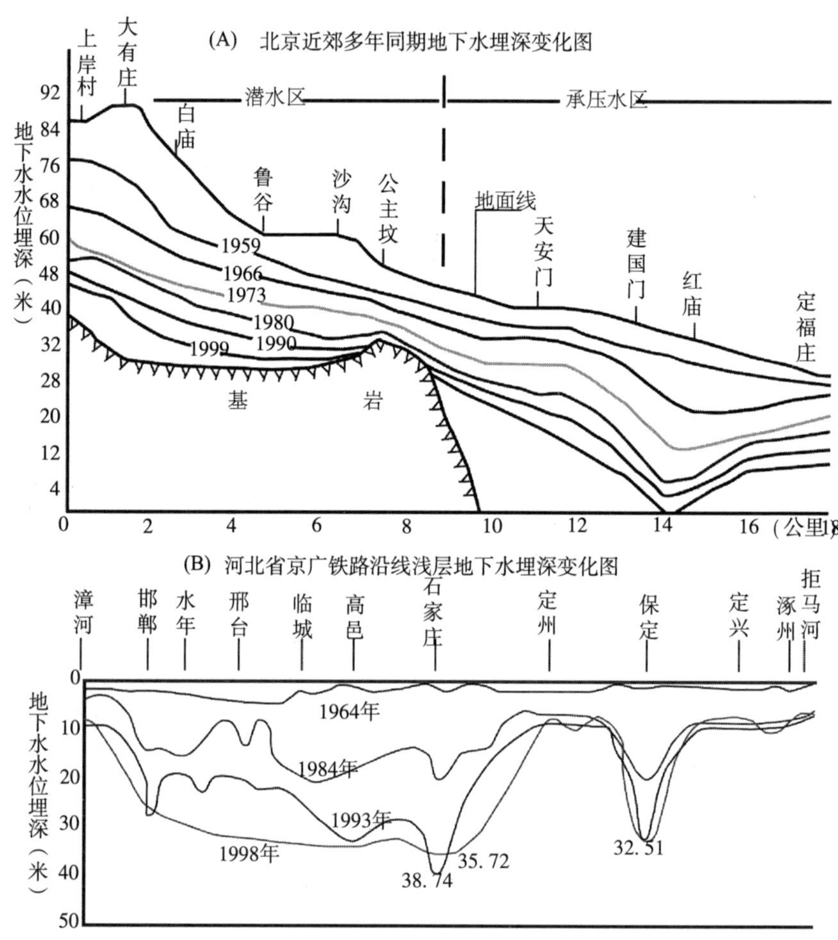

图 2.3–3 北京（A）和河北京广铁路沿线（B）1960 年—1999 年地下水位变化[63]

附录 2.3–5 生活饮用水卫生标准国标 GB 5749—2006 [64]

表（1）

表 1 水质常规指标及限值

指 标	限 值
1. 微生物指标	
总大肠菌群 / (MPN/ 100 mL 或 CFU/ 100 mL)	不得检出
耐热大肠菌群 / (MPN/ 100 mL 或 CFU/ 100 mL)	不得检出
大肠埃希氏菌 / (MPN/ 100 mL 或 CFU/ 100 mL)	不得检出
菌落总数 / (CFU / mL)	100
2. 毒理指标	
砷 /(mg/ L)	0. 01
镉 /(mg/ L)	0. 005
铬(六价) /(mg/ L)	0. 05
铅 /(mg/ L)	0. 01
汞 /(mg/ L)	0. 001
硒 /(mg/ L)	0. 01
氰化物 /(mg/ L)	0. 05
氟化物 /(mg/ L)	1. 0
硝酸盐 (以 N 计) /(mg/ L)	10 地下水资源限制时为 20
三氯甲烷 /(mg/ L)	0. 06
四氯化碳 /(mg/ L)	0. 002
溴酸盐 (使用臭氧时) /(mg/ L)	0. 04
甲醛 (使用臭氧时) /(mg/ L)	0. 9
亚氯酸盐 (使用二氧化氯消毒时) /(mg/ L)	0. 7
氯酸盐 (使用复合二氧化氯消毒时) /(mg/ L)	0. 7
3. 感官性状和一般化学指标	
色度(铂钴色度单位)	15
浑浊度(散射浑浊度单位) / NTU	1 水源与净水技术条件限制时为 3
臭和味	无异臭、异味
肉眼可见物	无
pH	不小于 6. 5 且不大于 8. 5
铝 /(mg/ L)	0. 2
铁 /(mg/ L)	0. 3
锰 /(mg/ L)	0. 1
铜 /(mg/ L)	1. 0
锌 /(mg/ L)	1. 0
氯化物 /(mg/ L)	250
硫酸盐 /(mg/ L)	250

续表

指　　标	限　值
溶解性总固体/(mg/L)	1000
总硬度(以 $CaCO_3$ 计)/(mg/L)	450
耗氧量(COD_{mn} 法，以 O_2 计)/(mg/L)	3 水源限制，原水耗氧量 > 6 mg/L 时为 5
挥发酚类(以苯酚计)/(mg/L)	0.002
阴离子合成洗涤剂/(mg/L)	0.3
4. 放射性指标[b]	指导值
总 α 放射性/(Bq/L)	0.5
总 β 放射性/(Bq/L)	1

a MPN表示最可能数；CFU表示菌落行程单位。当水样检出总大肠菌群时，应进一步检验大肠埃希氏菌或耐热大肠菌群；水样未检出总大肠菌群：不必检验大肠埃希氏菌或耐热大肠菌群。
b 放射性指标超过指导值，应进行核素分析和评价，判定能否饮用。1Bq= 每秒有一个镭原子衰变的等价辐射。

每秒有一个原子衰变称为1Bq　1G=3.7 × 10^{10}Bq

GB 5749—2006

表（2）　饮用水中消毒剂常规指标及要求

消毒剂名称	与水接触时间	出厂水中限值/(mg/L)	出厂水中余量/(mg/L)	管网末梢水中余量/(mg/L)
氯气及游离氯制剂(游离氯)	≥30 min	4	≥0.3	≥0.05
一氯胺(总氯)	≥120 min	3	≥0.5	≥0.05
臭氧(O_3)	≥12 min	0.3	—	0.02 如加氯，总氯≥0.05
二氧化碳(ClO_2)	≥30 min	0.8	≥0.1	≥0.02

节水型社会，治理污水，严禁排污；加强科学管理，提高水的利用效率，禁止浪费；加速南水北调工程和其他跨流域调水工程，实现每年向华北调水 250 亿立方米（2020）—450 亿立方米（2050）；改造产业结构，加强节水科学研究，提高工农业用水效率和废水利用率，进一步提高清洁水供水能力，使其达到 6400 亿立方米（2020）和 8000 亿立米（2030）；继续控制人口增长等[20, 62]。

表（3）　小型集中式供水和分散式供水部分水质指标及限值

指　　标	限　　值
1. 微生物指标	
菌落总数/ (CFU / mL)	500
2. 毒理指标	
砷 /(mg/ L)	0. 05
氟化物 /(mg/ L)	1. 2
硝酸盐 (以 N 计) /(mg/ L)	20
3. 感官性状和一般化学指标	
色度(铂钴色度单位)	20
浑浊度(散射浑浊度单位) / NTU	3 水源与净水技术条件限制时为 5
pH	不小于 6. 5 且不大于 9. 5
溶解性总固体 /(mg/ L)	1 500
总硬度 (以 $CaCO_3$ 计)/ (mg/ L)	550
耗氧量(COD_{mn} 法，以 O_2 计)/ (mg/ L)	5
铁 /(mg/ L)	0.5
锰 /(mg/ L)	0. 3
氯化物 /(mg/ L)	300
硫酸盐 /(mg/ L)	300

2.4 食为天

世界上大概只有中国人深切懂得拥有最低限度的食品供应是决定生死存亡的天大的事。西汉以后 2000 多年的水、旱、风、疫灾民死亡数字都有实况记录。地域大，人口多，年年有饥荒，岁岁有灾民。几乎每一代人都经历过赤地千里的大旱或涤荡万顷的水灾，每次都饿死或夺走成千上万人生命财产。

历代天灾，饿死者多。西汉就有“野有饿殍”一词，流行两千年。“仓廪满始知荣辱”、“数日不粒，父子不能相存”、“天下无农，举世饿死”，此理自古童叟皆知，人的生物本性使然。“你吃饭了没有?”成了汉语中特有的问候语。哲学家们把此提升到人间普遍规律：保障生产和生活的物质需要，是一切社会得以生存和发展的前提。物质生活和生产活动是人类最基本的实践活动，是决定其他一切活动的东西。人类第一个历史活动就是生产满足这些需要的资料，即生产物质生活本身 [65, 66]。

一切生物在发育、生长、运动、繁殖后代等生命活动中体内发生的物理和化学变化统称为代谢（Metabolism）。通过代谢生物体从周围环境中汲取和交换营养物质、能量和信息，以满足生存和发展的需求，适应环境条件的变化。代谢是一切生物的生存形态，生命的标志，代谢的停止就是生命的结束。从 18 世纪—20 世纪的

200 多年，科学界一直在研究生物体内这种“活力”的来源，最终结论是，一切生命的活力来自代谢。代谢过程遵守已被科学发现了的物理、化学规则和定律。可能还有一些规则或定律主宰着生命的代谢，如生命的起源、进化、思维等，科学尚未弄清和找到。但是，不存在什么超自然的力量和因素控制或影响着生命的代谢、遗传和进化过程。一切生命现象都是物质的，在不停的代谢中即运动和变化中生存发展。“人事有代谢，往来成古今”，一切生物和事物都在生成着、变化着和消逝着。这就是辩证唯物主义的中心论点[67, 68]，是大自然不可抗拒的普遍规律。20 世纪的所有科学研究都反复证明了这个宇宙总规律，从而成为现代生物科学的出发点和支柱。

生命的能源

宇宙间一切事物的运动都要有物质和能量的支持，否则生物不可能发生、生存和发展。人是从食物中获取能量、结构和功能材料。太阳是生物汲取能量的总来源。绿色植物捕获太阳能通过光合作用，把大气中的 CO_2 和土壤中的水合成葡萄糖之类的有机化合物，把捕获的太阳能转存在碳水化合物的化学键中。依照生物界食物链的捕食关系，食草动物吃掉绿色植物，食肉动物又吃掉食草动物，这样使能量在生物界中传递。所有动物都从食物中获取能量并以化学能形式贮存于体内，供肌体细胞在代谢中消耗。为保持生命的延续，需要不断消耗物质和能量，时时得到补充，是故动物每次沿食物链传递能量时，总比它从食物中获得的能量少些。

绿色植物靠光合作用吸收太阳能，贮存在碳水化合物如葡萄糖中，

$6CO_2+6H_2O+$ 太阳能→ $C_6H_{12}O_6$（葡萄糖）$+6O_2$，　　　　(2.4–1)

再以此为动力去驱动代谢，用吸收的其它养分合成脂肪、蛋白质、核酸和其他有机物质。靠光合作用生长的植物，特别是水中的藻类，是生物圈中的初级生产力。

人是杂食动物，既吃绿色植物，更吃其他动物，久不吃肉就难过。“食不厌精”的孔子听《韶乐》，“三月不知肉味”成了壮举而编入语录。人体的活力和成长所需的物质和能量主要来源于食物中的糖类、脂肪和蛋白质。

糖类是人类食物中比例最大的营养物，提供机体所需能量的70% 以上。糖类是指所有能表达成 $Cx(H_2O)y$ 的有机碳水化合物。葡萄糖、果糖、核糖等是单糖，蔗糖、麦芽糖等是二糖，淀粉、纤维素、几丁质等则是由单糖脱水聚合而成的多糖（见图 2.4–1）。多糖被摄入后在消化道中都被分解成单糖等结构简单的小分子才被小肠吸收，进入血液输送到全身供细胞享用。这些进入血液的单糖主要是葡萄糖、半乳糖、果糖和甘露糖等，其中葡萄糖和半乳糖最受欢迎 [19]。纤维素是多聚葡萄糖，但人体内缺少消化纤维素的酶，故不能消化它。反刍动物有瘤胃，靠细菌帮助，能把纤维素分解成单糖而利用之。

蛋白质都是由较简单的氨基酸分子聚合而成。食物中的蛋白质被胃蛋白酶和胰蛋白酶分解成单氨基酸后，在小肠中被吸收进入血流。氨基酸有 20 多种，是肌肉和细胞的最重要结构材料（见图 2.4–2）。人体中 5 万—6 万种不同的蛋白质，即便是指甲、头发、皮肤都主要由蛋白质构成。人体中数十万种催化生物化学反应的酶都是蛋白质，各种调控生理活动的激素多含氨基酸。所以有人把蛋白质称为“演奏生命交响曲的乐队”。生化学家们已查明，20 种氨基酸中有 9 种人体不能自已制造，又是不能缺少的营养物质，必需从食物中吸取称之为

(a) 葡萄糖　(b) 果糖　(c) 核糖　(d) 脱氧核糖

葡萄糖 + 果糖 → 蔗糖 + H_2O

(e) 脱水聚合

α-麦芽糖　(f) β-麦芽糖

1,4-α 糖苷键

直链淀粉

1, 6-α糖苷键

1, 4-α糖苷键

(g) 支链淀粉

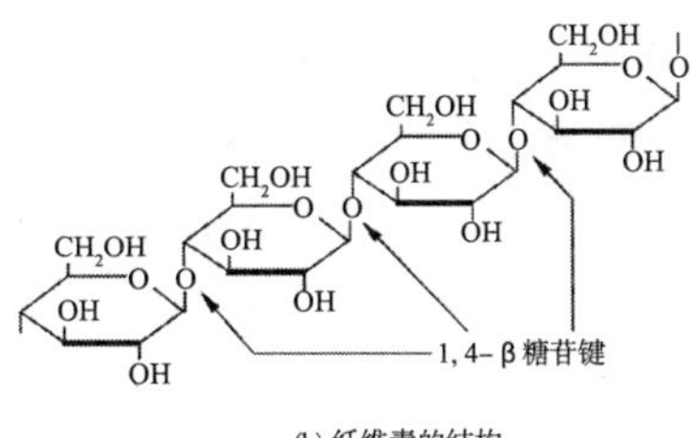

(h) 纤维素的结构

图 2.4–1　葡萄糖 (a)、果糖 (b)、核糖 (c) 和脱氧核糖 (d) 等单糖的分子结构。蔗糖 (e)、麦芽糖 (f) 是由两个单糖缩水聚合而成的二糖。淀粉 (g) 和纤维素 (h) 是由葡萄糖聚合成的多糖。

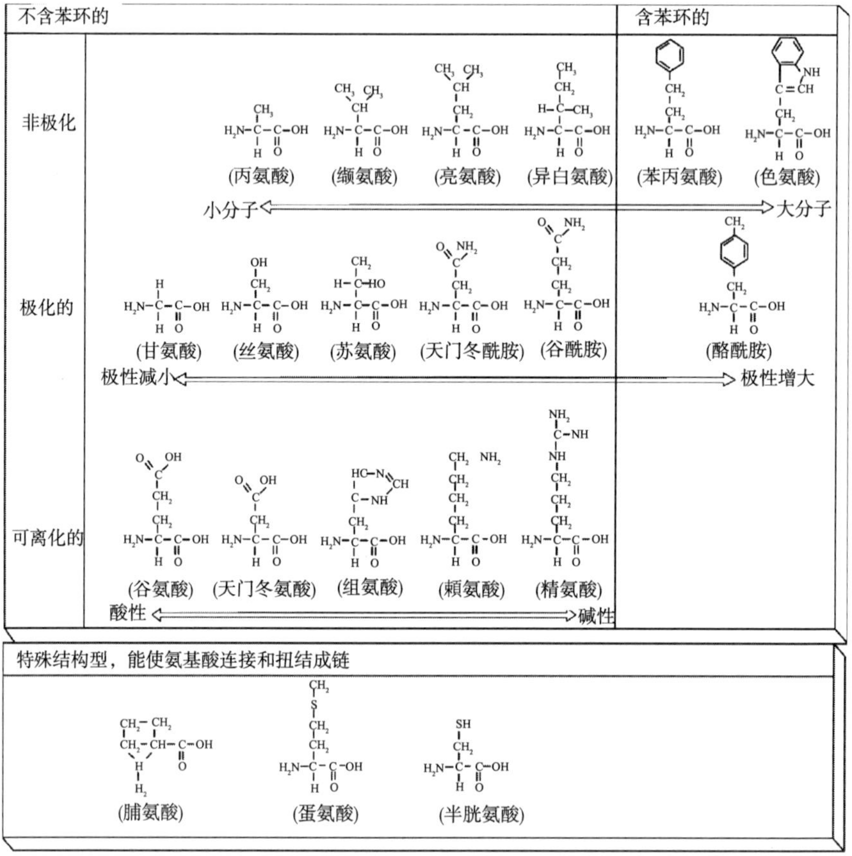

不含苯环的 含苯环的

非极化 (丙氨酸) (缬氨酸) (亮氨酸) (异白氨酸) (苯丙氨酸) (色氨酸)

小分子 大分子

极化的 (甘氨酸) (丝氨酸) (苏氨酸) (天门冬酰胺) (谷酰胺) (酪酰胺)

极性减小 极性增大

可离化的 (谷氨酸) (天门冬氨酸) (组氨酸) (赖氨酸) (精氨酸)

酸性 碱性

特殊结构型，能使氨基酸连接和扭结成链

(脯氨酸) (蛋氨酸) (半胱氨酸)

图 2.4–2 组成蛋白质的 20 种氨基酸的分子结构。它们的骨架相同而侧枝各异。上排 6 种的支链由 CH_2 或 CH_3 组成，故为非极化分子。第二排为有极性的 6 种。第三排是在溶液中能离化的 5 种。最下排 3 种结构特殊，两种有硫键（S），能使氨基酸连接或扭结成链。

“必需氨基酸”。对于成人来说，这类氨基酸有 8 种，它们是亮氨酸、异白氨酸、赖氨酸、蛋氨酸、苯丙氨酸、苏氨酸、色氨酸、缬氨酸。对婴儿来说有 9 种，多一种组氨酸。缺少这些营养会导致特异性缺乏症，严重的可引起死亡 [48, 45]。

脂肪是一类有机化合物，由 C、H、O 组成，也可能含有其他元素。在生物体内脂肪是贮存能量的物质。它不溶于水，能溶于有机溶剂。

1 克脂肪贮存的化学能比糖和蛋白质高两倍，而且不需要水。动物体内总有适量的脂肪以保护体内器官。皮下脂肪能隔热保持体温，是故在冷海水中生活的海豹、海狮、鲸鱼等哺乳类动物都有很厚的皮下脂肪。生物体内含量最多的脂肪酸、甘油三脂和磷脂（胆碱，细胞膜的主要材料）的分子结构见图 2.4–3。

食物入口后，先与唾液混合，帮助吞咽，唾液中含淀粉酶（把

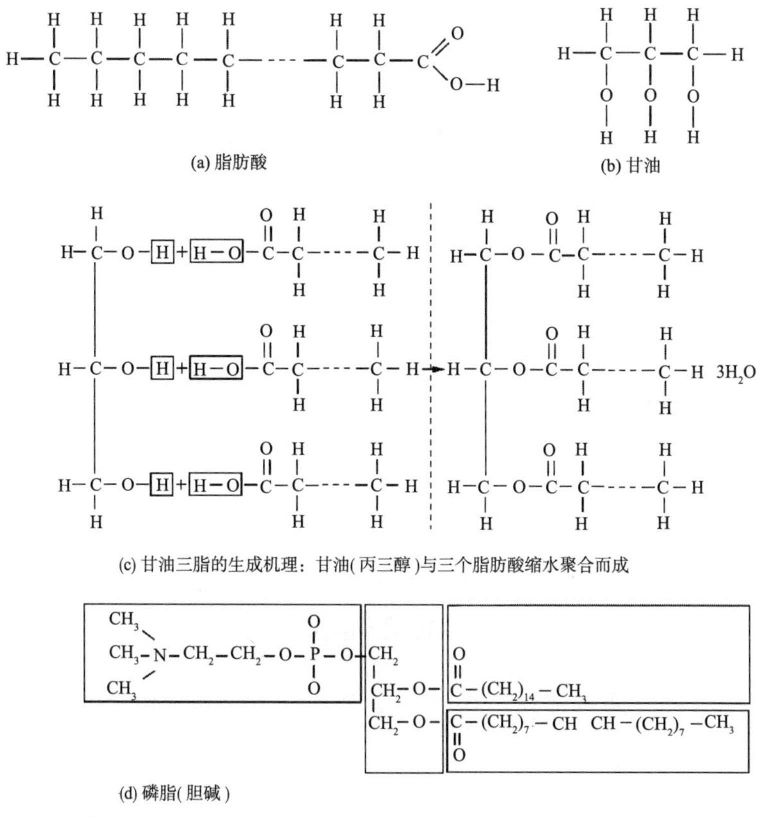

(a) 脂肪酸

(b) 甘油

(c) 甘油三脂的生成机理：甘油(丙三醇)与三个脂肪酸缩水聚合而成

(d) 磷脂(胆碱)

图 2.4–3　几种重要脂类的化学结构。(a) 脂肪酸 (b) 甘油 (c) 甘油三脂的生成 (d) 磷脂（胆碱）

淀粉分解成麦芽糖)、溶菌酶(杀菌)、免疫球蛋白等。食物进入胃后与胃液混合。每人每天排出 1.5L—2L 胃液，由盐酸和胃蛋白酶组成。胃酸的作用是分解食物、杀菌、激活蛋白酶、促进小肠吸收 Fe 和 Ca、加快胰液和胆汁的分泌等。食物在胃中变成食糜，通过幽门排入十二指肠和小肠。食物的消化和吸收都在小肠里完成。胰腺每日分泌 1L—2L 胰液进入小肠。胰液富含把淀粉分解为单葡萄糖的胰淀粉酶，水解蛋白质成为小分子多肽和单氨基酸的胰蛋白酶和糜蛋白酶，能水解脂肪成单酰干油和单脂肪酸的胰脂肪酶，以及中和胃酸和胃蛋白酶的碱性碳酸氢盐。胆囊向十二指肠分泌胆汁进入小肠，使食物中的脂肪乳化后分解。小肠本身每天分泌 1L—3L 小肠液，稀释和中和胃酸，使其与血浆渗透压相等，便于血液吸收营养物质。经小肠消化和吸收营养后剩下的废物进入大肠(结肠)，经回收水分和电解质后再排出体外。消化道主要是小肠，每天吸收约 7L—8L 富含单糖、分解后的蛋白质和脂肪等的水溶液进入血液循环，转运至全身供细胞享用。通过这些水溶液，人体每天还吸收一些无机物，如食盐(NaCl)中的钠(Na,10g—15g/ 天)，铁(Fe, 1mg/ 天)，钙(Ca,200mg—2000mg/ 天)和其他微量元素。人的消化系统示意图见图 2.4–4(见下页)。

摄食标准

维持人体的生命活动需求最大的是能量。食品中 70%—80% 以上的物质被氧化而释放出能量。这些能量并不立即用掉，而是贮存在一种叫三磷酸腺苷(ATP, Adenosine Triphosphate, 见图 2.4–5)的有机分子中，分散至细胞各处，随时为各种化学反应提供能量。常用食品中每 100 克所含的能量和其他营养物质成分见表 2.4–1，其中(A)

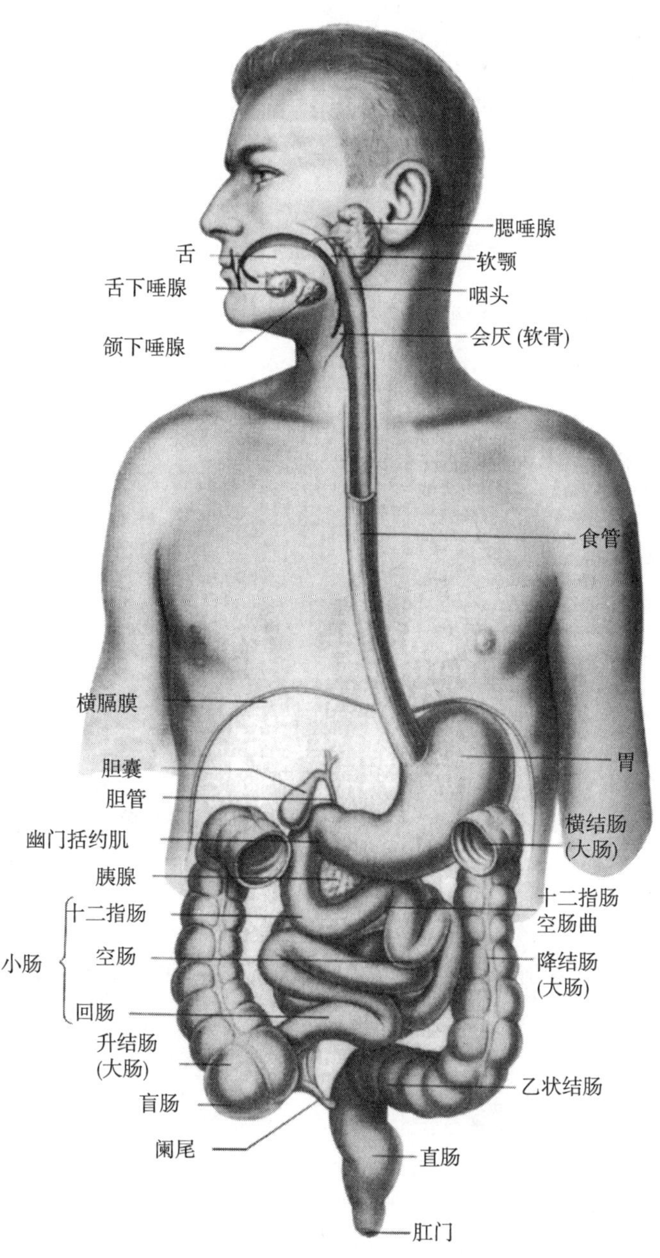

图 2.4–4 人体消化系统示意图 [53]

是欧洲测量的数据，(B)是中国测得的数据。

每人每天需要摄入的食品热量因地区、气候、居民饮食习惯不同而各异。世界卫生组织（WHO/FAO/UNU）[72]、美国（1989）、日本（1990）都拟定了各自的建议标准。表 2.4–6 是中国营养学会 2000 年提出的“中国居民膳食能量推荐摄入量”。从表中可看出，儿童长身体每天需要 1000 千卡—3000 千卡，成人 2500 千卡—3200 千卡 / 日，女性比男性需要热量少些，但孕妇和重体力劳动者每天大约需要 3000 千卡的热量供应。60 岁以上的老人生物代谢逐步变慢，通常参加重体力劳动较少，故每天需要热量在 2200 千卡以下 [73]。

如果一个人不做任何工作，只维持最基本的生命活动而活着，此时他所需要的能量开支称为基础代谢能量。基础代谢率是指人在室温下(20℃—25℃）空腹、静卧、清醒而安静状态下为保持心动、血液循环、呼吸、体温和其他生命活动不停顿，单位时间所需要的能量。睡眠时的代谢率比基础代谢率还要低些，做恶梦时代谢率可能很高 [19]。

基础代谢率的计算单位是每小时、每平方米体表面积产生（即消耗）的热量（$KJ/m^2 \cdot h$）。基础代谢率依赖于体重和身材的因素是显然的，人体的表面积大致能反映这两个因素。医学界的大量测试表明，采用下列拟合公式计算中国人的体表面积（A）精度很好，

表 2.4–1　几种常用食物中的能量和营养物质含量（每 100 克食物含量）

(A) 欧洲测量数据 [69]

每100g含量						单位：kcal–千卡，kJ–千焦，g–克	
名称	能量		水	碳水化物	蛋白	脂胞	乙醇
	kcal	kJ	(g)	(g)	(g)	(g)	(g)
全麦面包	318	1351	14	65.8	13.2	2.0	—
白面包	233	991	39	49.7	7.8	1.7	—
米饭	123	522	69.9	29.6	2.2	0.3	—
鲜奶	65	272	87.6	4.7	3.3	3.8	—

续表

每100g含量						单位：kcal–千卡，kJ–千焦，g–克	
名称	能量		水	碳水化物	蛋白	脂胞	乙醇
	kcal	kJ	（g）	（g）	（g）	（g）	（g）
黄油	740	3041	15.4	少量	0.4	82.0	—
奶酪	406	1682	37.0	少量	26.0	33.5	—
烤牛肉	218	912	59.3	0	27.3	12.1	—
金枪鱼	289	1202	54.6	0	22.8	22.0	—
煮土豆	80	343	80.5	19.7	1.4	0.1	—
煮豌豆	41	175	80.7	4.3	5.4	0.4	—
煮白菜	9	40	95.7	1.1	1.3	少量	—
桔子	35	150	8.1	8.5	0.8	少量	—
苹果	46	196	84.3	11.9	0.3	少量	—
白糖	394	1680	少量	100.0	少量	0	—
碑酒	32	132	96.1	2.3	0.3	少量	3.1
酒精饮料（70度）	222	919	59.9	少量	少量	0	31.7

（B）中国测量数据 [70，71]

每100克含量	能 量		碳水化物	蛋白	脂肪
名称	kcal	kJ	（g）	（g）	（g）
九二大米	353	1477	78	8.0	1.0
梗米	343	1439	79	7.5	0.5
糯米	345	1446	78	6.5	0.2
标准面粉	344	1439	75	9.9	1.8
小米	362	1515	77	9.7	1.7
高粱米	361	1511	77	8.2	2.2
玉米	335	1402	73	8.5	4.3
黄豆	411	1720	25	36.3	18.4
蚕豆	335	1402	49	28.2	0.8
红薯	127	531	29	2.3	0.2
土豆	78	326.5	18	1.9	0.7
西红柿	13	54.4	2	0.6	0.3
苹果	62	260	15	0.2	0.1
羊肉	—	—	1	9.3—18.7	17.5—86.7
猎肉	891	1730	0	0	99.0
植物油	900	3767	0	0	100
猪肉	395	1653	1	16.9	29.2
鸡肉	104	435	—	23.3	1.2
鱼肉	60—80	250—334	0.2	18.1	1.6
鸡蛋	166	691	0.5	14.8	11.6

表 2.4–2 中国居民膳食能量推荐摄入量 [71，74]

年龄（岁）	每天参考摄入量 男	女	男	女	年龄（岁）	每天参考摄入量 男	女	男	女
婴儿0~ 男	0.40MJ/（kg·d）		95（kcal/kg·d）		中体力活动	11.29	9.62	2700	2300
0.5~	0.40MJ/（kg·d）		95（kcal/kg·d）		重体力活动	13.38	11.60	3200	2700
儿童					孕妇				
1~	4.60	4.40	1100	1050	4~6个月		+0.84		+200
2~	5.02	4.81	1200	1150	7~9个月		+0.84		+200
3~	5.64	5.43	1350	1300	乳母		+2.09		+500
4~	6.06	5.83	1450	1400	50~				
5~	6.70	6.27	1600	1500	轻体力活动	9.62	8.00	2300	1900
6~	7.10	6.67	1700	1600	中体力活动	10.87	8.36	2600	2000
7~	7.53	7.10	1800	1700	重体力活动	13.00	9.20	3100	2200
8~	7.94	7.53	1900	1800	60~				
9~	8.36	7.94	2000	1900	轻体力活动	7.94	7.53	1900	1800
10~	8.80	8.36	2100	2000	中体力活动	9.20	8.36	2200	2000
11~	10.04	9.20	2400	2200	70~				
14~	12.00	9.62	2900	2400	轻体力活动	7.94	7.10	1900	1800
成年					中体力活动	8.80	8.00	2100	1900
18~					80~	7.74	7.10	1900	1700
轻体力活动	10.03	8.80	2400	2100					

$$A=0.0061H+0.0124W-0.0099(m^2), \quad (2.4\text{–}2)$$

式内 H 是身高，单位是厘米(cm)；W 是体重(kg)。中国人的基础代谢率（每小时、每平方米体表面积产生热量）平均值见表 2.4–3。

表 2.4–3 中国正常人基础代谢率平均值（KJ/m²・h）[19]

年龄	11—15	16—17	18—19	20—30	31—40	41—50	51以上
男	195.6	193.5	166.3	157.9	158.8	154.2	149.2
女	172.6	181.8	154.2	147.1	147.1	142.5	138.7

根据表（2.4–2）可以估算出不同年龄、体重和身材的人为维持基础代谢每天需要的“最低限度”的能量，见表 2.4–8。儿童和青少年正处发育时期，即使是在静息状态所需能量也较高，在 1000 千卡—3000 千卡 / 天之间。中壮年需要 1650 千卡 / 天，50 岁以上的老人为 1500 千卡 / 天。实验还表明，人在体力劳动和紧张脑力劳动时

所需能量是基础代谢的 2 倍以上。

表 2.4–4　人体 24 小时基础代谢参考值（kcal）[71]

年龄（岁）	体重（kg）								
	40	50	57	64	70	77	84	91	100
男性									
10~18	1351	1526	1648	1771	1876	1998	2121	2243	2401
18~30	1291	1444	1551	1658	1750	1857	1964	2071	2209
30~60	1343	1459	1540	1621	1691	1772	1853	1935	3039
＞60	1027	1162	1256	1351	1423	1526	1621	1716	1837
女性									
10~18	1234	1356	1441	1527	1600	1685	1771	1856	1966
18~30	1084	1231	1334	1437	1525	1682	1731	1833	1966
30~60	1177	1264	1325	1386	1438	1499	1560	1621	1699
＞60	1016	1121	1195	1268	1331	1404	1478	1552	1646

中国 1959 年—1962 年三年灾荒时期开始的城镇粮油凭票供应制度实施了 15 年。当时全国粮食定量供应标准是成年男性每月 30 斤粮，女性每月 25 斤，青少年 35 斤，体力劳动者 35 斤。东北三省每人每月只供应 3 两油。按表 2.4–1 中的当量计算，男人每天 1 斤粮相当 1700 千卡 / 天，女性 8.3 两相当 1460 千卡 / 天，青少年和体力劳动者每天 1.17 斤相当于 1945 千卡。这种供应标准只能大致满足基础代谢水平。故当时人们总是饥肠辘辘，饥不择食，粒两计较。谙练的领导号召大家多睡勿劳，以节省体能消耗，因为任何运动都消耗能量。富裕的国家和地区，人们吃得太多太好，很多人体重超标，甚至得肥胖症。保健医生号召人们参加体育运动，以消耗体内过多的能量。表 2.4–5 是美国人参加各种体育活动时每分钟消耗能量的实验数据。

表 2.4–5 美国不同体重的人作运动时每分钟消耗的能量（千卡 / 分钟）[37]

运动种类	体重（kg）			
	55	70	80	90
快跑	12	15	18	20
打篮球	10	13	15	17
慢跑	9	11	14	15
游泳	9	11	13	14
骑自行车	6	7	9	10
打排球	5	6	7	8
散步	3	4	5	6
阅读	1.3	1.7	1.9	2.0

供能机制

人 30 天—40 天不进食多数要饿死，古今人所共知。但人对食物的依赖机理到了 20 世纪才研究清楚。生命代谢过程的基础是化学反应，直接驱动这些化学反应的能量来自被称为三磷酸腺苷（ATP）的有机分子，这是德国生化学家迈尔霍夫（O. Meyerhof，1884—1951，获 1922 年诺贝尔生理或医学奖）于 20 世纪 30 年代发现的。生物的每一个细胞中都有成百上千个专事生产能源的细胞器——线粒体(Mitochandria)，不间断地生产和供应 ATP，使每一个细胞中经常有 10^9 个 ATP 分子，弥散于细胞内各处，随时为各种化学反应和物质运动提供能量。所以线粒体被称为细胞中的发电厂。每一个 ATP 像一个小电池，分散地保障细胞代谢所需要的化学能和电能。ATP 是一种核苷酸分子，其化学结构见图 2.4–5。生物摄取营养物质（糖、脂肪、蛋白等）后，把它们所含的化学能转移到 ATP 的两个高能共价键上（图中用 ~ 表示）。含有 5 个 C 的核糖是 ATP 的骨架，右端 C_1 上接一个腺嘌呤分子。腺嘌呤两个环上各有一个 N（氮）原子，后者

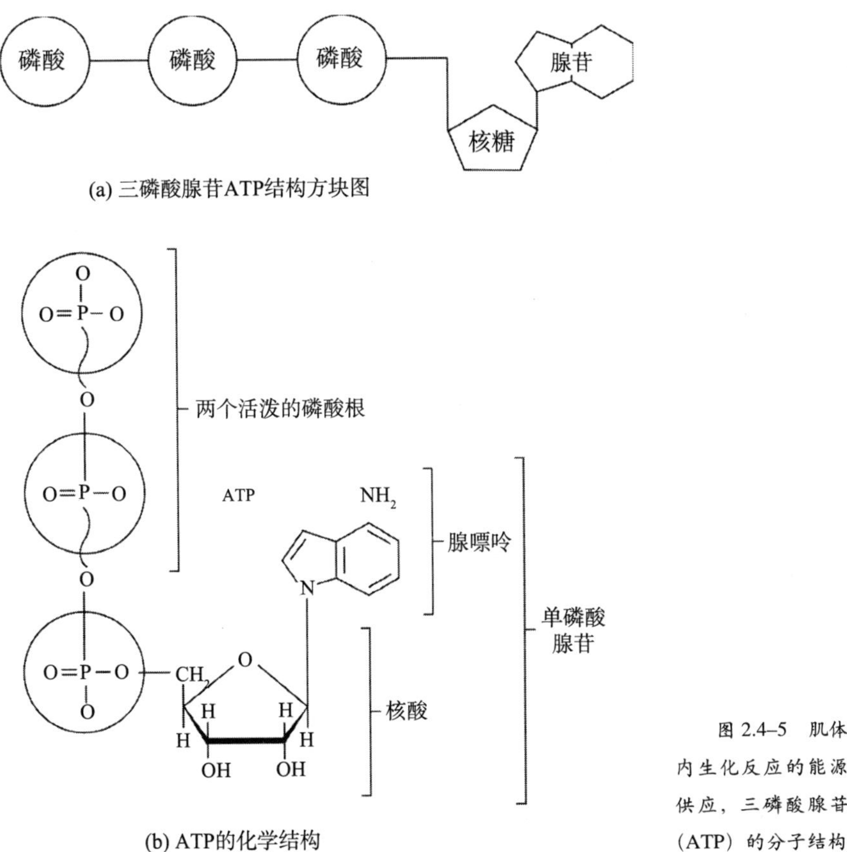

(a) 三磷酸腺苷ATP结构方块图

(b) ATP的化学结构

图 2.4–5 肌体内生化反应的能源供应，三磷酸腺苷（ATP）的分子结构

又各有 2 个未被占用的电子，能弱吸引 H^+ 离子，故腺嘌呤被称为 N—碱基（N-base）。ATP 的第三部分是成链的 3 个磷酸根，它们之间以高能共价键相连。水解时每个磷酸根放出大量自由能（7.0kcal/mol），是细胞中激发一般化学反应所需能量的 2 倍，故称为高转移势能。水解时 ATP 先放出一个磷酸根，ATP 变成二磷酸腺苷（ADP, Adenosine Diphosphate），仍保留一个高能键可供使用。ADP 汲取糖和脂肪中贮藏的能量再与胞浆中的磷酸根结合（需要 7.3kcal/mol 能量）恢复成 ATP。这样 ATP 像一个可充放电的小电池，不断放出和吸收能量。

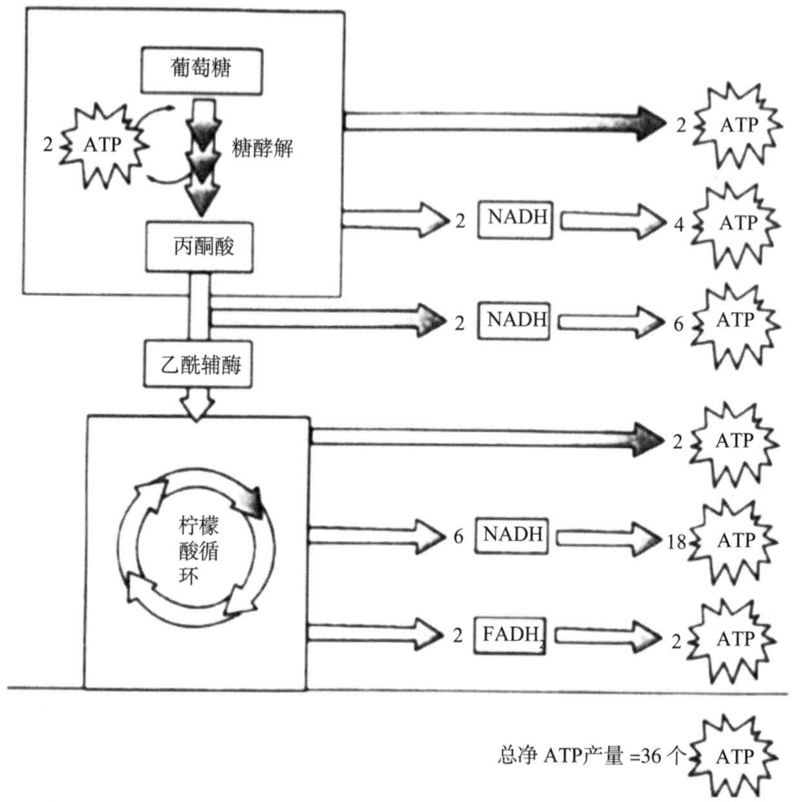

图 2.4–6　一个葡萄糖分子被酵解和氧化后提供的总能量。糖酵解和柠檬酸循环（呼吸氧化）净生产 36 个 ATP 分子。糖酵解仅产生 2 个 ATP，而呼吸氧化产生 34 个，后者的产能效率是前者的 17 倍。

食品中的碳水化合物是身体的结构材料和生产 ATP 的主要初级能源，它们是葡萄糖、果糖、核糖、脱氧核糖等（见图 2.4–1），以化学能的形式贮存在碳氢键（C–H，415kJ/mol）、碳—碳键（C–C，345.3kJ/mol）和氧氢键（O–H，462.3kJ/mol）中。单糖被血流送入全身的细胞中，分两步提取能量。第一步是糖酵解，在无需氧气的条件下生产少量的 ATP。第二步是在充分的氧气供应中生产更多的 ATP，称为“柠檬酸循环”。德国生物化学家恩布登（G. G. Embden，

1874—1933）和上面提到的迈尔霍夫于 20 世纪 30 年代研究清楚了细胞消化糖类的第一步化学过程，即糖酵解反应。为纪念两位科学家的贡献，后人称之为恩布登—迈尔霍夫反应。一个葡萄糖分子经糖酵解后（在酶和 ATP 的帮助下）能净产出 2 个新的 ATP。糖酵解反应把葡萄糖变成 2 个丙酮酸，后者再进入第二步有氧消化的柠檬酸循环。在充分氧气的供应下，每一个葡萄糖分子能再产出 34 个 ATP。柠檬酸循环的细节是英藉德裔生化学家克烈博于 20 世纪 50 年代发现的（H. A. Crebs，1900—1981，获 1953 年诺贝尔生理或医学奖）。为纪念他的贡献，柠檬酸循环被称为克烈博循环（见图 2.4–6）。

总之葡萄糖的两步被消化可用下列二式分别表示。糖酵解的结

$$\text{(葡萄糖)} \xrightarrow[2NAD \;\rightarrow\; 2NADH_2]{2ADP+2\text{磷酸} \;\rightarrow\; 2ATP} 2\,\begin{matrix} COOH \\ | \\ C=O \\ | \\ CH_3 \end{matrix}\ \text{(丙酮酸)} + \text{热能}, \quad (2.4\text{-}3)$$

果是：

式内 NAD 是被称为烟酰胺嘌呤二核苷酸的辅酶分子，也叫作辅酶 –1（Coenzyme, Co–1）。对比（2.4–3）式的两端，右边丢掉了 4 个 H 原子，为了使反应平衡，需要有 2 个辅酶分子 NAD 把 4 个 H 原子吸收，变成 2 个 $NADH_2$。在第二步消化的柠檬酸循环中 $NADH_2$ 再贡献出它所吸收的 2H，又回归到 NAD。所以在糖酵解过程中辅酶 NAD 的作用只是一种催化剂，它本身并不参加反应。

消化糖的第二步（柠檬酸循环）是一个更加复杂的化学反应过程，其详细叙述可参见文献 [75]。最后的结果可用下列简式表示，

由（2.4–3）和（2.4–4）式可看出，在糖的代谢中，第一步糖酵

$$2\ \begin{matrix}COOH\\ |\\ C=O\\ |\\ CH_3\end{matrix}\ (丙酮酸)\ 5O_2 \xrightarrow{34(ADT+磷酸)\ 34个ATP} 6CO_2+4H_2O\ 热能, \quad (2.4\text{–}4)$$

解只贡献 2 个 ATP，第二步氧化过程生产 34 个，后者贡献的有用能量（称为自由能）占 94%，是肌体代谢的主要能源。还可以算出每摄入 100 克糖类食品（如淀粉），需要 90 克氧气（即 63 升 O_2，或 315 升空气），摄入的食物才能被全部氧化。所以，充分的氧气供应是保障人体正常代谢不可缺少的必要条件 [76]。

脂肪是碳氢氧化合物，所含能量比糖类高两倍多（见表 2.4–1）。人体中的脂肪可贮存大量能量。食品中的脂肪有 80% 是含 16 个原子碳的棕榈酸（$CH_3(CH_2)_{14}COOH$）、含 18 个 C 的油酸（$CH_3(CH_2)_7CH=CH(CH_2)_7COOH$）和 18 个 C 的硬脂酸（饱和脂肪酸 $CH_3(CH_2)_{16}COOH$），它们在小肠中被分解为单酰甘油、游离脂肪酸等。它们都不溶于水，故必须与胆汁结合成水溶性膠粒才能进入血液。长链脂肪酸（含 12—26 个 C）和单酰甘油进入细胞重新合成三酰甘油（即甘油三脂，图 2.4–3）贮存于体内、皮下或肝脏中。在糖类供应不足或摄入很少脂肪时，脂肪就成为身体的主要能源。生化学家们花了 70 多年才弄清了脂肪在人体内的代谢过程。德国生化学家吕南（Feodor Lynen，1911—1979）因对脂肪酸和胆固醇的代谢研究获 1964 年医学或生理学奖。实验证明，脂肪的消化和代谢也是在细胞内的线粒体中进行的。例如，甘油是脂肪的重要成分，它在线粒体中首先被 ATP 磷酸化，然后在 NAD 辅酶的帮助下，变成磷酸二羟丙酮，如下式所示：

$$\begin{array}{c} CH_2OH \\ | \\ CHOH \\ | \\ CH_2OH \end{array} \xrightarrow{ATP} \begin{array}{c} CH_2OH \\ | \\ CHOH \\ | \\ CH_2O\text{—}P \end{array} \underset{}{\overset{NAD}{\rightleftharpoons}} \begin{array}{c} CH_2OH \\ | \\ C=O \\ | \\ CH_2O\text{—}P \end{array} \qquad (2.4\text{—}5)$$

（甘油）　　　　磷酸甘油）　　　　（磷酸二羟丙酮）

甘油变成酮类以后，即可进入氧化代谢的柠檬酸循环，按（2.4–4）式生产小电池 ATP，供细胞享用。

食物中的蛋白质(鱼、肉等）在小肠中被蛋白酶分解成单氨基酸，进入血液，被输送到全身作为器官和细胞的功能建筑材料。如果需要，也可以当成能源使用。氨基酸可表达为 $R\cdot \underset{\displaystyle NH_2}{\underset{|}{CH}}\cdot COOH$，R 是侧链上的基团（见图 2.4–2）。在脱氧酶的作用下可以转变为亚氨基酸并贡献出 2 个 H 原子给辅酶 $NADH_2$ ：

$$R\cdot \underset{\displaystyle NH_2}{\underset{|}{CH}}\cdot COOH \rightleftharpoons R\cdot \underset{\displaystyle NH}{\underset{|}{C}}\cdot COOH+2H, \qquad (2.4\text{–}6)$$

（氨基酸）　　　（亚氨基酸）

亚氨基酸经水解后就变成酮酸和氨，

$$R\cdot \underset{\displaystyle NH}{\underset{|}{C}}\cdot COOH + H_2O \rightleftharpoons R\cdot CO\cdot COOH + NH_3, \qquad (2.4\text{–}7)$$

（亚氨基酸）　　　　　　　（酮酸）　　（氨）

右边的产物酮酸和糖的代谢第二步一样进入柠檬酸氧化循环，依（2.4–4）式，把能量转交给 ATP 分子。酮酸氧化产物 CO_2 和 H_2O 被排出体外。从氨基酸中剥离的氨（NH_3）对机体细胞有很大毒性，迅速被肾脏滤出，进入尿中排出体外。

必需物质

人体中按重量碳水化合物占 10%—50%；脂肪占 5%—20%；蛋白质占 15%—20%；水占 60%—80%；固态物质占 20%—40%。按化学元素分类，人体中能找到 60 多种元素，其中 26 种是必需的，即不可缺的（见表 2.4–6)。其中氧、氢、碳、氮 4 种元素占体重的 96%以上，和磷、硫一起构成体内有机物主要元素。这些元素在体重中所占比例见表 2.4–6。

表 2.4–6　生物体必需的 26 种元素在体重中所占比例和在元素周期表中的分布

（元素符号左下角是原子序数）

元素	占体重的百分比（%）
氧（$_{8}O$）	65
碳（$_{6}C$）	18
氢（$_{1}H$）	10
氮（$_{7}N$）	3
钙（$_{20}Ca$）	2
磷（$_{15}P$）	1.1
钾（$_{19}K$）	0.35
硫（$_{16}S$）	0.25
钠（$_{11}Na$）	0.15
氯（$_{17}Cl$）	0.15
镁（$_{12}Mg$）	0.10
硅（$_{14}Si$）、铝（$_{13}Al$）、铁（$_{26}Fe$）、锰（$_{25}Mn$）、钴（$_{27}Co$）、铬（$_{24}Cr$）、铜（$_{29}Cu$）、硼（$_{5}B$）、锌（$_{30}Zn$）、硒（$_{34}Se$）、钼（$_{42}Mo$）、锡（$_{50}Sn$）、碘（$_{53}I$）、钒（$_{23}V$）、镍（$_{28}Ni$）	<0.1或痕量

由表中看出，对一个体重 70kg 的人，体内有 1.5kg 的钙，0.8kg

H																	He
Li	Be											B	C	N	O	F	Ne
Na	Mg											Al	Si	P	S	Cl	Ar
K	Ca	Sc	Ti	V	Cr	Mn	Fe	Co	Ni	Cu	Zn	Ga	Ge	As	Se	Br	Kr
Rb	Sr	Y	Zr	Nb	Mo	Tc	Ru	Rh	Pd	Ag	Cd	In	Sn	Sb	Te	I	Xe
Cs	Ba	La	Hf	Ta	W	Re	Os	Ir	Pt	Au	Hg	Tl	Pb	Bi	Po	At	Rn

图 2.4–7　生命的 26 种必需元素及其在元素周期表中的分布。其中 H、C、N、O、P、S 六种元素占人体重量的 96%

磷，0.25kg 钾，0.2kg 硫，0.1kg 钠，0.1kg 氯和 0.01kg 镁。虽然 15 种微量元素在体内含量总和只有 25 克 –30 克，但一个也不能缺少。如大家熟知，缺碘使儿童发育不良、智力迟钝、甲状腺功能萎缩或肿大，故中国法令禁止销售不含碘的食盐（1994 年国务院令 163 号）。缺硒的易患致命的充血性心肌病（克山病）和肌纤维变性病。铁原子是红血球内给细胞输送氧气的载体，缺铁就发生贫血。医生们认为没有铁我们就不能存活在这个世界上。微量的铬元素对心脏、肝脏、大脑、蛋白质的合成和葡萄糖代谢等都是十分重要的物质，有足够的铬原子供应才能保证肾上腺体必要时分泌肾上腺素，发动全身器官应对紧急事件，使血压和血糖增高，血管扩张，心跳加快，以备拼搏。钠和钾协同工作，调节血液和体液的渗透压，保持酸碱平衡，将营养物泵入细胞内部，把废物排出。钠离子对神经信号传导和肌肉收缩起关键作用。镁是催化代谢活动的激素和重要辅酶的组成部分。锌能促成生长激素和性激素的合成，推动胰岛素代谢血糖，参与蛋白质的合成等 [77]。

中国营养学会建议，成人每人每天摄入钙 1000mg, 铬 200μg（微克），碘 800mg（孕妇和哺乳期内 1200mg），硒 150μg，食盐（NaCl）

150mg—1000mg, 锌 20μg—25μg，等等。只要注意饮食多样化，水果、蔬菜、奶制品、豆制品和海鲜中都含有这些元素，大多数人无需单独补充营养（见表 2.4–7）。

表 2.4–7　中国营养学会推荐的每日膳食中营养素摄取量（1988 年修订）

类别	体重（kg）		能量（kcal或MJ）		蛋白质（g）		脂肪（脂肪能量占总能量的%）	钙（mg）	铁（mg）	锌（mg）	硒（mg）	碘（mg）	视黄醇当量（μg）	维生素D（μg）	维生素E（mg）	硫胺素（mg）	核黄素（mg）	烟酸（mg）	抗坏血酸（mg）
婴儿	男	女					不分性别	不分性别	不分性别	不分性别	不分性别	不分性别	不分性别	不分性别	不分性别	不分性别	不分性别	不分性别	不分性别
初生—6个月	6.7	6.2	120/kg体重				45	400	10	3	15	40	200	10	3	0.4	0.4	4	30
7—12个月	9.0	8.4	100/kg体重				30—40	600	10	5	15	50	200	10	4	0.4	0.4	4	30
儿童			男	女	男	女													
1岁—	9.9	9.2	1100 (4.6)	1050 (4.4)	35	35		600	10	10	20	70	300	10	4	0.6	0.6	6	30
2岁—	12.2	11.7	1200 (5.0)	1150 (4.8)	40			600	10	10	20	70	400	10	4	0.7	0.7	7	35
3岁—	14.0	13.4	1350 (5.7)	1300 (5.4)	45	45	25—30	800	10	10	20	70	500	10	4	0.8	0.8	8	40
4岁—	15.6	15.2	1450 (6.1)	1400 (5.9)	45	45		800	10	10	40	70	500	10	6	0.8	0.8	8	40
5岁—	17.4	16.8	1600 (6.7)	1500 (6.3)	50	50		800	10	10	40	70	750	10	6	0.9	0.9	9	45
6岁—	19.8	19.1	1700 (7.1)	1600 (6.7)	55	55		800	10	10	40	70	750	10	6	1.0	1.0	10	45
7岁—	22.0	21.1	1800 (7.5)	1700 (7.1)	60	60		800	10	10	50	120	750	10	7	1.0	1.0	10	45
8岁—	23.8	23.2	1900 (8.0)	1800 (7.5)	65	60		800	10	10	50	120	750	10	7	1.1	1.1	11	45
9岁—	26.4	25.8	2000 (8.4)	1900 (8.0)	65	65		800	10	10	50	120	750	10	7	1.1	1.1	11	45

续表

类别	体重（kg）		能量（kcal或MJ）		蛋白质（g）		脂肪（脂肪能量占总能量的%）	钙（mg）	铁（mg）		锌（mg）	硒（mg）	碘（mg）	视黄醇当量（μg）	维生素D（μg）	维生素E（mg）	硫胺素（mg）		核黄素（mg）		烟酸（mg）		抗坏血酸（mg）
婴儿	男	女					不分性别	不分性别	不分性别		不分性别	不分性别	不分性别	不分性别	不分性别	不分性别	不分性别		不分性别		不分性别		不分性别
10岁—	28.8	28.8	2100 (8.8)	2000 (8.4)	70	65		1000	12		15	50	120	750	10	7	1.2		1.2		12		50
11岁—	32.1	32.7	2200 (9.2)	2100 (8.8)	70	70		1000	12		15	50	120	750	10	8	1.3		1.3		13		50
12岁—	35.5	37.2	2300 (9.6)	2200 (9.2)	75	75		1000	12		15	50	120	750	10	8	1.3		1.3		13		50
少年									男	女							男	女	男	女	男	女	
13岁—	42.0	42.4	2400 (10.0)	2300 (9.6)	80	80		1200	15	20	15	50	150	800	10	10	1.6	1.5	1.6	1.5	16	15	60
16岁—	54.2	48.3	2800 (11.7)	2400 (10.0)	90	80	25—30	1000	15	20	15	50	150	800	5	10	1.8	1.6	1.8	1.6	18	16	60
成年	男	女	男	女	男	女		不分性别	男	女	不分性别	不分性别	不分性别	不分性别	不分性别	不分性别	男	女	男	女	男	女	不分性别
18岁—63（参考值）53（参考值）																							
极轻劳动			2400 (10.0)	2100 (8.8)	70	65		800	12	18	15	50	150	800	5	10	1.2	1.1	1.2	1.1	12	11	60
轻			2600 (10.9)	2300 (9.6)	80	70	20—25	800	12	18	15	50	150	800	5	10	1.3	1.2	1.3	1.2	13	12	60
中			3000 (12.6)	2700 (11.3)	90	80		800	12	18	15	50	150	800	5	10	1.5	1.4	1.5	1.4	15	14	60
重			3400 (14.2)	3000 (12.6)	100	90		800	12	18	15	50	150	800	5	10	1.7	1.6	1.7	1.6	17	16	60
极重			4000 (16.7)	—	100	—		800	12	—	15	50	150	800	5	10	2.0	—	2.0	—	20	—	60
孕妇（4—6个月）				+200 (+0.8)		+15		1000		28	20	50	175	1000	10	12	1.8		1.8		18		80
孕妇（7—9个月）				+200 (+0.8)		+25		1500		28	20	50	175	1000	10	12	1.8		1.8		18		80
成年	男	女	男	女	男	女		不分性别	男	女	不分性别	不分性别	不分性别	不分性别	不分性别	不分性别	男	女	男	女	男	女	不分性别

续表

类别	体重(kg)		能量(kcal或MJ)		蛋白质(g)		脂肪(脂肪能量占总能量的%)	钙(mg)	铁(mg)		锌(mg)	硒(mg)	碘(mg)	视黄醇当量(μg)	维生素D(μg)	维生素E(mg)	硫胺素(mg)		核黄素(mg)		烟酸(mg)		抗坏血酸(mg)
成年	男	女	男	女	男	女		不分性别	男	女	不分性别	不分性别	不分性别	不分性别	不分性别	不分性别	男	女	男	女	男	女	不分性别
老年前期45—																							
极轻劳动			2200 (9.2)	1900 (8.0)	70	65		800	12		15	50	150	800	5	12	1.2		1.2		12		60
轻			2400 (10.0)	2100 (8.8)	75	70	20—25	800	12		15	50	150	800	5	12	1.2		1.2		12		60
中			2700 (11.3)	2400 (10.0)	80	75		800	12		15	50	150	800	5	12	13		1.3		13		60
重			3000 (12.6)	—	90	—		800	12		15	50	150	800	5	12	1.5		1.5		15		60
老年60岁—																							
极轻劳动			2000 (8.4)	1700 (7.1)	70	60		800	12		15	50	150	800	10	12	1.2		1.2		12		60
轻			2200 (9.2)	1900 (8.0)	75	65		800	21		15	50	150	800	10	12	1.2		1.2		12		60
中			2500 (10.5)	2100 (8.8)	80	70		800	12		15	50	150	800	10	12	1.3		1.3		13		60
70岁—																							
极轻劳动			1800 (7.5)	1600 (6.7)	65	55		800	12		15	50	150	800	10	12	1.0		1.0		10		60
轻			2000 (8.4)	1800 (7.5)	70	60		800	22		15	50	150	800	10	12	1.2		1.2		12		60
80岁以上			1600 (6.7)	1400 (5.9)	60	55		800	11		15	50	150	800	10	12	1.0		1.0		10		60

注：1、推荐的每日膳食中营养素供给量是依据我国目前的膳食模式拟定的，即膳食中动物性食品供给的能量均为总摄入能量的 10% 左右。动物性食品和大豆供给的蛋白质均为总摄入蛋白质的 20% 左右。

2、1 岁—18 岁儿童，青少年体重，引自《中国九市儿童青少年体格发育调查研究资料汇编》(1985)，九市儿童体格发育调查研究协作组，首都儿科研究所。

3、能量单位为 kcal，括号内数字的单位为 MJ。1000kcal=4.184MJ。

维生素

20 世纪上半叶生物化学家们发现一类对人体极为重要和必需的营养物质——维生素，或称为维他命（Vitamin）。波兰生物化学家芬克（Casimir Funk）和英国生化学家霍普金斯（Hopkins, Sir Frederice Gowland, 1861—1947，获 1929 年诺贝尔生理或医学奖）于 1912 年发现了数种这类有机化合物，并提出该命名。维生素的共同特点是，在体内含量极微，但绝不能缺少，对机体代谢和生长发育过程起重要作用。它们不能在体内合成，存在于天然食物中，故必须从食物中获取。维生素并不为机体提供能量，而是负责特殊的代谢功能。众多科学家们先后发现了 Vit. B_1（1913 年发现）、A（1913）、D（1926）、C（1926）、B_2（1933）、E（1936）、B_6（1938）、K（1948）、烟酸（Vit. pp）、泛酸（Vit B_3）、叶酸、VitB_{12}、生物素（Vit. H）、胆碱共 14 种人体不能合成又不能缺少的微量有机化合物。实验证明，无论是何种维生素，如果食物中供给不足，或人体吸收能力降低，或机体的需求增高，都可能导致维生素缺乏症。不溶于水的脂溶性维生素（A、D、E、K）易在体内积累，摄入过多时会出现中毒症状。其他能溶于水的维生素，摄入量过多时随即从尿中排出，故毒性小。

维生素 A (Vit. A) 俗称“抗干眼病维生素”，分为 A_1 和 A_2 两种，都不溶于水。食物中来自胡萝卜素等，转化成维生素 A（化学名为视黄醇），在体内氧化后变成视黄醛，后者是眼底视网膜上的感光物质“视紫红质”的主要组分，分子式 $C_{20}H_{30}O$，分子量 286.46，结构式见图 2.4–8 (a)。缺乏维生素 A 的儿童常患干眼症、夜盲症，皮肤表皮、呼吸道上皮和消化道上皮角质化等症状。不发达国家每年有 50 万儿童因缺 Vit. A 而失明。牛奶、鸡蛋、胡萝卜、西红柿、荠菜、菠菜、辣椒和很多深绿色蔬菜中都含有 Vit. A，1940 年以后已能人工合成。儿童和成人每天都需要补充 Vit. A 700μg—800μg（1μg Vit. A = 6μg β 胡萝卜素 = 3.33IU（国际活性单位））。

维生素 D（Vit. D）俗称“抗佝偻病维生素”，是类固醇化合物，主要有 D_2、D_8 两种。D_2 的分子式为 $C_{28}H_{44}O$，分子量 396.66，化学结构见图 2.4–8（b）。不溶于水，溶于乙醇、丙酮、乙醚。在机体内的作用是促进肠内钙、磷的吸收，保障骨骼、牙齿的正常生长。缺 Vit. D 时，儿童常得佝偻病，成人易患骨软化症。最近有研究表明，Vit. D 对防止 II 型糖尿病有明显的作用。每人每日应摄入 10μg Vit. D（1μg=40IU）。动物肝脏中富含 Vit.D，如鱼肝油、牛羊猪肝、鹅肝和牛奶、鸡蛋等。多晒太阳（紫外线）人体皮肤细胞能生产 Vit.D，故阳光缺乏的北欧人嗜好晒太阳，喜欢到南方度假。

维生素 K（Vit.K），俗称为“凝血维生素”，属甲基萘醌类化合物，天然的有 K_1、K_2 两种，都是脂溶性。Vit.K_1 的化学名称是 2– 甲基 –1，4– 萘醌，分子式 $C_{46}H_{31}O_3$，分子量 450.7，结构见图 2.4–8（c）。在体内的作用是在肝脏中调节凝血蛋白质的合成。有 4 种依赖于 Vit.K 的凝血因子（2，7，9，10）对防止出血，使血栓变成复杂的蛋白质有关键作用。在组织钙化、脑硫脂代谢过程中 Vit.K 都有明显作用。美国 1989 年推荐标准建议女性成人每日摄入量 65μg—80μg。中国营养学会推荐成人每天摄入 120 μ g，不分性别。Vit.K 广泛分布于动植物中，如奶、蛋、肉、油脂、谷类中都有，正常情况下人体不会缺少 Vit.K。现代工业已能人工合成 Vit.K（亚硫酸氢钠甲萘醌），可溶于水，如需要补充，使用方便。

维生素 B_1（Vit.B_1）也称“硫胺素”，易溶于水，稍溶于乙醇，其化学式见图 2.4–8（d）。它是抗脚气病和抗神经炎因子。Vit B_1 的磷酸酯是某些脱羧酶的辅基，对维持体内正常的糖代谢有重要作用。

缺 B_1 时出现食欲不振、消化不良等症状，严重缺乏 B_1 的导致多发性神经炎和脚气病。维生素 B_1 是 1911 年被波兰化学家芬克最早在英国发现和从米糠中提取出来的，用以治疗脚气病。15 年后荷兰化学家 Jensen 和 Donath 在 1926 年得到了纯 Vit. B_1 的结晶。再过 10 年，美国化学家 Williams 在 1936 年确定了它的化学结构并实现了人工合成。Vit.B_1 常以其盐酸盐的形式出现（图 2.4–15（d）），分子式是 $C_{12}H_{18}C_{12}N_4OS$，分子量 337.27，化学结构见图 2.4–15（d）。2000 年时，中国营养协会推荐（2000 年）婴儿摄入量宜为 0.2mg/d—0.4mg/d。葵花子、花生、大豆、小米和瘦肉中含量丰富。如食物中 B_1 供应不足，需要定期补充。

维生素 B_2（Vit.B_2）俗称“核黄素”，分子式 $C_{17}H_{20}N_4O_6$，分子量 376.37，稍溶于水、乙醇和稀碱，分子结构见图 2.4–8（e）。B_2 的磷酸衍生物是某些氧化还原酶的辅基，在糖、脂肪、蛋白质的消化利用中起重要作用。缺乏 B_2 时常发生口角炎、舌炎、皮炎和溃疡等症状。在动植物性食品中分布广泛，大豆、酵母、蛋、肝、乳、肉中含量较多。推荐摄入量为 1mg/d—1.5mg/d（见表 2.4–7）。

维生素 B_6（Vit.B_6）俗称“抗皮炎维生素”，是吡哆醛、吡哆醇、吡哆胺以及它们的磷酸脂的总称。化学结构见图 2.4–8（f）。1936 年被发现，1939 年实现人工合成，易溶于水，在动植中常以其磷酸化形式存在，参与所有氨基酸的代谢，特别是对神经信号传输（递质）、神经鞘磷脂、血红素和核酸的代谢影响显著。补充充分的 B_6，有利于老年人淋巴细胞的增殖，增强免疫功能；此外还能增强神经递质传输信号的活力。中国营养学会推荐每人每天摄入 0.5mg/d—1.5mg/d。麦芽、豆芽、米糠、蛋黄、肝脏、鱼肉中含量较多。

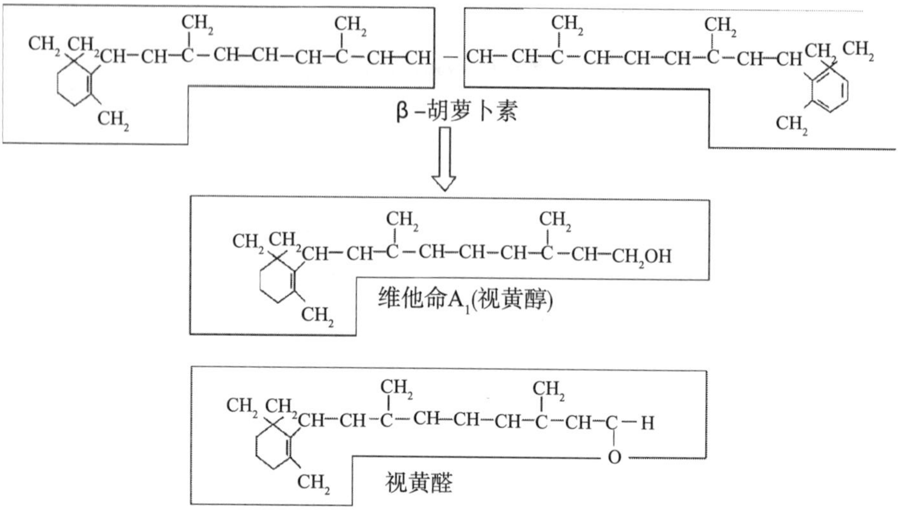

β-胡萝卜素

维他命A_1(视黄醇)

视黄醛

(a) 维生素A_1的来源和用途

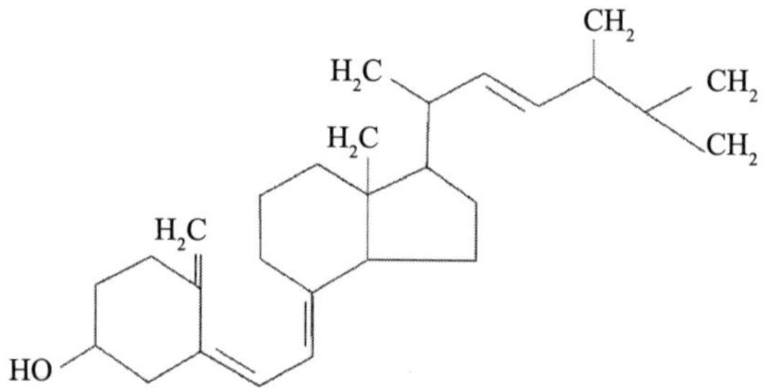

(b) 维生素D_2

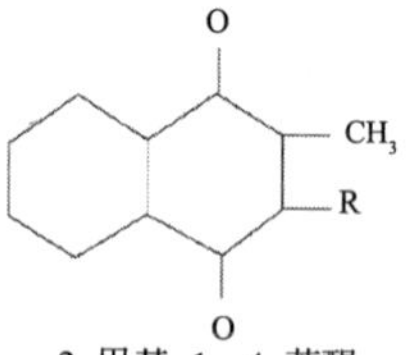

2-甲基-1，4-萘醌

K_1:R-植基，即叶绿基因，R的分子式是

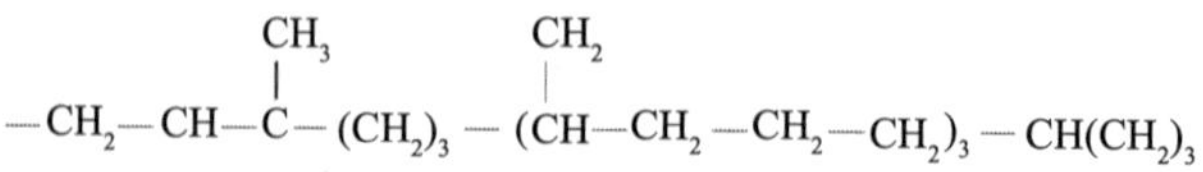

$$-CH_2-CH-\overset{\displaystyle CH_3}{\overset{|}{C}}-(CH_2)_3-(\overset{\displaystyle CH_2}{\overset{|}{CH}}-CH_2-CH_2-CH_2)_3-CH(CH_2)_3$$

(c) 维生素K_1

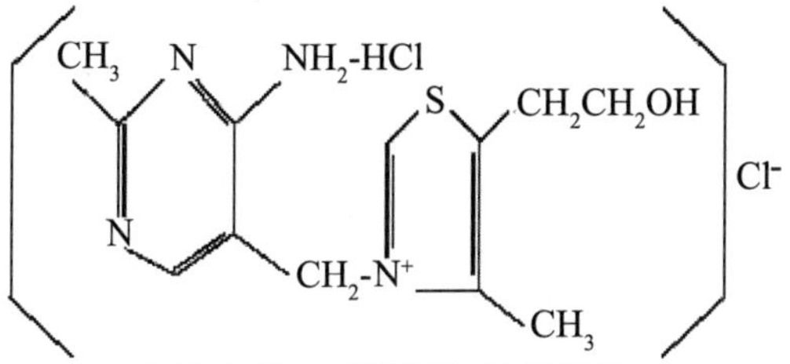

(d) 维生素B_1 (硫胺素) 的盐酸盐

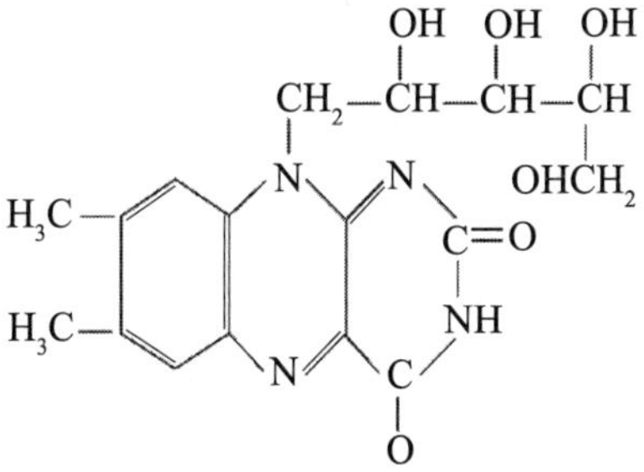

(e) 维生素B_2 (核黄素)

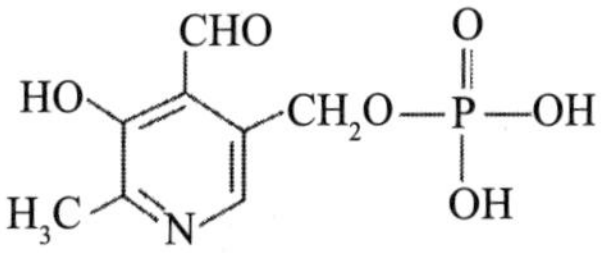

磷酸吡哆醛

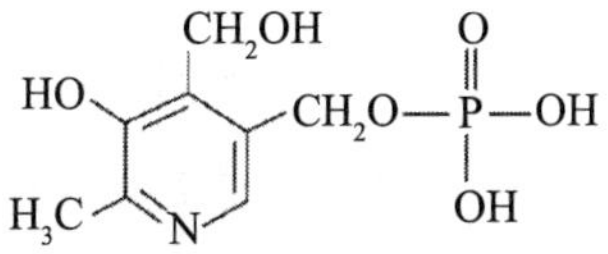

磷酸吡哆醇

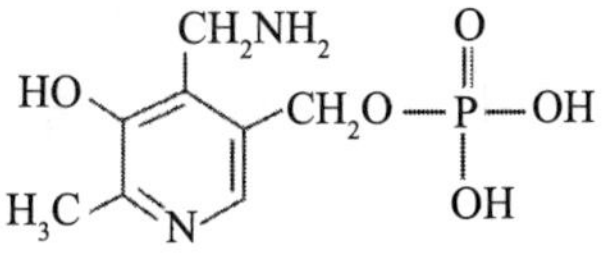

磷酸吡哆胺

(f) 维生素B_6

```
           O—C——┐
             |  |
          HO—C  |
             |  O
          HO—C  |
             |  |
(g) 维生素C  H—C——┘
             |
          HO—C—H
             |
             CH2OH
```

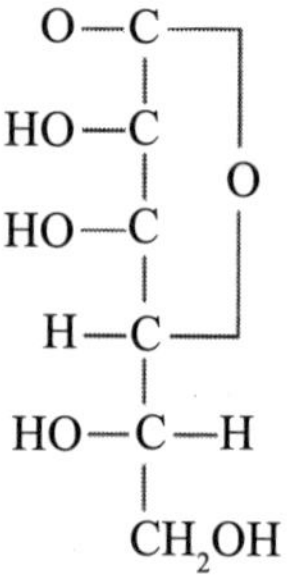

图 2.4–8 维生素 A、D、K、B_1、B_2、B_6 和 C 的分子结构

维生素 C（Vit.C）亦称“抗坏血酸”。坏血症是指全身任何部位都可能不同程度出血，先始于毛囊、牙龈，后扩大到皮下、肌肉、关节、腱鞘、鼻、血尿、便血，严重的心脏、胸腔、腹膜及颅内出血，晚期导致死亡。儿童常见下肢肿胀、两腿外展、小腿内弯，多系骨膜下出血所致。坏血病还能导致牙周炎和骨质疏松等。15 世纪—16 世纪坏血症曾波及整个欧洲，特别是各国船员们长期在海上航行得此病者甚多，大批死亡。1740 年英国海军 6 艘船 1955 名船员作环球航行,4 年后死亡 1051 人，一半以上死于坏血病。经过大量研究工作后，终于弄明白，坏血病的原因是缺少后来被称为维生素 C（Vit.C）的有机物质。1932 年有人从柠檬汁中分离出晶状体，经实验证明具有抗坏血病活性，1933 年阐明了维生素 C 的化学结构，并实现了人工合成。从此坏血病得到了根本防治。它是有 6 个 C 的多羟基化合物，分子式 $C_6H_8O_6$，分子量 176.13，易溶于水，化学结构见图 2.4–8 (g)。第 1、4 位上的 C 互联成内脂环，第 2、3 位子上的羟基（OH）在水中极易离解，放出 H^+ 离子，故 Vit.C 有弱酸性。除有效防止坏血病外，维生素 C 在体内的功能是多方面的。由于它是一种较强的还原剂，参与各种羟化反应、胶原和神经递质的合成、解毒等。有科学家认为大量服用维生素 C 可清除体内的自由基、氧负离子（O_2-）和羟

离子（OH），减缓代谢速度，抗细胞老化等。维生素 C 广泛存在于柑橘、酸枣、沙棘、山楂、猕猴桃、西红柿、辣椒等各种果蔬中。世界各国推荐每人每日摄入 100mg/d—130mg/d，儿童 40mg/d—80mg/d。

在维生素家族中还有 Vit.E（又名生育酚），可促生育，抗氧化，防止动脉硬化，维持免疫功能，保护神经系统等。维生素 PP，又名烟酸，可抗癞皮病。维生素 B_3，又名泛酸，能促进肌体代谢，抗鳞皮病等。维生素 B_9, 又名叶酸，防心血管病、保胎等。维生素 B_{12} 又称氰钴胺素，可防止恶性贫血。维生素 H，又名生物素，可防皮肤病。胆碱能促进脑发育，提高记忆力，促进脂肪代谢，降低血中胆固醇，等等。

20 世纪下半叶以来，不吃动物食品的素食主义者大增。发达国家中肥胖症流行。只吃植物食品可以减少蛋白、脂肪摄入量，是减肥和保持优美体型的良方。如果蛋奶也不吃（严格素食主义），可能引起一些问题，缺铁、缺钙、缺锌和其他微量元素，植物中没有的 $VitB_{12}$ 等也会摄入不足。故营养学家更喜欢不拒绝蛋奶的素食，支持“蛋奶素食主义”，呼吁严格素食者按需补养。

食品保障

现在的世界两极分化仍甚。富国流行肥胖症，人们摄入食物超过体能消耗，营养过剩，体内脂肪积累过多而危害健康。发展中国家和贫穷国家很多人挨饿，营养不良。据联合国粮农组织统计，20 世纪末，全球人口 60 亿，有 8.4 亿人在挨饿，占 14%[78]。预计到 2050 年世界人口将超过 90 亿，比 2000 年增加 30 亿，比 2005 年增加 26 亿，新增人口主要在发展中国家 [79]。如果食品供应不能改善，彼时将有 13 亿人没饭吃。若以 2000 年为基准，当年全世界粮食产量 35 亿吨，人均粮食供应580kg。2050年世界需要生产粮食60亿吨，比2000年增加70%，才能保障2000年人均的供应水平[83]。这是21世纪农业面临的重大挑战。生存和发展是最基本的人权。联合国粮农组织（FAO）安全委员会在1983年提出，“食品安全的最终目标是，确保所有人在任何时候既能买得到又能买得起他们所需要的基本食品”[80]。

中国近来的情况令人欣慰。20世纪80年代以来的计划生育政策大大减缓了人口增长速度。尽管人口从1953年的6.02亿增长到2012年的13.54亿,60年增长了2倍多，但粮食年生产从1.13亿吨（1949）增加到5.8亿吨（2010），增长了5倍，人均供应从188.3kg/年提高到并长时间保持了430kg/年这个紧凑水平。虽然比世界平均水平的570公斤约低150公斤，依中国的饮食结构，能量和蛋白质供应已俭朴有余了。从生产能力来说，全国节俭型温饱问题已经解决。按联合国的标准，依每人每天消费1美元的标准划分，贫困人口从20世纪80年代初的3.5亿减少到2012年约1亿人（国家统计局公布数字为9899万人）。无论如何，20世纪下半叶，中国以世界9%的耕地解决了世界22%人口的温饱，是一件值得欣慰的成就[81]。

面向21世纪，正处于经济、文化和各项事业高速发展中的中国，要保持食品供应的安全还有不少需要克服的困难。中国人口总和生育率(TFR，平均每位妇女生育孩子数）已降到1.8以下，低于生死“平衡”的人口替换水平（TFR ≈ 2.1）。但是，由于人口增长的惯性，中国总人口仍然要继续增长约20年，在2035年左右达到15亿—16亿以后才会停止增长。今后30年内粮食产量应增加到6.3亿—6.5亿吨，才能保证人口高峰时俭约的食品安全。就是说，今后30年每年应平均增产1%以上。在耕地减少（从1978—1995年每年净减28万公顷）、水资源短缺（预计到2020年农业缺水1000亿立方米）、生态环境恶化的形势下，要达到这个节俭的目标，任务相当艰巨（见表2.4–8）。

表 2.4–8（a）1980 年后中国食品（谷物和根茎作物）生产和供应能力变化 [82]

年代	1950	1980	1990	2000	2005	2010	2030	2050
人口（亿）	6.02（1953）	9.87	11.43	12.65	13.07	（13.41）	（14.34）	（15）
耕地（亿公顷）		0.99	1.3（1996年普查）	1.23	1.30			
播种面积（亿公顷）		1.46	1.48	1.56	1.555	1.58		
化肥生产（百万吨）		12.7	25.9	41.46	47.66	67.4		
粮食总产（亿吨）	1.13（1949）	3.2	4.46	4.62	4.84	5.46	（6.3）	（6.5）
粮食单产（公斤/公顷）			4206	4753	5225	5238	（6058）	
人均粮食（公斤/人年）		329	390.2	366.5	371	407.0	（472）	（433）
人均肉食（公斤/人年）		12.3	21.9	38.3	47.2	59.1		
人均水产（公斤/人年）		4.6	10.7	33.1	39.9	41.6		
人均禽蛋（公斤/人年）		5.4	6.95	18.47	22.4	20.6		
人均水果（公斤/人年）		6.9	16.4	52.6	123.3	159		

（b）全世界数据 [83]

	1950	1984	1990	2000	2005	2010
人口（亿）	25.1	47.7	52.63	60.71	65.01	（69.7）
耕地面积（亿公顷）		13.46	13.96	13.98		
粮食总产量（亿吨）①	6.3	18.0	31.5	35.2	38.0（2004）	
人均粮食（公斤/人年）	250	377	598	579	585	

注①粮食总产量是指谷类、豆类、薯类产量的总和。

食品安全

孙中山先生对清末民初的中国有过深刻观察。1924 年 8 月 17 日在《民生主义》演讲中说：中国现在是民穷财尽，全国粮食不够，每年饿死 1000 万人。十年前人口 4 亿，现在只有 3.1 亿，十年饿死 9000 万。中国缺粮原因一是农业落后，二是列强掠夺。吃饭是民生第一问题，国以民为本，民以食为天 [89]。

其实全世界很多人是在腥风血雨和饥寒交迫中度过了 20 世纪，饥荒总是悬在人们头上的利剑，夺去了数亿人的性命。都希望 21 世纪命运会根本好转，为实现福康美梦而奋起。可以预料，今后 100 年世界人口可能比 20 世纪末（60 亿）增加一倍，达到 120 亿以上。世上仍有风波恶，必有人间生存难。饥饿对人体健康和生存能力的影响仍然是生物学、医学和人类学研究的重要课题之一 [15, 84]。

因食物短缺而数日不进食的人就进入饥饿状态。长期摄食不够，能量和蛋白质供应不足就引起致命的营养不良，导致水肿、干瘦和死亡。实验表明 40 天不进食多数人要饿死。20 世纪末全世界有 5.5 亿儿童营养不良，其中 1.5 亿体重低下，1.8 亿身材矮小。每年因营养不良而死亡的儿童达 6000 万。20 世纪 90 年代中国学龄前儿童营养不良的占 3.6%，男女青少年占 18.5% 和 9.5%，成人占 9.5%[15]。饥饿和营养不良使体重减轻，体内各种器官功能降低。发育不良的儿童，激素分泌失调，免疫力下降，一半活不到 5 岁。成人饥饿时体内水分增多、脂肪减少，蛋白质丢失、贫血、体力衰弱。儿童的身体成分变化见表 2.4–9。

表 2.4–9　正常和严重营养不良儿童的身体组分变化

	正常		营养不良	
	kg	%	kg	%
体重	10	100	5.0	100
水	6.2	62	4.0	80
蛋白质	1.7	17	0.6	12
脂肪	1.5	15	0.1	2
矿物质	0.6	6	0.3	6

关于营养不良对人体健康的损害细节，直到 20 世纪科学界才研究清楚。实验和观察发现，长时期饥饿或能量—蛋白质摄入低于基础代谢水平时，肌体要动用体内储备来保持生存的最低需要。正常人体内存储的碳水化合物是首要储备，只够一天的消耗。第二是动用脂肪。如果脂肪也没有了，最后只好挖肉补缺，消耗蛋白质去支持心脏和大脑这些最重要器官的生存和代谢。

动物只要感到饥饿，就开始调用脂肪。脂肪是浓缩的能源，最重要的成分是甘油三酯（图 2.4–3），在肝脏内氧化分解成丙酮类（见 2.4–5 式）进入柠檬酸循环（2.4–4），榨取能量，制造小电池 ATP（图 2.4–5），分散供给细胞享用。如果脂肪也用完了，为了活命只得挖肉纾难，损肢缩官，挖用蛋白质。蛋白质是肌体细胞的结构和功能材料，肌肉和整个免疫系统，如白细胞、淋巴细胞、抗体、溶菌体等，主要是由蛋白质构成的。挖用蛋白质全面损害肌体的健康，各器官的重量和功能都被减弱，故饥民最易感染各种疾病，饥荒中的社会多发生流行性传染病如肝炎等。挖用蛋白质是保命的应急措施，是最后一招。此时蛋白质于肝脏内在肾上腺皮质类脂醇的帮助下被分解（见式 2.4–6、2.4–7）和消化，转变成酮酸进入柠檬酸循环生产 ATP。有害的副产物氨（NH_3）被合成为尿素（NH_2–C–NH_2）由尿道排出体外。挖用蛋白质后，受损最快最大的是肌肉、肝脏、脾脏和生殖腺等。肌肉萎缩、肝功衰退，导致妇女不孕是饥荒时期的普遍现象，从而人口死亡率大幅度增长。中国 1959 年—1961 年三年饥荒时期大流行的乙型肝炎的影响至今仍存，40 年后的 21 世纪初，仍有 1.2 亿人（占人口的 10%）是乙肝病毒的携带者 [85]。动物试验表明，低等动物如真涡虫（Planaria）的成虫因长期饥饿而萎缩得很小，有如幼虫胚胎状态。高等动物饿死前所有器官都萎缩，但仍能保持心脏和大脑基本不变。人绝食后有记录的最高存活时间为 60 天—65 天 [84]。

中国人是饿怕了，会永远记住先人们经历过的赤地千里、饿殍遍野的可怕灾难。新中国成立以来，各级政府一直把人民“吃饭问题”视为头等大事。提高农业生产水平，确保 18 亿亩(1.2 亿公顷）耕地，建立“库存半年粮”的粮食储备制度等，保障食品安全始终被列为最优先的任务。21 世纪仍需巩固农业的基础地位，加大支农惠农力度，加强农业基础设施建设，保证主要农产品的生产稳定发展，发展现代农业，促进农民增收，推动社会主义新农村建设 [86]。像中国这么庞大的人口，依赖国际市场供应食品是不可行的。21 世纪初世界市场商品粮总额每年只有 2 亿—3 亿吨左右，中国的粮食需求将极大影响国际市场的价格和对贫困国家的粮食供应。中国必须立足于自己生产。确保 2030 年—2050 年间 15 亿—16 亿人口的食品供应安全是中华民族从未有过的艰巨任务，是 21 世纪各级政府和农业科技界面对的最严峻的挑战。

当代社会的食品卫生对食品安全的意义越来越大。与过去自给小农经济不同的是，大规模农业和工业化生产的食品卫生状况对社会影响范围剧增。制定和强制实施食品卫生标准以提高食品质量是 20 世纪下半叶以来各国政府的共同政策走向。20 世纪 80 年代以来，全国人大常委会制定了 11 项有关食品卫生的法律，其中《中华人民共和国食品卫生法》（1995）是保证全社会食品卫生，防止污染，保障人民健康，增强体质的根本大法。到 2010 年，国务院和有关部委颁布实施了 22 项法规，食品国家标准 1365 项，行业标准 2053 项。制定和负责监督执行的部门和社会机构有：卫生部、农业部、国家质监总局、商务部、林业局和供销合作、轻工、化工、水产、海关、出入境检验检疫等部门以及产业、行业协会等 [87]。这些法律、法规和强制标准都是根据中国国情，参考发达国家的合理标准和经验教训，依据 20 世纪科学研究成就和最新技术测量和监督能力制定的，是全社会食品生产者和消费者都必须遵守的规范。随着科学技术的进步，现代农业的发展和人民生活水平进一步提高，这些法令法规和规范一定会逐步修改完善，在今后 20 年—30 年内使中国的食品安全达到世界水平 [88]。

一个不再有饥饿，营养充分、食品安全的健壮中国正喷薄而现，永远告别东亚病夫那悲惨时代。

2.5 休 整

细胞是生命的最小单位。人体约由 10^{15} 个细胞组成，分为 9 个系统：运动、循环、消化、呼吸、内分泌、感觉、泌尿、神经、生殖系统。运动或劳作以及脑力劳动时常要总动员，9 个系统协同行动、共同出力。一个人完成一件业绩如同 9 个军团协同作战而取得的胜利。

有机体和任何一种机械一样，在工作或运动中不断消耗能量，耗损物质装备。所不同的是前者能自动生长、代谢和自我修复，后者必须人工修理，更换零部件，才能保证连续运转。最近的研究表明，导致正常人体疲劳的原因在于组织和细胞的劳损，能量和物质的过度消耗，肌体的过量代谢，神经系统和免疫系统内分泌补充不足，和细胞的程序凋亡 [90]。中枢神经系统的递质过量消耗和信息过载是造成脑力疲劳的重要原因。人感到疲劳时必须休息一段时间后才能恢复体力，保持生命活力和正常的思维能力。长期连续的体力劳动和脑力劳动而得不到休息，会引发慢性疲劳综合症，全身各生理系统都可能发生功能障碍，如头痛、肌痛、关节痛、失眠、神经衰弱、易感染疾病等。

作息制度

现在地球自转周期按恒星时计算为23小时56分，按太阳时计算是每天24小时。上百万年以来，古人从采集狩猎到游牧农耕，日出而作，日落而息，遂成习惯，人体就适应了这种环境条件，形成生物性节律。天文测量表明，由于太阳和月球对地球的潮汐作用，地球自转速度正逐步变慢，每100年变慢0.0017秒。500万年前人类的远祖时代，每天比现在仅短约1.5分钟，故人的生物作息节奏的形成由来已久。

18世纪产业革命以后，资本家靠延长工人劳动时间获取利润，大多数国家工人日劳动时间长达16小时—17小时，超过了人的生理承受极限，引起了工人们的反抗。1864年国际工人协会（第一国际）成立。在马克思（当选为第一国际32人委员会成员）等领导下，1866年在第一国际日内瓦代表大会上首先提出“8小时工作制”的要求，此后各国劳动日时间有所减少。到第一次世界大战前（1914），欧美普遍实行了每天10小时—12小时工作制。第一次世界大战结束后（1919）8小时工作制逐步得到了各国的承认。第二次世界大战后（1945）各国的法定工作日又有所缩短。20世纪60年代以后有些发达国家开始实行每周5天工作制，人们休息时间进一步增多。例如法国二战后每周工作时间法定为41小时，后来又缩短为39小时。1997年由政府提议经议会批准，每周工作时间进一步缩短为35小时，2000年开始实行，旨在扩大就业和减少失业。

新中国成立后，在全国实行8小时工作制，法定每周工作48小时。改革开放以后的20世纪80年代后期，国家科委组织有关部门和研究机构探究在中国实行每周5天工作制的可能性，并通过我驻外机构对40多个实行了5天工作制的国家进行调查和实地考察。调查研究结果表明，实行5天工作制有利于职工健康、家庭和谐、社会安定、发展教育和提高全社会科学文化水平。只要提高企事业单位和国家机关的科学管理水平，5天工作制能提高社会劳动生产率、节约能源，有利于提高职工的科学技术水平和创新革新、发明创造的能力和积极性。问卷调查表明，95%被询问的职工拥护实行每周5天工作制[91]。国务院全体会议于1994年通过（1995年又补充修订）了关于实行每周5天工作制的《国务院关于职工作息时间的规定》，以国务院令的形式发布，于1995年5月1日在全国实行。国务院令规定：在中华人民共和国境内的国家机关、社会团体、企事业单位以及其他组织的职工每日工作8小时，每周工作40小时；不能实行每日工作8小时、每周工作40小时标准工作制度的，可按国家有关规定，实行其他工作和休息办法；任何单位和个人不得擅自延长职工工作时间，因特殊情况和紧急任务确需延长工作时间的，按国家有关规定执行；国家机关、事业单位实行统一的工作时间，星期六和星期日为周休息日，不能按此休息的单位可根据实际情况灵活安排周休息日；事业单位最迟于1996年1月1日，企业最迟于1997年5月1日起施行。

神经疲劳

经长时间的体力劳动、紧张的脑力劳动后，人会感到疲劳，这是因为能量消耗太多、物质代谢过快、内分泌不足、组织损伤来不及补充和修复等引起的。人的任何体力劳动和脑力劳动都要有肌肉和神经的参与，都要消耗能量和生化物质。能量都是在细胞的线粒体中通过氧化营养物质产生的。能量消耗正比于劳动强度与工作时间的乘积。所以，摄入足够的食品营养和吸入充分的氧气是保持劳动和工作能力的必要条件。如果已经吃饱了，那么吸进足够的氧气就成为当务之急。氧气是由血液输送的。平均体重 60kg 的人，一次爬 3 层楼，要耗费 2.5kcal 能量，相当于 1g 粮食充分氧化后产生的热能。在强体力劳动和紧张脑力劳动时，心律加快，从平常每分钟 65 次—70 次增加到 150 次—200 次。心脏血压上升，特别是收缩压升高，以提高主动脉血流速度，更快更多地为细胞提供营养和氧气。呼吸频率从每分钟 14 次—18 次增加到 30 次—60 次，肺吸量从每分钟 6 升—8 升提高到 40 升—120 升。

无论是体力劳动或脑力劳动，都要靠神经系统的调度、协调和控制。人的神经系统可分为中枢神经系统和周围神经系统（图 2.5–1）。神经系统负责采集、加工、贮存和传导体内外有关运动、生存、代谢等信息，同时监视体内各组织状态的变化，把信息送至大脑中枢进行综合加工处理，然后对各器官发出指令传达到全身各处去执行。脑位于颅腔内，由大脑（两个半球）、小脑、间脑（丘脑）、后脑（脑桥、小脑）和末脑（延脑）组成。位于颅腔中的脑重男人平均 1.4kg，女人平均 1.26kg，约含 1.5×10^{10} 个神经细胞（神经元）。神经细胞分三类：感觉神经元负责采集信息，运动神经元按指令控制肌肉的运动，脑神经元接收和加工处理信息（图 2.5–2）。感觉神经元分布在皮肤和各器官的周边神经网中。脊髓中包含了自主神经链（也称植物神经），遇到紧急情况时能自动调度肠、胃、血管和其他内脏的肌肉协同动作，增快心率、舒张气管、收缩血管、胃肠蠕动和汗腺分泌等，而无需大脑中枢神经的介入。故脊髓神经具有一定的初等信息处理和调控能力。同时，来自全身的重要传感信号，如触感、痛感、振动、温度、压力、位置等信息都通过脊髓中的神经束传送到大脑进行综合处理，以掌握全局。

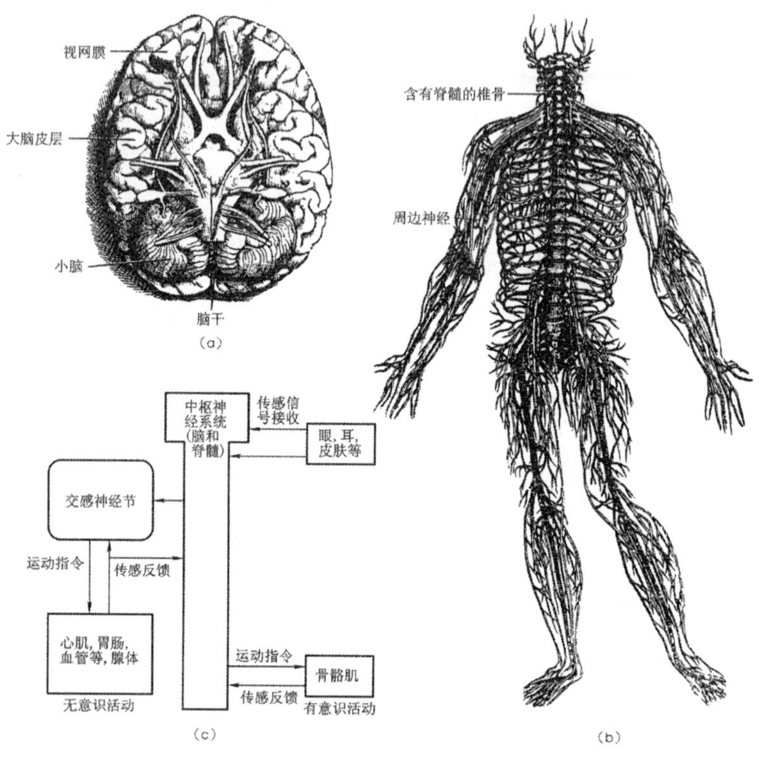

图 2.5–1　人的神经系统 [93]

关于大脑如何接收、存储以及处理信息的生理机制至今知道的甚少，只能从神经解剖中大致察出大脑的某一区域负责的躯体功能。成人脑重只占体重的 2%，但消耗掉新吸入氧气的 25%，平均每分钟消耗葡萄糖 76mg，需供血 750ml。脑的代谢速率几乎昼夜保持不变，即使睡眠时对营养和氧气的需求仍然保持稳定。据观察，人的胚胎发育从心脏和神经系统开始。卵子受精后 18 天即开始发育，1 个月后就长出神经系统雏形，7 个月后已配套完整，出生时脑重已达 380 克，占体重的 12.4%。婴儿平均每分钟要长出 25 万个脑细胞，要消耗掉总供氧量的一半 [92，93,48]。

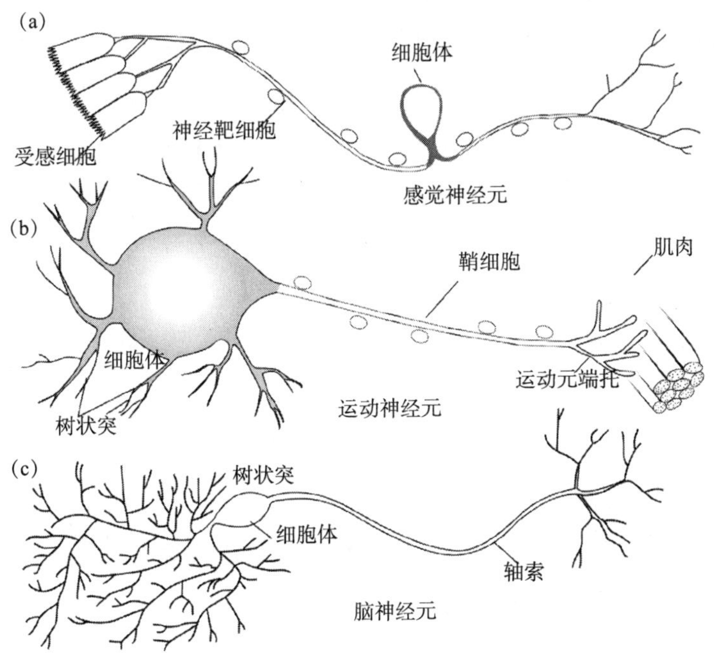

图 2.5–2 三类神经细胞的形态。(a) 感觉神经元 (b) 运动神经元 (c) 脑神经元 [48]

脑神经在 20 岁左右发育完成。至今未观察到成年人有新的脑细胞产生，故过去认为脑细胞经自然损伤或意外损伤后不能再生。近年研究发现，脑神经细胞具有一定可塑性（Plasticity），成年后神经细胞的突触能增长或废止，改变与邻近神经元的连接方式，建立新的信息传递通道，从而按肌体功能的发展重组神经网络，获得新的功效。[94，19，96]

从图 2.5–2 中可看出，所有神经细胞都有细胞体，含有细胞核、染色体以及所有的细胞器，能独立生存和发挥功能。细胞体上长出很长的轴索（Axon），向外传递信号。人脊椎中的轴索可长达 1m。长颈鹿、鲸鱼的神经细胞中轴索可长达 10m。在细胞的另一面长出树状突（Dendrite），接收传入信号。轴索末端有成千上万的突触（Synapse），与其他神经细胞连接以相互传递信号和指令。有的轴索外部被髓鞘包覆，称为神经纤维，犹如电缆的绝缘层，以防传导信号被衰减和受干扰。据显微观察，2 岁—3 岁婴儿的中枢神经中平均每一个神经元有 15000 个突触。随着年龄的增长，在环境影响下和学习的过程中，各神经细胞相互连接形成网络，信息流通大的通道得到加强，在需要的地方长出新的突触，对闲置的突触进行修剪，故成年人的每个中枢神经元平均只剩下 2500 个突触在发挥作用。受损伤的轴索有自动修复和再生能力。如果某一重要信号通道出现故障，如神经元受损等，就会试图建立新的连络，开辟新的通道，以代偿受损的信号通道。这就是神经细胞的可塑性。

神经元之间的信号传递是由突触完成的。传递信息的媒介有电信号和化学信号两种，相应有电突触和化学突触之分。传递电信号时，轴索的电突触与另一个神经元的突触相接，间隔只有 2nm，电脉冲信号极易通过，在神经元之间的传递速度很快，达到 100m/s，沿轴索可双向传递。低等腔肠动物和软体动物的神经信号传递主要靠电突触。脊椎动物，包括人类的神经系统中也有电突触，但主要是化学突触起作用。故神经系统中的信号传递实际上是电化学过程。

人的神经细胞沿轴突向外传送兴奋信号时，其末端突触释放化学物质，称为神经递质，与其连接的另一神经细胞树状突接收这些递质后发生兴奋。现已发现的神经递质有十余种。在周边神经系统中最普遍的是乙酰胆碱（Acetylcholine，ACh）。在脑神经中常见的神经递质有去甲肾上腺素（Noradrenaline）、多巴胺（Dopamine）、血清素（Serotonin）或称 5– 羟色胺（5-hydoxytraptamine）和 γ 氨基丁酸（Gammaaminobutyric acid，GABA）等，见表 2.5–1，它们都是氨基酸的衍生物。例如，多巴胺经氧化后即转变成去甲肾上腺素。这些神经递质都是 20 世纪下半叶被发现的。1960 年瑞典生物化学家卡尔松（Arvid Carlson，1923— ）发现多巴胺在脑神经中的递质作用，获诺贝尔生理和医学奖[95]。还有一组肽类物质，包括脑啡肽（Metenkephalin）、内啡肽（Endorphin）等神经调节物（Neuromodulator）也能由轴索末端突触释放出来起到神经递质的作用。

表 2.5–1 人体中的几种神经递质

名称	分子结构	作用
乙酰胆碱	$H_2N-\overset{O}{\overset{\|\|}{C}}-C-CH_2-CH_2-\overset{+}{N}-(CH_2)_3$	使神经细胞兴奋，心肌细胞抑制，扩张血管
多巴胺	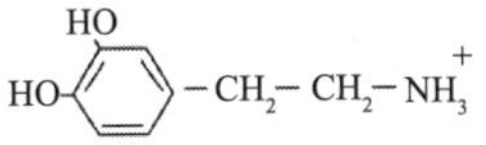 (HO)₂-苯环 $-CH_2-CH_2-\overset{+}{NH_3}$	兴奋突触 受体，强心
去甲肾上腺素	(HO)₂-苯环 $-\underset{OH}{\underset{\|}{CH}}-CH_2-\overset{+}{NH_3}$	兴奋突触受体，·收缩血管
肾上腺素	(HO)₂-苯环 $-\underset{OH}{\underset{\|}{CH_2}}-CH_2-\overset{CH_3}{\overset{\|}{\overset{+}{NH_3}}}$	兴奋突触受体，加速信号传导
血清素（5–羟色胺）	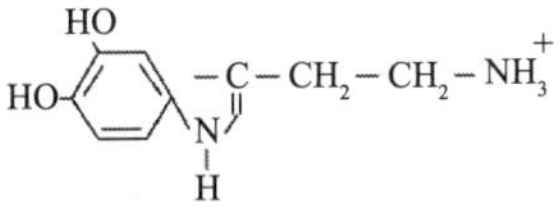 (HO)₂-苯环 $-C(=N-H)-CH_2-CH_2-\overset{+}{NH_3}$	兴奋突触受体
γ 氨基丁酸（GABA）	$^{+}H_3N-CH_2-CH_2-CH_2-COO^{-}$	中枢神经抑制剂
谷氨酸盐	$^{+}H_3N-\underset{COO^{-}}{\underset{\|}{CH}}-CH_2-CH_2-COO^{-}$	
甘氨酸	$^{+}H_3N-CH_2-COO^{-}$	神经抑制剂

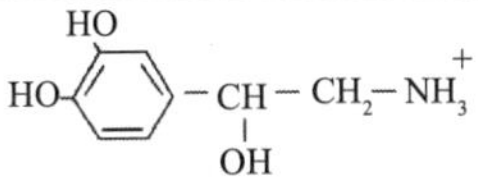

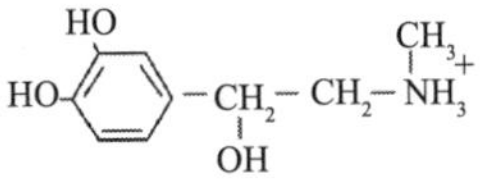

神经递质由神经细胞产生，贮存在传出突触前膜的小囊内，向外传导信号时从小囊中释出，扩散到另一个神经元的突触受体上（突触

后膜），引起细胞膜上的 K^+、Na^+、Cl^-、Ca^{2+} 离子通道打开或关闭，使细胞内外电位差发生变化，达到阈值后，另一些离子通道打开，膜电位绝对值急剧下降而形成电脉冲，引发相邻神经元兴奋。信号通过突触前后膜使下一个相接神经元发生兴奋的时间为 0.3m/s—0.5m/s。

观察表明，神经系统特别是中枢神经具有极高的敏感性和易疲劳性。人一切有意识的劳动、运动、学习都由神经系统指挥和控制，通过视觉、听觉、嗅觉、触觉等从外面收集信息，传至中枢神经整理加工，思索判断，再作出下一步动作的决策。所有这些活动都要消耗能量和营养物质，在神经系统中大量消耗各种神经递质。工作或运动强度越大、动作越复杂，神经系统需要处理的信息越多，神经递质消耗就越多。高度紧张的脑力活动，思考复杂问题和在焦虑中寻求答案时常要动员全部中枢神经参与，增大各信息通道的信息流量，强化通道上各神经元之间的联络，从而消耗更多的神经递质。神经递质都是蛋白质（寡聚氨基酸）衍生的产物，平常贮存在突触前膜内的众多小囊中，信号通量大释放的递质就快，时间一长就会枯竭。这就决定了脑神经的易疲劳性。较长时间的体力和脑力劳动后必须有一段休息，使突触中的递质贮量得到补充，脑神经才能恢复功能[90，96]。

神经细胞的活动，包括轴索的兴奋、突触的递质贮存和释放、细胞膜上离子通道的开启和关闭，都需要有能量的驱动。神经细胞制造和消耗神经递质靠“小电池”ATP 供应能量。激烈的运动和紧张的脑力劳动时间一长，即使血流量增加，ATP 的供应也会短缺，这是神经细胞具有易疲劳性的重要原因。可以推知，在长时间神经紧张和疲劳情况下感到头痛、行动迟缓、记忆力下降以至发生思维错乱也与神经递质和能量消耗得不到补充有关。

修补和更新

繁重的劳动、激烈的运动和紧张的工作会引起相应器官、组织和细胞的劳损，如负重的肌腱、腱鞘、韧带的损伤、骨骼变形、软组织炎肿和其他机械性损伤等。工作强度越高、时间越长，劳损越大。在正常情况下，肌体能通过血液循环输送营养材料和能量去修复劳损了的组织，恢复它的正常功能。消耗大的细胞和组织常有再生能力，用新的细胞或长出新组织去置换更新那些因劳损而丧失功能的老组织。以血液系统为例，劳损可使血红细胞变得脆弱，对温度和压力抗力减小，易于破裂而失效和死亡。有些白细胞，如中性粒细胞和单核巨噬细胞吞噬入侵病原体后自我牺牲而死亡，必须不断用新的血红细胞和白细胞去置换补充才能保证血液系统和免疫系统的功能不下降。

血红细胞在血液中数量最多，成人每升血液中有 3.5×10^{12} 个—5.5×10^{12} 个，呈凹圆碟形，直径约 8μm。血红细胞中的血红球蛋白，携氧时呈红色，不带氧的呈蓝色。血红蛋白吸住氧气分子陪送到每一个细胞中，供线粒体生产“小电池”三磷酸腺苷（ATP）之用，为细胞的代谢活动供给能源。血红蛋白放出 O_2 后，再把氧化产物 CO_2 吸住，带回肺部析出，通过呼吸排出体外。经实验测定，每一个红细胞的半寿命平均为 30±4 天，最长不超过 120 天。红细胞衰老时脆性增加，变形能力减弱，在血流的冲击中破损，血红蛋白溢出，从而丧失功能，随血流在脾和肝中被巨噬细胞吞噬分解之，部分由尿道排出。成人每公斤体重有 70ml—80ml 血液，体重 60kg 的人总血量约 4L—5L。这样每人血液中每天要更换 2×10^{11} 个红细胞。骨髓是产生红细胞的唯一场所。从骨髓中的造血干细胞变成成熟的红细胞需要 3 天—5 天[19]。

血液中的白细胞是防卫异物和病菌入侵肌体的卫士和清道夫。按其形状和对染色的反应分为粒细胞（中性、嗜酸性、嗜碱性）、淋巴细胞和单核细胞三类。粒细胞直径 12μm—14μm。中性粒细胞和单核细胞负责吞噬并分解破坏进入肌体的异物，故称为吞噬细胞。淋巴细胞（分为 T、B 两种），直径 6μm—8μm，被异物或微生物刺激后产生特异抗体，引起细胞免疫反应，分泌体液抑制或消灭入侵者。成人血中白细胞总数 $4—10\times10^9$/L（$4000/mm^3—10000/mm^3$），其中中性粒细胞 $2–7.8\times10^9$/L，淋巴细胞 $0.8–4\times10^9$/L，单核细胞 $0.1–0.8\times10^9$/L。白细胞都发源于骨髓造血干细胞，粒细胞成熟后 90% 储存在骨骼中，逐步放入血流，经血管送到全身。淋巴细胞也起源于骨髓造血干细胞，一部分随血流到胸腺发育成 T 细胞（占淋巴细胞的 80%—90%），另一部分在骨髓或肠道淋巴组织中发育成 B 细胞（10%—20%）。T 和 B 细胞成熟后在血液中和脾、淋巴组织间往复巡逻，执行肌体卫队任务。单核细胞也来自骨髓干细胞，成熟后直径 20μm—80μm，称为巨噬细胞，被血流分送至膜腔、肺泡、肝、脾、淋巴结、骨髓、神经组织等处站岗放哨，随时吞噬杀死外来病原微生物和清除衰亡组织。嗜酸性和嗜碱性粒细胞基本无杀菌能力，但能与免疫球蛋白结合记忆入侵病原微生物的特性。这些哨兵卫士的服务寿命都不长。粒细胞生成期 13 天，在血中停留仅数小时至 2 天。淋巴细胞中的 B 细胞的生存寿命 3 天—4 天，T 细胞和单核细胞寿命较长，约 100 天。以每人有 5L 血液计算，平均每天要更换 5 亿个白细胞（5×10^8 个）。

血小板是骨髓中成熟的巨核细胞裂解脱落下来的胞质，形状为直径 1μm—3μm 的中凸圆盘，正常人血中含量 $100—300\times10^9$/L（10 万—30 万个 /mm^3），其作用是当血管损伤时促进血凝和防止出血。血小板高于 100 万 /mm^3 的人称为血小板过多，易发生血栓。少于 5 万 /mm^3

的人称为血小板减少，有出血倾向。血小板生成后约有 30% 存于脾脏，遇肌体血管出血时或肾上腺分泌增多时进入血液循环，被送到出血点附近凝血或在血液中以备止血。血小板的平均寿命 7 天—14 天。成人每天要有 10^{11}（1000 亿个）血小板被更新，而骨髓的生产能力是此数的 8 倍—10 倍 [53]。

人体内的局部组织细胞遭受损伤或死亡后，大多能由邻近的健康细胞通过再生分裂来修补，以恢复组织结构和功能的完整性。修复过程的速度受损伤规模、营养、血液供应等因素影响。轻度疲劳损伤数小时后即可恢复。不受感染的小伤口 2 天—3 天内可基本恢复。手术切口需要 1 周—2 周，大创伤的愈合恢复要 2 个—3 个月。骨组织是人体具有最强修复、改建和再生能力的器官。人体共有 206 块骨头，分为颅骨、躯干骨和四肢骨三部分，无论哪一块受损甚至折断，只要维护和医疗得当，经过休养，理论上都可能再生和修复。骨骼细胞在正常代谢中每年更换约 1/10，每 10 年全换一遍，以保持全系统的再生活力。

各种器官组织的再生能力不同。再生能力强的细胞可称为非定常细胞（医生们称为不稳定性细胞，又一个不贴切的命名），在无劳损的正常情况下即不断分裂再生，以取代不断丢失的老细胞，如上面提到的红、白细胞，淋巴细胞和上皮细胞等皆然。皮肤的小面积损伤可在 24 小时—48 小时内自动修复。有些发育成熟的组织和器官细胞停止分裂和再生，称为定常细胞（医生叫它稳定性细胞），但终生保持着分裂和再生能力。如肝、胰、肾上皮、甲状腺、平滑肌、血管内皮、成纤维细胞和成骨细胞等就属于定常细胞，在受到损伤后仍有再生和修复能力。从幼儿时代就减弱或丢失分裂再生能力的称为永久性细胞，如神经元、骨骼肌和心肌细胞等，再生能力很弱。永久性细胞是否不能再生，医学界仍有争论，尚无定论。近几年关于“万能干细胞”和脑细胞可塑性的研究新成就似乎证明，即使是这类已失去有丝分裂再生功能的永久性细胞，一旦受损也可能在一定程度内恢复其自我修复能力。

在成人体中可区别出 200 种以上不同形态和功能的细胞，这是细胞功能分化的结果。所有细胞中都有的蛋白质在 1 万种以上，但很多种类的细胞能生产别的细胞所没有的蛋白质，即只有特异部分的 DNA 编码在这里充分表达。观察表明，数种特异细胞和它们所生产的特异蛋白能够联合起来构成特化的组织和器官，如心、肺、肝、脾等脏器。科学界至今对这种细胞联合分化的生理和基因机制知道得很少，仅能在显微镜可区别的水平上按形态分为上皮、结缔（由纤维、胶原和间质组成）、肌肉和神经细胞四大类。消化道、呼吸道、尿道和肝脏基本上是上皮细胞的集合体。心脏由肌肉组织构成。脑由脑神经元组成，每个神经元在 10 倍以上的胶质细胞的支持下与成千上万个相邻的神经元形成信息网络。软骨、硬骨和牙齿属于结缔组织，其细胞分泌出胞外间质（纤维和胶质蛋白）和钙盐以增加刚度和硬度。

凡具有再生能力的细胞，如上述非定常性细胞，用以修补损伤的再生后细胞与原细胞结构和功能完全相同，称为完全性再生。如果损伤的组织不能由完全相同的再生细胞修补，只能由肉芽组织修补，最后形成瘢痕组织，称为不完全性再生。肉芽组织是有新生血管的成纤维组织，呈粉红色颗粒状，故名。肉芽组织中有丰富的血管，充填缺损后组织或器官表面，仍能长出上皮以覆盖表面。肉芽组织中通常没有神经末梢，故感觉迟钝。骨受损或折断后，受损部位出现血肿，新生出毛细血管和间质细胞从骨内和外膜进入血肿内，间质细胞分化为成纤维细胞和巨噬细胞，出现肉芽组织和纤维结缔组织，将骨折两端连接起来。此后纤维组织大部分先转变为软骨，再经增生和钙化后形成硬骨，使断端牢固联结起来。医学和分子生物学对肌体和细胞基因如何控制组织修复的机理尚不完全清楚。

人整个肌体一生处于更新生长中，肌肉细胞平均寿命 15 年。肺中支气管内皮细胞 2 天—10 天更换一遍，肺泡 4 周—5 周更换一次。舌味蕾细胞 10 天更新一遍。指甲每月长 2.5mm，脚趾甲每月长 1.6mm，头发每天长 0.5mm。皮肤细胞每两周换一遍，眼角膜每 7 天—10 天更换一次，甚至眉毛也每 2 月更换一次。

睡眠与梦

每一个人都要在睡眠中度过三分之一的人生。睡眠是生死攸关的生理休整过程。

常人睡眠是自发出现的全身感受性减弱而易于逆转的休息状态。睡眠时各器官和中枢神经进入自然抑制状态，对外界环境变化反应变弱，对新异刺激无追究能力，嗅、视、听、触等感觉器官功能减退，骨骼肌的反射活动和肌紧张度放松，部分内脏活动减退等。这是肌体在一段劳动和工作后为克服疲劳、修复劳损、恢复功能和重振精力不可缺少的一段生命状态。婴儿每天要睡 16 小时，睡醒反复 5 次—6 次。2 岁以后逐步减少。老人夜间睡眠时间进一步减少，但白天常需打盹。长时间不睡，人的体力感到疲劳，感知力和理解力下降，运动器官协调性变差，醒着或行走中就能入睡。重者精神恍惚、出现梦幻、行动失误、语言不畅，记忆力减退，论事丧失逻辑性。实验表明，如果 6 天—33 天不让老鼠睡觉会严重损害它的身体，最后导致死亡 [97]。曾有过一位 17 岁学生自愿实验创不睡时间最长纪录，他最多坚持了 264 小时（11 天）未睡 [84]。医学伦理不允许对这种生死攸关的生理过程在人身上作极限实验。

据动物学观察和实验表明，所有灵长目和温血脊椎动物亚门中的动物都需要睡眠。猴、熊、狗、猫、鼠、象、鼩鼱、美洲灵鼠和鸟类甚至爬虫类都观察到有睡眠状态，有的还发现有做梦的表现，动物学家称之为“非同步态”（Desynchronized state）。处于这种状态的动物心律和呼吸频率减慢，骨肌松弛，脑电信号减弱，对外界刺激反应敏感度降低等，与人类的睡眠状态类似。依次切除有关器官后的实验表明，一些动物的睡眠状态是由桥脑盖（Pontine tegentum）控制的，由去甲肾上腺素（Norepinephrine）和5—羟色胺（Serotonin）等神经递质诱导而出现的（见表2.5–3）。某些动物为适应冬季的恶劣气候环境不得不休眠。有些鱼类、两栖类和爬虫等冷血动物冬季休眠时体温接近零度。熊和少数温血动物在洞穴中靠休眠过冬，降低代谢速度，减慢能量消耗，但冬眠时体温降低不多，而且易醒。真正靠冬眠维持在严冬中不灭绝的哺乳类动物中，有翼手目的蝙蝠，食虫目的刺猬和啮齿目的土拨鼠等，他们靠夏秋体内储存脂肪，巢内贮藏食物（啮齿目），有良好的保暖洞穴度过严冬。他们冬眠时每隔数周苏醒一次，体温上升，甚至外出活动觅食，回巢后又进入麻痹状态。也有的冷血动物能在接近死亡的状态下度过冬季，体温接近冰点，心搏极慢，呼吸每分钟只有几次，几乎不能察觉。如果把他们置于比较温暖的条件下，数小时内即可苏醒。在某些夏季酷热干旱的沙漠地区，有的动物适应成夏眠（夏蛰，Estivation），夏季进入近似麻痹的休眠状态，与其他冬眠动物的生理过程相似[98，99，100，101]。

古人总把睡眠和做梦联系在一起。佛教和以前的许多民族都认为人有灵魂，可离开躯体而外游，梦是灵魂出窍后的经历。古希腊人认为神在睡眠中办事，称睡神为索奴斯（Somnus），梦神莫菲斯（Morpheus）是索奴斯的儿子。埃及存有古梦录（公元前1991—公元前1786）和古印度的颂诗咒语集《阿闼婆吠陀》，经籍都把梦看成是神的启示和对未来的预言。《圣经・旧约全书》中有很多梦的启示。

中国古人认为圣贤或先人会在人入睡时借梦托言，故有“占梦掌其四时，观天地之会，辨阴阳之气，以日月星辰占六梦之吉凶。一曰正梦，二曰噩梦，三曰思梦，四曰寤梦，五曰喜梦，六曰惧梦。季冬，聘（问）王梦，献吉梦于王，王拜而受之”（《周礼·占梦》）。或认为梦是现实生活中的一部分，是白日现实的延续。如古云春秋时郑文公之妾燕姞梦天使赐兰而生穆公（《左传·宣公三年》），故有“何年迎弄玉，今朝得梦兰”之说（庚信:《奉和赐曹美人》）。文学家认为梦是对梦境的希冀，好梦难成真而努力为之，对现实生活的一种无奈的安慰和补充。印地安伊洛魁族、库尔德人都有白日继续完成梦中所求事物的习俗。

到 19 世纪末期欧洲科学界，主要是心理学家开始对睡眠和梦的现象进行认真研究。奥地利精神病学家和心理学家弗洛伊德（Sigmund Freud，1856—1939）创立了一套“精神分析论”，被称为弗洛伊德主义。在 1895 年—1939 年期间，发表了很多论文，如《释梦》、《论梦》、《释梦在精神分析中的作用》和《精神分析新论》等，并按照这个理论去治疗精神病患者，曾在科学界引起很大反响[102]。他认为睡眠中的梦是本我（Id）、自我（Ego）和超我（Superego）在外界环境、压力下的联想、疏泄和移情，是一个人的爱、仇、恐惧、欲望的无拘束的宣泄，是对醒时主客观现实的潜意识（Unconsciousness）反应。弗洛伊德创立“精神分析论”从一开始就引起争论，有人支持，也有人反对。到 20 世纪末期批评之声达到高潮，认为“精神分析论”有如玄学，缺乏生物学实验基础和证据。但也仍然有不少人认为弗洛伊德的理论是开创性的，有助于阐明“人性有高度可塑性”这一普遍的信念，而且在医疗精神病患者时有明显作用[103]。著名的瑞士心理学家卡·容（Carl Jung，1875—1961）反对弗洛伊德的“精神分析论”，认为梦是醒时思维的继续和补充。

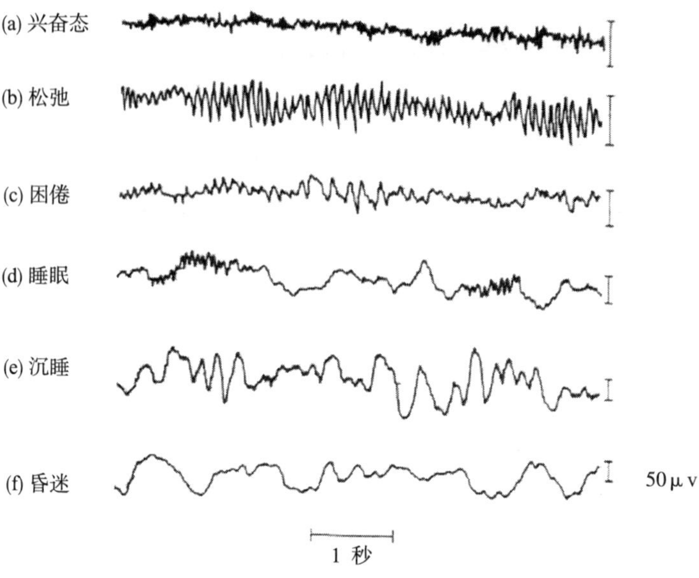

图 2.5–3　从兴奋状态到昏迷状态的典型脑电波曲线 [111]

对睡眠生物学本质的研究工作 20 世纪下半叶在脑电波测量技术（EEG，Electroencephalogram）的帮助下才取了重大突破。德国工程师汉斯·贝格尔（Hans Berger）于 1929 年研制成第一台脑电波记录器。用电极从头皮上可检出大脑处于不同状态下所产生的电信号，如图 2.5–3 所示。大脑处于兴奋时脑电波频率高，波幅低，频谱丰富(称为 α 波)；睡眠时波幅和频率降低，称为慢波（δ 波）。后来生理学家发现（1953 年，Eugene Aserinsky and Nathaniel Cleitman），每一个人在刚进入睡眠时有一个眼速动阶段（REM，Rapid Eye Movement），沉睡后 REM 消失。按脑电图典型特征，沉睡阶段可分为 1、2、3、4 四期，称为非眼速动阶段（NREM），在 NREM 3、4 期内睡得最沉，见图 2.5–4。入睡时，依 REM–1–2–3–4 次序进入沉睡。1 小时后，按 4–3–2–1–REM 回到眼速动状态，数分钟又重新依次进入沉睡。整夜

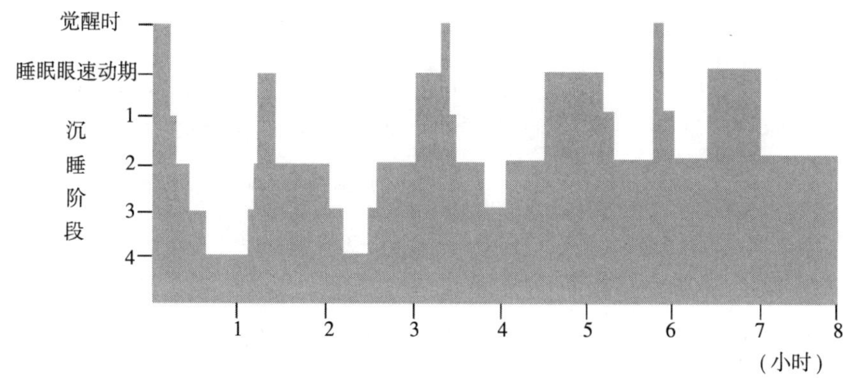

图 2.5–4 成人睡眠周期。入睡后先进入眼速动阶段（REM，点画区），约 10 分钟后转为沉睡阶段（NREM，非眼速动期）。沉睡阶段按脑电图可分为四期：1、2、3、4。1 小时后经 4－3－2－1 回到 REM 期，数分钟后又按 1–2－3－4 次序进入沉睡。整夜 8 小时睡眠过程中多次反复循环。后半夜沉睡期 3—4 缩短，REM－1－2－1－REM 循环延长，4－3 期消失 [105]。

8 小时睡眠中如此反复循环 4 至 5 次。后半夜 NREM 3–4 期缩短以至消失，而 REM–1–2–1–REM 循环延长，直到起床。这种规律性的过程并不因人而异，而是成年人的共性。

观察和实验分析表明，婴儿睡眠时眼速动阶段时间长，约占总睡眠时间的 60%—80%，而处于 NREM 的 3 期—4 期时间很短。随着年龄增长 REM 的总时间变短，8 个月时 REM 下降到 25%左右。成人和老年人均保持这一比例，75%时间处在沉睡 1 期—4 期内。实验还证明，80%的人醒后能叙述 REM 期内的梦情，而 NREM 阶段的梦境则不能详述。有 1% 的 10 岁—15 岁儿童和少年有梦游行为（Somnambulism），都发生在沉睡阶段（NREM 3、4），醒后不能记忆和追述。遗尿（Enuresis，尿床）、梦呓（Somniloqay）和磨牙（Bruxism）等现象都发生在沉睡期的 NREM 2—4 阶段。梦游者能突然坐起，睁眼越过障碍，四肢行动协调，做出某些似有意识的行为，但醒后不知其然。

对脑电图和生理参数的联合测试表明，睡眠的眼速动状态

（REM）和沉睡状态（NREM）有很大差别。处于眼速动状态时，面部肌张力有所下降，但全身肌肉并不松弛；脊神经反射变迟钝，四肢运动神经受抑制；脑电波幅度下降，但频率不降或高低交替，眼球有阵发性转动；所有自主神经（植物神经）和中枢神经系统似仍在活动；心律和呼吸都加快，血压升高，脑耗氧率和脑温都升高；脑神经递质去甲肾上腺素和多巴胺的分泌与醒时无异，故脑神经细胞之间通讯未断。80% 的人在 REM 期内的梦醒后都能记得和追述，表明记忆能力未完全被抑制。处于 REM 态的睡者很易唤醒。动物实验证明，选择性减少 REM 阶段睡眠能影响动物醒后的认知能力和学习能力。动物 REM 期的睡眠控制中心在脑桥与第 4 脑室相接的内皮附近（Locus ceruleus）。

沉睡阶段（非眼速动阶段，NREM）的特点是，从 REM 进入 NREM—1 时脑电图幅度下降，主频率降至 4Hz—7Hz（称为 θ 波）；NREM—2 期中脑电图幅度进一步降低，但主频率略升至 12Hz—14Hz；NREM—3、4 期内频率降至最低，约 1Hz—2Hz，波幅提高（称为 δ 波）；自主神经系统活动减少；肌肉松弛，心律变慢，呼吸频率下降，体温和脑温降低，全身代谢变慢。梦呓、梦游都发生在 NREM—3、4 期，醒后不能记述梦境。

20 世纪下半叶的实验研究、药物验证及外科手术都使人们确信，睡眠和梦境绝不是灵魂出窍进入冥蒙世界的超自然现象，而是肌体修复劳损、恢复体魄和精力去迎接新挑战时必须有的生理分部休整时段。在眼速动阶段（REM 态），各器官细胞开始休息、补充能量和营养，修复劳损和代谢再生，但中枢神经系统并没有完全休息。儿童的大脑在 REM 期内继续发育、适应和生长。有人认为成年人在 REM 期内可能仍在处理醒时获得的信息，有时还能继续学习和巩固记忆，甚至对白天碰到的疑难问题悟出答案，谓冥思寐悟。故 REM 段可称为浅睡或半睡，易于被唤醒，梦境能被储存。沉睡阶段，特别是3、4期中，除呼吸、心脏、消化道、内分泌和植物神经等生命线不能全休外，全身器官和中枢神经系统的主要功能部分都进入休眠状态。在呼吸和心律减慢，体温下降，肌肉松弛，代谢变缓的同时，中枢神经储存机制被关闭，不再能存储新信息，故NREM阶段的梦境、梦游等“亲身经历”不能记忆和醒后重述。梦游多发于10岁—13岁的儿童，说明他们脑发育尚未健全。

催 眠

古埃及和古希腊文献中都有关于用催眠术治病的记载。基督教和犹太教关于“神灵附体”的记载被认为与催眠术有关。17世纪—19世纪催眠术曾广泛流行于欧洲，致使科学界感到迷惘。法国物理、数学、生理学家笛卡尔（Rene Descartes，1596—1650）不相信梦是真实现实的反映，他说：记忆永不能把梦境和人所经历的实践相联系。英国数学家、哲学家贝·罗素（Bertrand Russell，1872—1970）认为：“醒时的经历总是连贯的，而梦总是怪异的，我不能相信我的现在是做梦，但我也无法证明它不是。”恩格斯（Friedrich Engels，1820—1895）自己组织实验后发现，“神灵现身”都是江湖骗术，被催眠者的某些行为不过是对施术者的意志服从形成了习惯而已[68]。

现在科学界认为被催眠状态是大脑界于睡眠和觉醒的中间状态，躯体仍保持对多种刺激有所反应的心理状态。催眠师用暗示引导受试者进入被催眠态，使后者按指示或暗示行动，甚至激起记忆和自我意识的蒙现。19世纪40年代有将病人催眠至恍惚状态，不事麻醉而施行外科手术的成功纪录。苏联生物学家巴甫洛夫（Ivan Pavlov，1849—1936）认为催眠是现实的生理状态，大脑被广泛抑制而保留少

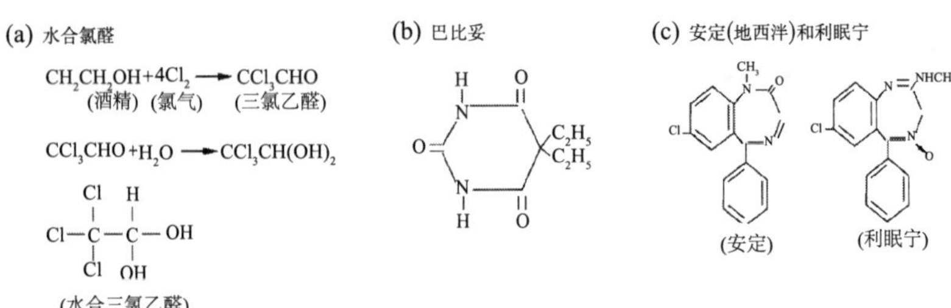

图 2.5–5　三类镇静催眠药物。(a) 水合氯乙醛 (Chloral hydrate), 1869 年发现, 学名 2,2,2–三氯–1,1–2 二醇。饮用后有明显的镇静催眠作用。(b) 1912 年合成巴比妥酸催眠药 (Barbital), 图示其分子结构, 学名 5, 5– 二乙基。(c) 1950 年以后合成安定类弱催眠药, 学名为苯二氮卓类 (Benzodiazepines), 其代表是安定, 另名地西泮, Diazepam, 或 Valium) 和利眠宁 (甲胺二氮杂卓, Librium)。

数部位兴奋。20 世纪上半叶不少地方的临床医生应用催眠术治疗疾病，有的国家曾正式承认催眠术可作为临床医学治疗方法。20 世纪下半叶，安全可靠的镇静催眠药物的批量生产和广泛应用完全取代了流行数百年的催眠术。

19 世纪后半叶化学家发现用氯气充入酒中后能得到一种含有镇静催眠作用的水合氯醛饮料（Chloral hydrate，学名水合三氯乙醛。见图 2.5–5（a）），饮用后有明显的催眠作用，20 世纪初曾广泛用于临床。1912 年发现并合成巴比妥盐类（Barbital，见图 2.5–5（b）），对中枢神经有强大的镇静催眠作用。小剂量能镇静，中剂量催眠，抗惊厥、抗癫痫。入睡后缩短眼速动阶段（REM），药效时间长达 5 小时—6 小时。但剂量过大时可能有抑制和麻痹呼吸神经系统而致死的危险。1950 年后医药工业发明并人工合成更安全的安定类催眠药，学名为苯二氮卓类（Benzodiazepines），其代表是安定（另名地西泮，diazepam，或 Valium，化学结构见图 2.5–5（c））。安定类催眠药有较好的催眠镇静效果，作用时间快，15 分钟—30 分钟后即可入睡，药效时间长达 5 小时—10 小时以上，安全范围大，没有引起全身麻醉致死的风险。对入睡后的 REM 期影响小，能缩短或消除沉睡期的 NREM—4 阶段，防止夜游和夜惊现象的发生。安定类的衍生药物已有 20 多种，如氟安定（氟西泮，Flurozepam）、硝基安定（硝西泮，Nitrazepam）、去甲羟安定（奥沙西泮，Oxazepam）、利眠宁（二胺甲基杂，Librium）等，都是目前临床最常用的镇静催眠药 [19]。

人生短暂。活 90 岁要睡掉 30 年，这是每人生命中的必需经历。20 世纪生物学、动物学、脑科学、医药学和临床医学所取得的成就，主要以现象观察为基础。要彻底弄清睡眠的生理物理机制还有很长的路。人们寄希望于 BRAIN 计划的实施和新发现，彼时对脑神经系统会有更深入的了解。

细胞凋亡

多细胞生物体中有些细胞受到损伤而失效或不再为生物体所需要时，在遗传基因 DNA 的控制下自我淘汰，如残春落英和霜后秋叶，按预定程序自弃而亡，故称为程序性死亡（Programmed Cell Death，PCD），简名凋亡（Apoptosis）。这一现象于 20 世纪 70 年代被发现（J. F. kerr, Wyllie A. H. and Currie A. R., 1972），不久便得到细胞生物学、分子生物学、免疫学和临床医学的证实，已观察到肌体内多种细胞通过程序死亡或凋亡实现代谢、再生和更新，这是生物进化过程中逐步形成的为保护整体生存发展和遗传，适应环境变化的一种细胞牺牲自我而利全局的行为，已深深地印记在细胞的遗传基因中。人在胚胎中长出许多组织器官，稍后蜕掉，儿童乳齿让位于恒齿，蝌蚪蜕尾遂变成青蛙，蝉蛹蜕壳而长出膜翅等都是凋亡再生的范例。在细胞层次上最常见的以凋亡形式更新再生的有胚胎细胞、胸腺细胞、血红和血白细胞、淋巴细胞、各内分泌腺中和皮肤上的上皮细胞，以及成纤维细胞等[106, 107]。成人体中每秒有约 10 万个新细胞诞生，必须有同样数目的细胞凋亡死去，才能保持代谢过程中肌体的生理平衡和器官的功能正常。

生命周期短的动植物，细胞的程序性凋亡成为物种发育、成长、成熟和遗传的紧迫过程。北方禾本科植物一岁一枯荣，要在一年内气候适宜的短促季节中匆忙走完一代生命路程，很多细胞和器官要迅速凋亡或再生，这是决定物种能否延续生命遗传后代的根本问题。种子萌芽时的胚柄必须在短期内凋亡，让位给须根，才能保证进一步发育成长时汲取足够的水和养料。维管植物的导管负责输送水分，它的细胞核和细胞器官必须死去，留下死亡的细胞壁形成连通的导管。被子植物的花，不管多么绚丽可爱，都要谢落，以便长出果实和种子繁衍后代。温带和寒带的阔叶树，秋后必须弃叶，以保证安全休眠度过寒冬。

细胞的程序凋亡与受损伤坏死有很大的不同。细胞凋亡时，首先细胞核内的 DNA 被切成小断片，染色体凝缩，胞内细胞器萎缩至功能消失，胞浆的渗透压剧变，细胞外膜皱缩成泡状而不破裂，而是以出芽的形式分解成一些仍有膜紧覆的小泡，称为“凋亡小体”，胞浆并不外泄以防引发炎症。这些凋亡小体随后被巨噬细胞识别、吞噬溶解而排出体外，不为周知地悄然离去。坏死或损伤致死的细胞常因膨胀而导致外膜破裂，胞浆和细胞器中的毒性物质泄漏于附近，引起大量白细胞聚集的免疫反应，有如“伤口化脓”，导致炎症，最终被巨噬细胞清除，扰军动众而被送别。

20 世纪 70 年代发现在多细胞生物中普遍存在细胞凋亡现象以后，引起了科学界的重视，分子生物学界投入大量人力从事研究，逐步有了较深刻的知识[106—109]。据对线虫、果蝇、小鼠和其他动物细胞凋亡过程的观察和分析得知，直接执行细胞凋亡程序的是一组被称为半胱氨酸蛋白酶的蛋白质，全名是“特异性切割天门冬氨酸的半胱氨酸蛋白酶”（Caspases, cystienyl aspartic-specific protease），简称“胱冬酶”（Caspase），它们能把待凋细胞中含有天门冬氨酸的蛋白质下游切开，或采用间接办法使细胞核中的 DNA 丧失正常活性，从而导致细胞死亡。到 21 世纪初分子生物学已发现了 14 种胱冬酶蛋白分子，分子量在 30000 个—60000 个之间，是由 300 个—600 个氨基酸联合成的大分子蛋白质，按发现的时间先后给予序号，胱冬酶 1—14（caspase–1，–2，…，–14），其胱冬酶 –11 和 –12 目前只在小鼠身上发现，人体中未见 [106]。

观察发现，人体大多数细胞表面经常附有两种称为肿瘤坏死因子受体的大蛋白分子 TNFR–1 和 TNFR–2（TNFR, Tumor Necrosis Factor’s Receptor），横跨胞膜内外。TNFR–1 含 426 个氨基酸，分子量为 55000；TNFR–2 由 439 个氨基酸组成，分子量 75000。当某细胞被判定为被淘汰对象时，血白细胞中的单核巨噬细胞等免疫细胞分泌出肿瘤坏死因子（TNF，分子量为 26000 的蛋白分子）作为“赐死信号”，立即与其受体 TNRF–1 或 TNRF–2 相契合，把信号传至细胞内部，激活细胞内的胱冬酶和另一种 DNA 切割因子（DNA fragment action factor, DFF，由分子量分别为 40000 和 45000 的两个肽链组成），共同下手，前者破坏细胞核膜的核纤维蛋白，拆掉染色体的保护墙，后者把 DNA 切割成碎片，在 30 分钟—60 分钟内使细胞死亡。此外，试验观察还发现另一种迫使细胞凋亡的途径，断掉细胞内的动力源——破坏线粒体，使之不能再生产 ATP 小电池，从而阻断胞内的所有代谢反应。线粒体是细胞内的独立器官，有自己的遗传物质 DNA。普遍认为它是远古时代进入真核细胞而共生下来的细菌。线粒体的膜内有胱冬酶原、死亡促进因子和细胞色素 C（传送血红素的蛋白质)，一旦外膜被损坏，渗透压剧变，线粒体膨胀而外膜破裂，这些内部物质外泄到细胞浆中，加速宿主细胞的死亡。

似乎是为防止上述细胞凋亡机制越权或失误杀死太多细胞，观察发现，在哺乳类动物、线虫和细菌的细胞内还存在一组30余种“抗凋亡蛋白”(Anti-apoptotic)，用来控制或限制“凋亡卫队”的权力和作用。最先被发现的是Bcl–2（B-cell lymphoma/leukemia-2，B细胞淋巴瘤基因所编码的蛋白）。人的Bcl–2由250个氨基酸组成，分子量为30000左右。实验表明它的作用有二,一是直接抑制胱冬酶的激活，二是守卫线粒体的安全而不被凋亡杀手所破坏，以防止线粒体中的细胞色素C等物质外泄。正常人体中凋亡机制和抗凋亡机制处于相对平衡状态。如果抗凋亡因素占了上风，那么一旦细胞发生癌病增生，凋亡机制被抑制，而不能随时杀死癌细胞，结果癌细胞扩散，故Bcl–2蛋白的编码基因也称为致癌基因（Oncogene)。反之，如果凋亡机制失控，会出现滥杀无辜的自我器官和细胞排斥的自身免疫症。有人认为，老年痴呆症（Alzheimers disease)、帕金森病（颤震性麻痹)、肌萎缩症、脊髓侧索硬化症（Amyotrophic lateral sclerosis）等都与抗凋亡机制衰退，执行凋亡的系统缺乏制约而失控，导致神经细胞凋亡太多太快有关[109]。

细胞凋亡和抗凋亡的执行者都是特定的蛋白质。每一种蛋白质都是按细胞核中DNA上编码的指令程序制造的，生物学家形象地说：一种蛋白有一个基因。参与细胞凋亡过程的20多种胱冬酶和30多种抗凋亡蛋白的基因编码大多已被识别和定位，它们分布在第2、10、11、14、17、18号等染色体上。从细菌、线虫、果蝇和哺乳纲的动物体内都观察到这些蛋白的同类。可以推测，细胞程序凋亡是很古老物种为生存、发展和繁殖后代已经掌握了的代谢机制，并已牢固记入遗传基因中的本能，一直保守遗传到今日高等动植物和人类的遗传基因里。

生物代谢是比较慢的有机过程。一个细胞的凋亡和再生需要数小时。如前所述，每人每天要更新 2000 亿（2×10^{11}）个红细胞，5 亿个白细胞，1000 亿个血小板和数十亿个其他细胞，都需要花费一定的时间和能量。凋亡和再生都是消耗物质和能量的代谢过程，肌体必须为此付出代价，消耗一部分 ATP 能源。可以推测，在器官负荷小的时期，例如睡眠时，这种细胞更新的过程可以进行得更顺利。这可能是睡眠时自主神经系统、消化系统、循环系统和中枢神经系统等不能完全休息的原因。

休息和睡眠是人类祖先基因遗传下来的生命程序，已有数千万年的久远历史。所有哺乳纲（Class Mammalia）真兽亚纲（Eutheria）中的动物（现存 20 个目，120 个科，4000 个种），从会飞的蝙蝠、海里的鲸、豚，到陆地上的鼠、狗、猴、人都需要睡眠。人类的远祖化石可追溯到 2000 万年前的第三纪中新世。每天都要睡一觉，这是不能改变的程序，正像任何人不可能不吃东西和不呼吸空气而活下去那样。从这个意义上说，人绝不是特殊材料制成的，而是动物界、脊索动物门、哺乳纲真兽亚纲、灵长目中的一员。实验已经证明，长久不睡必死无疑！但是，关于睡眠的内在机理今天科学知道得不多，特别是中枢神经系统为何需要睡眠休息，尚未完全弄清。动物实验表明，睡眠的眼速动阶段（REM）的控制中心在桥脑后部，切除此部位的动物就没有了 REM 期睡眠，但仍可能沉睡（NREM 期），故必还有另外的控制中心存在，至今不能确定。更有甚者，童年的事老人记忆犹新，乐于反复重述，存于何处？神经科学至今不能确定。中枢神经的工作机制至今只能确定其大致部位(见图 2.5–2)，而不知其所以然。钱学森先生曾认为这是未来“人体科学”的任务。人的中枢神经系统是一个最复杂的巨系统，我们知道得甚少，它的潜能很大，有待科学界去发掘 [110]。

2.6 原 欲

生物科学确认，不同物种的平均寿命各不相同，每一个体都摆脱不了死亡。“神龟虽寿，尤有竟时”。生殖后代是物种生命得以延续的唯一办法。任何生物个体都必须有能力育后，遗传至少和自身相同的子代，该物种才不至于灭绝。遗传后代是地球上一切生物的共性，人类是它们最完美的代表。先贤先烈为后人献身，今人为后人谋发展，故人类在进步，文明在前进。

人类是有性繁殖，由男性的精子与女性的卵子相融合成受精卵，两种配子结合成合子，在胎盘中发育成新的子代。人类的这种能力是遥远祖先传下来的本能，可追溯到 4 亿年前。鱼、蛙、蝾螈等水生动物都是雌雄异体，雄性的精子使雌性的卵子在体外受精而育后。陆生动物如昆虫、爬虫、鸟类等都改为体内受精。约 1 亿年前出现了哺乳类动物，为了提高体内受精的可靠性，雌雄各自长出了较复杂的生殖器官和第二性征，通过交配使卵子在雌性体内可靠受精，在胎盘中发育幼体。凡母亲都专备了乳腺和乳房，哺育幼子。我们每人出生前都曾是受精卵，必须在母体胎盘中待十个月，出生后靠母乳喂大。人类完美地继承和发扬了哺乳类动物这个光荣传统。进化论认为这一切都不是人类有意发明的，是“自然选择”使然。

令人奇怪的是，在人类长期封建社会中，否定性生活的必要性和严肃性竟成了不衰的时髦，总想使人类摆脱这个“耻辱”。事实上，人类具有生物界中最可靠、最先进、最完美的生殖方式。如果人世间有什么事可视为神圣，那么，为养育后代而生存奋斗，就非但不是罪愆，而是圣洁的天意。

有性生殖

生命在地球上刚出现时，以及留存至今天的多数单细胞生物，是靠母细胞一分为二的有丝分裂（Mitosis）传种接代，如细菌（Bacterium）、草履虫（Paramecium）、变形虫（Amoeba）、眼虫（Euglena）等。酵母菌靠出芽分裂。真菌和藻类用孢子扩散方式增殖。植物可用根枝扦插增殖。概略地说，这些没有雌雄配子和受精过程参与的生殖方式，称为无性繁殖。20 世纪的分子生物学已完全确认，每一种生物的生命形态和生理发育过程都是由遗传基因决定的，而基因的表达受环境因素的影响。无性生殖时，除非发生复制差错或受到高能辐射干扰，子代细胞的 DNA 序列总是母细胞 DNA 的准确复制，基因变异的可能性极小，故自然选择余地甚窄，进化很慢。最初级、最低等的生物至今仍固守这种原始的无性生殖方式。

对古动植物化石的研究表明，在古生代早期（志留纪和泥盆纪，4.4 亿—3.6 亿年前），有些生物开始以有性生殖方法繁衍后代。多细胞生物个体是由单细胞不断分裂（有丝分裂）而发育长成的。除生殖细胞以外的所有肌体细胞都称为体细胞。每个体细胞中的染色体总是成对存在，每对中的两条叫做同源染色体，分别来自父亲和母亲，在遗传上视为等价，故称为双倍体（2n）细胞。例如人有 23 对，牛有 30 对，鸡 33 对，小麦 21 对，玉米 10 对，白菜 9 对，等等。有性生殖的物种必须专门生产含有单倍体（n 条）的生殖细胞即配子，与对

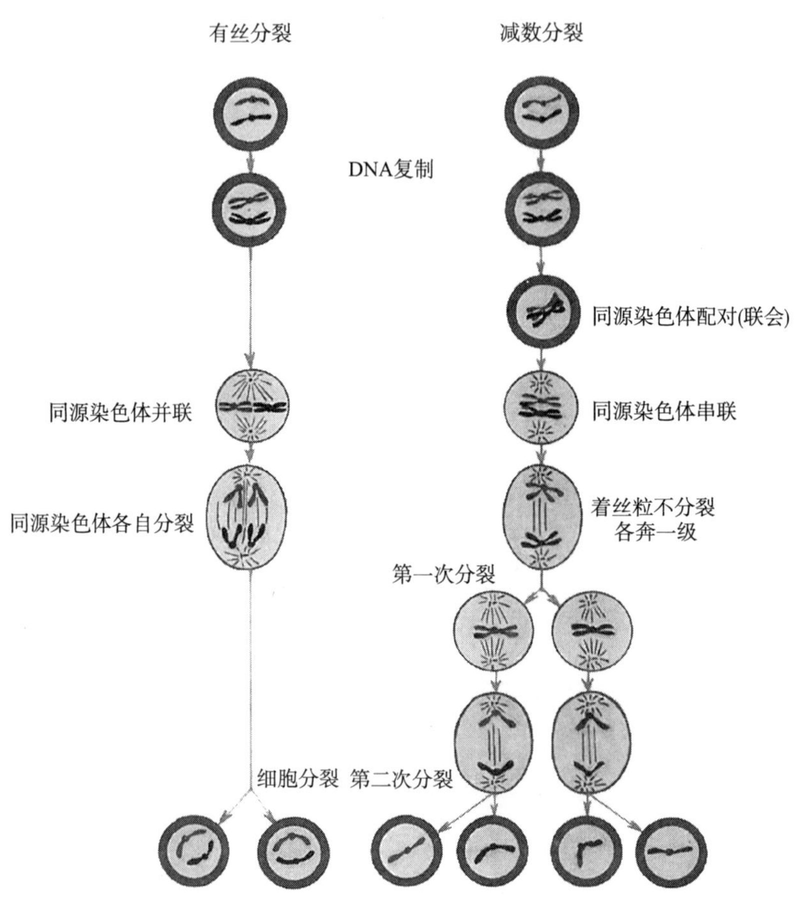

图 2.6–1 细胞的两种分裂方式 [53]

偶的配子（n 条）融合成受精卵后生成正常的双倍体（2n）单细胞，然后通过有丝分裂发育成新的子代个体。以双倍体细胞生产单倍体生殖细胞的过程叫减数分裂（Meiosis），只能在专门的生殖器官中进行。雄性的精子（单倍体）在睾丸中生产，雌性的卵子（单倍体）在卵巢内生产。体细胞的有丝分裂是完全复制母代双倍体细胞的过程。生殖细胞是从双倍体细胞经复制和减数分裂而成。生物科学对两种不同的细胞分裂过程已了解得十分清楚，见示意图 2.6–1。

男性的生殖器官包括睾丸、附睾、贮精囊、输精管、前列腺和阴茎（见图 2.6–2）。睾丸中有 1000 多条精曲小管（Seminiferous tubules），总长达 250m，精曲小管的基膜上有一层精原细胞（Spermatogonia，2n），长大后变成初级精母细胞（Primary spertomacytes，2n）。每个初级精母细胞完成 DNA 复制、联会、臂交叉交换以后，经第一次有丝分裂后成为 2 个次级精母细胞（Secondary spermacytes，2n）。经过第二次减数分裂后变成 4 个单倍体精细胞（Spermatids，n）。每个精细胞随后都发育成一个精子（Sperm），沿精曲小管进入附睾（由综合细管组成，总长达 6m）继续发育和贮存。由输精管把成熟的精子导入贮精囊（Seminal Vesicles）积存，射精时穿过前列腺通向尿道。健康男性能终生不断生产精子，每次射精排出 2 亿—3 亿个精子。（图 2.6–2，2.6–3）

女性在 2 个卵巢（Ovary）中生产生殖细胞—单倍体卵子，由输卵管（Oviduct）连往子宫（Uterus）、子宫颈（Cervix）伸入阴道（Vagina），阴道开口于体外（图 2.6–4）。尚在胚胎中 5 个月的女婴卵巢皮质上就长出 700 万个原卵泡（Primordia follicles），泡中有原卵母细胞（Oogonia），出生时已分化成初级卵母细胞（Primary oocytes，2n），两个卵巢内已长好约 200 万个，停留在减数分裂前期，待长大进入性成熟的青春期时，只剩下 40 万个，在内分泌性激素的刺激下，这些初级卵母细胞开始苏醒。从性成熟期开始，每 28 天左右有 1 个（偶尔 2 个）初级卵母细胞被激活，继续发育为成熟卵子，被排入输卵管，以期在那里与精子相遇受精。女子从 15 岁开始排卵，到 50 岁的 35 年中只能排出成熟卵子约 450 个，其他数十万没有机会成熟和

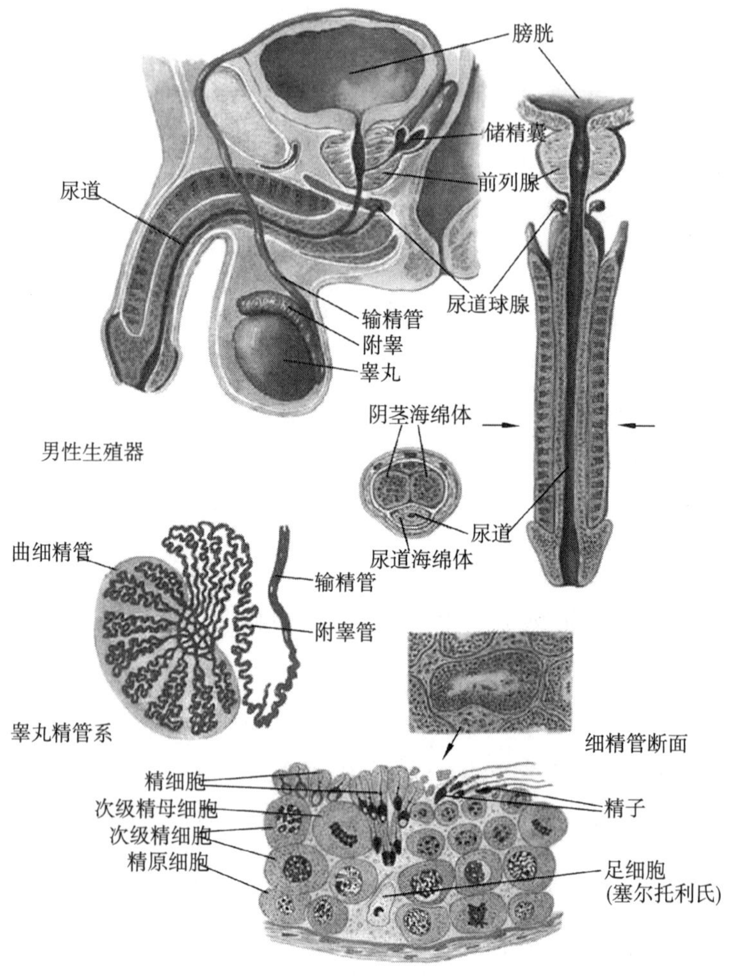

图 2.6–2 男性生殖系统 [53]

未被排出的初级卵母细胞都逐渐惜别而逝 [112]。女性一生为何要有这么多备份卵母细胞？科学尚不知其然。人们猜测，这可能是从遥远祖先那里传下来的成规习俗，他们经历过卵生（昆虫、爬虫和鸟类）和体外受精(鱼、蛙等水生动物）时代，那时需要很多卵子同时排出，增加受精和繁殖后代的机会。

精原细胞
有丝分裂
精原细胞
初级精母细胞
减数分裂 I
次级精母细胞
减数分裂 II
胞质桥
精子细胞
分化精子细胞
残余体
+
成熟精子

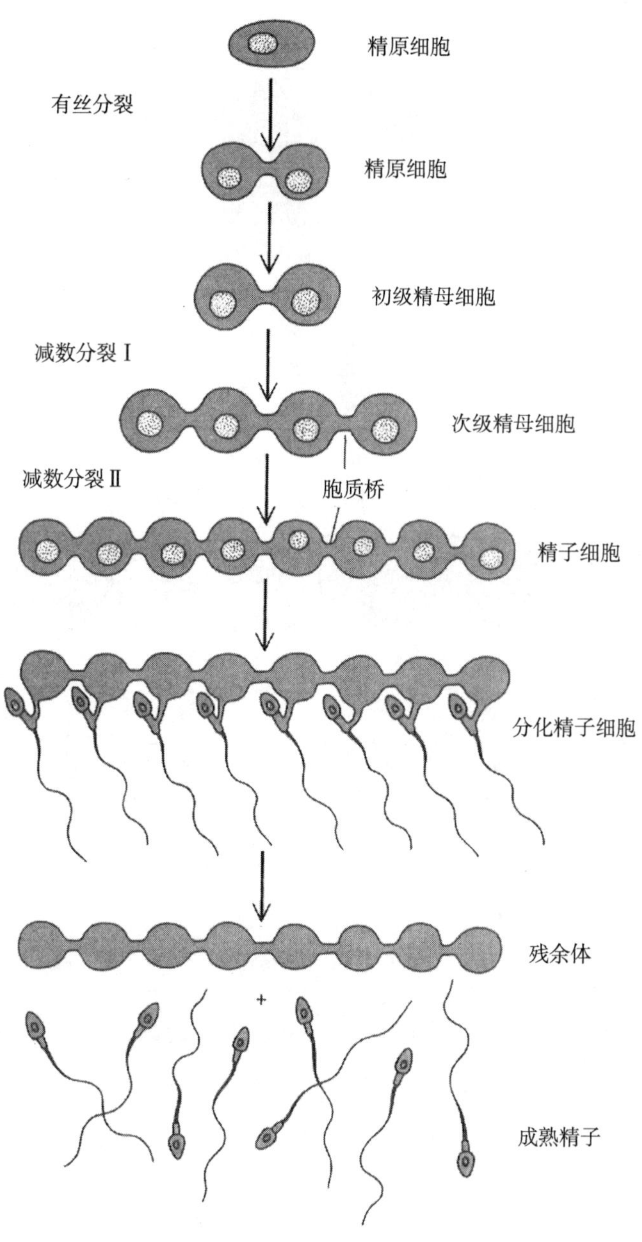

图 2.6–3　精子发生

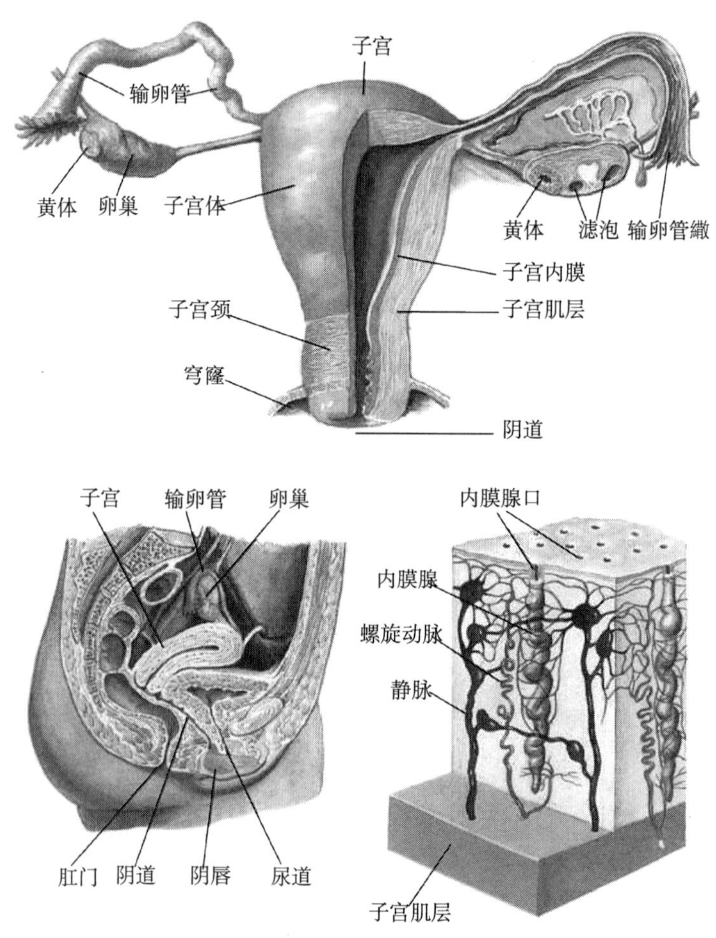

图 2.6–4 女性生殖系统 [53]

与精子不同的是，只有成熟的卵子才开始第一次减数分裂，分成一大一小，大的富有细胞质和卵黄，称为次级卵母细胞（Secondary oocyte）；小的称为极体（Polar body），不能受精发育，但仍能发生第二次减数分裂，结果都被淘汰。次级卵母细胞被卵巢排入输卵管，以期有幸在此与精子相遇而受精。受精后的卵子开始第二次减数分裂，再分出并扔掉一个小的第二极体，大的卵子（n）与精子（n）融合成

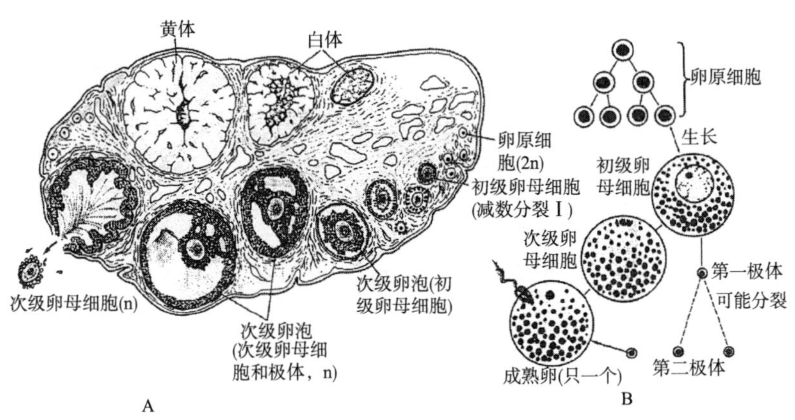

图 2.6–5 卵巢和卵子发生 [92]。A. 卵巢切面；B. 卵子发生 [53]

一个双倍体合子（2n），3 天—4 天内转移到子宫，附着长入宫壁（着床），一个新的生命即告开始（图 2.6–5）。如果卵子（次级卵母细胞）在输卵管中未遇到精子或因其他原因未能受精，24 小时以后，逐步失去活性而死亡，被排出体外 [53]。

从数学家的角度看来，一个人能出生到这个世界上的概率微乎甚微。父母交配后，一次射入阴道的精子约 2—3 × 10^8 个，都要长途跋涉，以 20μm/s—50μm/s 的速度在 1 小时—2 小时内游过子宫腔（约 10cm）进入输卵管，在那里才有希望与卵子相会。而且，女性每 28 天只排出一个成熟卵子，受精地点又在输卵管靠近卵巢的上端。女性每人有两条输卵管，只有一条中可能有成熟卵子候会。平均有一半精子会走错路，进入空巷，因无退路而牺牲。另一半在上行途中被巨噬细胞当成异物而吞噬，只有一小部分能到达等候在输卵管顶部的卵子附近。而卵子只能接纳一个精子进入细胞内与其融合。一旦有一个精子进入卵内，后者便立即采取措施（卵内 Na^+ 离子增加，质膜失去极性，受体被破坏），阻止其他精子进入。只有在卵子动作失误时才可能挤进两个或两个以上精子，与卵子融合成3倍体或多倍体合子，通常立即被流产，如果着床就成为葡萄胎（Hydatidiform moles），3个月—5个月内导致母亲生病，最后以流产而终。所以每一个精子绝不可能与另一个精子同享一个卵子的培育。双胞胎要么是同一个受精卵早期一分为二，成为同卵双胞胎（全同双胞胎），或者偶尔有两个成熟卵子排出，同时受精而成异卵双胞胎[112]。

一次进入阴道的精子，有数亿之多，由于减数分裂前期发生过染色体臂间随机交换（Crossing over）和重组，各精子的DNA都略有不同。必须适逢排卵期，最后也只有1个有造化的精子有幸与卵子结合，否则就全军覆没。在卵子受精和妊娠开始这一事件中，决定胎儿的造化精子出列概率为5×10^{-9}。胚胎学家们看到，卵巢内每月约有5个—12个初级卵母细胞被激活，能达到成熟的卵子只有一个，原因不明。造化卵子的出现概率最大是1/10，更不要说每月有可能被激活的后备军团（初级卵母细胞）有数十万之众[112]。我们每一个人享有生命的概率不会大于10^{-10}，而被另一个胞弟或胞妹置换的概率曾是99.99…%。这么小概率的事件终于发生了，才有了你和我。所以人们说，人的生命是世界上最宝贵的东西。

前面已提到，人类的生殖技巧全然是由远祖遗传下来，又经过不断的创新而造就的。在鱼类出现（古生代志留纪,4.1亿—4.4亿年前）以前动物界有性生殖就广泛流行，但都是排卵后在体外的水中受精。脊椎动物中龟是3亿年前最早改为体内受精的先锋。后来的陆上脊椎动物如爬虫和鸟类都相继更张。它们大多是卵生，但雄性必须用生殖器把精子送入雌性体内，使卵在体内受精后才排出体外孵化。到了中生代侏罗纪（2.08亿—1.46亿年前）出现了哺乳类，实现了革命性变革，放弃了卵生，改为袋生或胎生，在母体的育袋（Marsupium）或胎盘（Placenta）中培育幼子，由母亲的血液为胎仔供给营养，有了独立吸食和呼吸能力后才出生，再用母乳在体外哺育长大。所以，人类的生殖和培育后代的规程至少已有 1 亿年的历史，不是人类自己的创造。依进化论的观点，上述进化是自然选择驱动的，是后代逐步选择继承的。至今仍存有处于过渡阶段的物种就是有力的证明。澳大利亚的鸭嘴兽（Ornithorhynchus anatinus）和马达加斯加岛上的针鼹猬（Tachyglossus aculeatus）是卵生的哺乳类。现存于澳大利亚和中南美洲的有袋类（Marsupialia），卵在体内受精，在子宫中发育，但没有胎盘。幼仔器官尚未发育完全时就被产出，进入育袋中，口衔母亲的乳头吮奶继续发育，成熟后离开育袋，称为袋生哺乳类。

也有少数鱼类是胎生。热带胎鳉鱼（Mollienesia）和古比鱼（Poecilia reticulata）等是卵胎生殖。万青鲨（Prionace glauca）和双髻鲨科（Sphyrnidae）都是胎生[75，113]。

植物的有性生殖

植物界的繁殖方式，也是很有教益的。所有植物，包括最原始的蓝藻、绿藻，都靠有性生殖生育后代而世代交替，以保证物种的延续。植物植株上的细胞都是二倍体（2n），和动物相同。每种植物都有自己的传代生殖技巧，但都从孢子原细胞（Spore mother cells，2n）开始。经过减数分裂，每个孢子原细胞产生 4 个单倍体孢子。孢子实行有丝分裂，长成单倍体配子体（Gametophytes，n），分化为雄性贮精器（Antheridia）和雌性生卵器（Archegonia）。雌性配子（卵子）和雄性配子（精子）融合成合子，经孵化后产生新一代。植物的配子生殖方式可归纳为图 2.6–6 所示世代循环图。

古生物学有充分证据表明，地球上的植物首先出现在海洋中，约在古生代泥盆纪（3.6 亿—4.0 亿年前）以后才爬上陆地。为适应陆

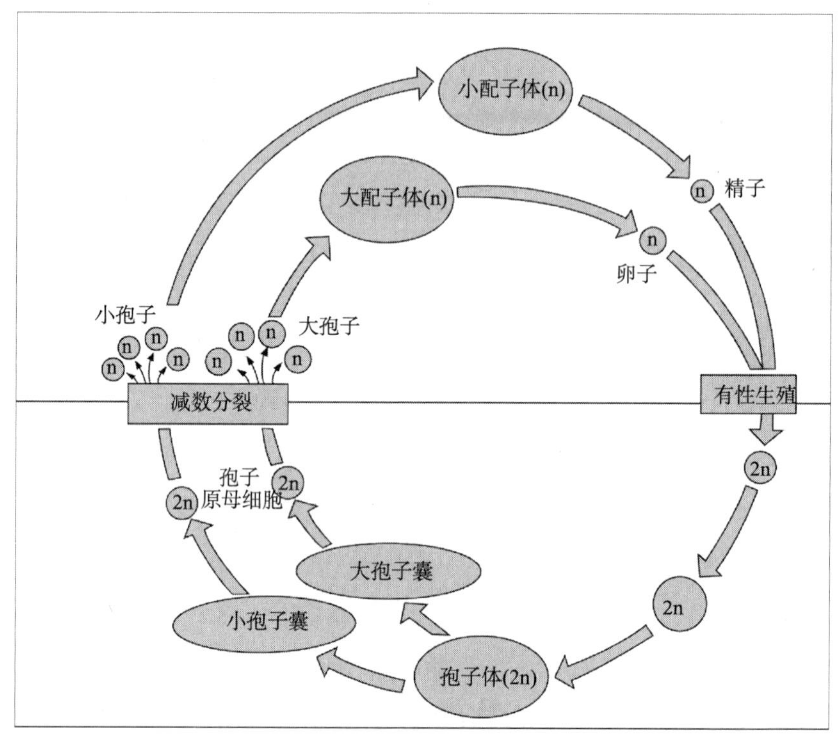

图 2.6–6 植物的配子有性生殖 [48]

地生存条件，植物的有性配子生殖方式不断进化。开始是同配生殖（Isogamy），两个配子形态和大小相同，都有纤毛，能在水中游动，不分雌雄，如衣藻（Chlamydomonas）等藻类植物即是。它们的配子后来开始性别分化，同一细胞产生的配子不能相互融合，从同配生殖向异配生殖（Anisogamy）进化。异配生殖的配子一大一小，都能在水中游动，仍分不出雌雄。最后进化成卵配生殖（Oogamy），大配子发展成含丰富营养的卵子，不再游动，小配子进化成精子，尺寸小，但保持了很强的游动能力，全力寻机与卵子相会，使其受精。从古生代末二叠纪（2.5 亿年前）以后，绝大多数植物都进化成卵配有性生殖。种子植物的出现（裸子植物出现于大 2 亿年前的侏罗纪）使植物界的配子生殖达到了完善程度。有花被子植物（出现于1亿年前的白垩纪早期）的有性生殖方式极具生命力，占现存植物种类的80%，优越于全球，主宰着植物界[48]。

世上无花不美。花是被子植物传种接代的生殖器官，是通向未来的仙桥，故家家盆卉，园园花坛。人们举市花，选国花，倾诉桑梓之秀，憧憬未来之美。春去秋来，花开花落，花又是时光。儿童是未来的花朵。青少年，花容月貌，花样时节。老年是迟开的花。用花萼之谊，表兄弟之亲。百花齐放又移情于文化、艺术、科学、政治。花是真善美的化身。

被子植物的花由花被（Perianth）、雄蕊群（Androecium）和雌蕊群（Gynoecium）组成。花被包括花萼（Calyx），萼片（Septals）和花冠（Gorolla）。萼片是绿色花托，不艳。花冠由花瓣（Petals）簇成，鲜艳芳香，千姿百态（见图2.6–7）。在已知25万种被子植物中，花的式样千奇百怪，万紫千红，每个花中雄蕊（Stamens）的数目也不同。雄蕊分为花药和花丝两部分，花药通常有4个花粉囊。花粉囊中有很多较大的孢原细胞，经有丝分裂后成为花粉母细胞（2n），再经减数分裂，每个花粉母细胞产生4个单倍体小孢子（n）。每个小孢子再分裂一次，形成一个大的营养细胞（称为管核）和一个小的生殖细胞（精子），共同组成一个花粉粒，成熟后破壁而出。雌蕊（Pistils）是雌性生殖器官，它的柱头（Stigma）是接受花粉的地方。柱头底部为子房（Ovary），中空成室，中有卵形小体，称为胚珠（Ovules），长在子房内壁的胎座上。在靠近珠孔一端有一个很大的孢原细胞（Archesporial cell），直接发育成大孢子母细胞。每个胚珠中只有一个大孢子母细胞（2n），经减数分裂成4个单倍体细胞（n），其中3个退化消失，只剩一个大孢子在胚珠中长大。大孢子再经3次分裂成8个核（n），其中2个构成中央胚乳，为未来的胚胎发育供给营养。子房远端的 3 个称为反足细胞（Antipodal cells），对卵细胞受精起辅助作用。靠珠孔的 3 个只有一个发育成较大的卵细胞，其他 2 个较小，称为助细胞，协助卵细胞受精。这样由 8 个细胞组成的结构称为胚囊（Embryosac），即雌配子体（见图 2.6–8）。

一朵花上既有雄蕊也有雌蕊的称为两性花和自花传粉，雄蕊的花粉粒落在雌蕊的柱头上，传入胚珠中使卵受精，如大麦、小麦、豌豆等。每花上只有雄蕊或雌蕊的叫单性花，如玉米，雄花序为顶生，雌

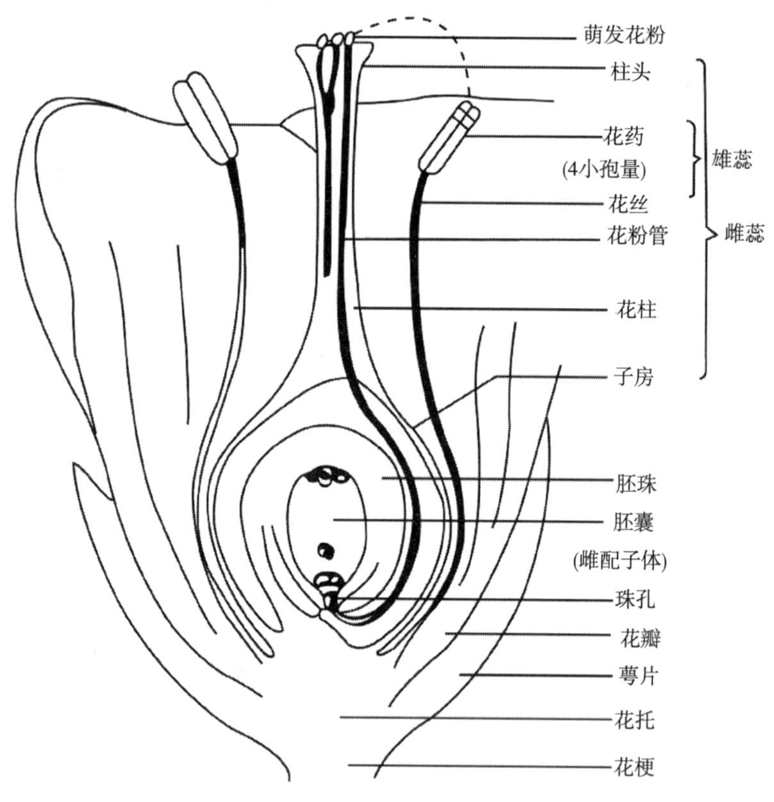

图 2.6–7　花的纵切面图解

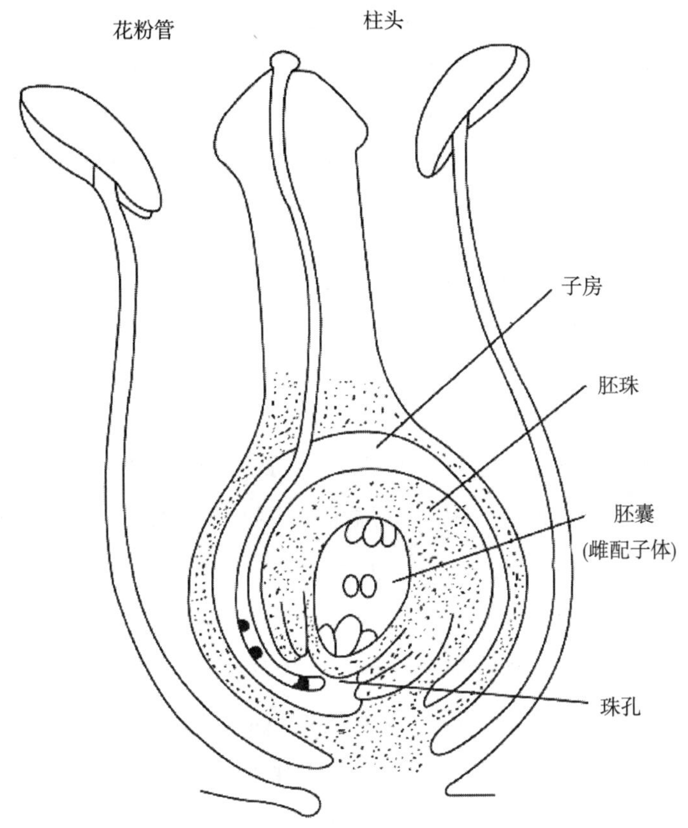

图 2.6–8　花朵子房中的胚珠

花序为腋生，花粉落于雌花长出谷穗。还有的植物是雌雄花异株，如银杏等。被子植物有 10%靠风媒传粉，90%靠蜂、蝶、蛾、鸟等虫媒传粉 [114]。植物是人类赖以生存的资源库，故生态学家奋呼保护善虫益鸟。

花粉落到柱头上以后，由柱头分泌物质激活，花粉中的生殖细胞分裂成 2 个精子，和营养细胞一起，沿花粉管进入胚囊。一个精子与卵细胞融合成受精卵，另一个精子与两个中央细胞融合成三倍体(3n)的胚乳细胞，发育成种子的营养物质（胚乳）。所以，被子植物的受精是由两个精子分别与卵细胞和中央细胞融合，特称为双受精。此后，受精卵和子房、胚珠共同发育成果实和种子。种子以各异方式扩散到远处。有的种子上长翅，借风力远飞（如蒲公英），有的靠果壳爆裂射出（如芝麻），还有靠重力扦泥水中（如海边红树），水果诱动物食用将种子带至远方。目标相同，创尽巧术去繁荣后代。有的物种还要审时度势，觅得机遇，经过休眠期，遇到适当条件后才长出子代植株，如冬小麦即是。

比较动植物的生殖方式，虽然细节有所不同，其共同特征是有性生殖。生物学家们推测，有性生殖必是生物在进化史上动植物尚未分化以前就已掌握了的技巧，至少已有 5 亿年的历史。高等动植物都是两种配子高度分化，由精子与卵子融合成受精卵而衍生新的后代。对化石的研究表明，被子植物几乎与哺乳类动物同时出现于白垩纪早期，距今至少 1 亿年前。它们都表现出强大的生命力，在数千万年的时间内占领了除极区外的整个地球。适宜的生殖器官，对子代胚胎的安全保护和丰富的基因遗传资源是它们获得成功的三大因素。它们的受精卵含有父本和母本的两组染色体。生产生殖细胞时都要进行染色体之间随机交换，然后转移到子代单倍体的卵子和精子中，极大地提高了遗传材料的丰度。例如，人的细胞中有 23 对染色体，减数分裂时即使不发生交换也有 $2^{23} = 8 \times 10^{6}$ 种不同的组合。父母代同源染色体的臂交换，更增加了遗传的多样性，有利于生物的进化和对环境的适应。

生物学中仔细研究过的一个典例是水蚤（Daphnia），属腕足动物门（Brachiopoda）的枝角目（Cladocera），生活在淡水湖、池和小溪中，靠大触角在水中一跳一沉游动，捕食微生物。春夏水多，以无性繁殖即单性繁殖迅速大量滋生。秋后，溪、池干涸，成虫都要死去，靠产卵入泥度过寒冬，来年春水中孵化出新一代，保持物种的延续。春、夏的水蚤全是雌性。秋凉后雌虫卵巢开始育卵，同时出现雄虫，寻机与雌性交配，实行有性生殖。故雌虫秋后产的卵都是双倍体，受精卵。只有有性生育的后代才有可能在泥土中度过严冬而生存下来[115]。

力比多

中国古代哲学家用“性”代表人的“本能和欲望”。“性者，生之质也”（《庄子·庚桑楚篇》）。“生之谓性”，“食、色，性也”（《南子·告子》）。孟子认为性是人的道德。宋代朱熹等又把性提高到“天理”，“性即理也”。佛教认为，性是事物的内在性属，如火般的热情，水样的温和，“性名自有，不待因缘，若待因缘，则是作法，不名为性”(《大智度论》卷引)。可见，“性”是哲学用语，历来并无准确定义，各有说法。19世纪欧洲心理学家用“人格”（Personality）来指称人的气质，意为心理和生理状态的结合。德国精神病学家恩斯特·克雷其默（Kretschmer，Ernst，1888—1964），建立了一套人格分类测试方法，因过于抽象没有得到推广。奥地利心理学医生西格蒙·弗洛伊德于19世纪末建立了一套“精神分析理论”（Psychoanalysis，1895—1939）被称为弗洛伊德主义，在医学和心理学界产生过很大影响[116]。弗洛伊德认为，人的一切行为和动机都来自性的原欲——力比多（Libido），它是人的身心一切气质和能力的源泉。性本能，即生殖本能，和求生逃亡斗争一样，是人生中一切行为的驱动力之一。他把人的本质区分为本我（Id）、自我（Ego）和超我（Super-ego）三个层次。本我的本质是兽性，通过潜意识（Unconscious）表现出来，是一种原始的，非理性的本能，具有强大的心理能量。自我是本我与认知世界能力的结合，理智与常识的联合，是人们能回忆起来的经验，通过前意识（Preconscious）表现出来。超我是人格中最文明、最道德的部分，是良心、理想等用以指导自我行为的意识（Conscious）。弗洛伊德把性欲和心能归结为原欲，称之为力比多（Libido），这是精神分析论的理论支柱 [117]。

精神分析论出现以后，立即引起了全世界的注意，支持和批评的都有。批评的意见主要是，弗洛伊德所使用的语言和名词缺乏科学定义，沿袭了古代哲学家们的玄虚概念去解释人的意识和人格的根源。2005 年法国出版了 60 万字的《弗洛伊德批判》，由 10 多个国家的 40 多位学者参与 [118]。多数批评者认为弗洛伊德理论缺乏充分的生理学和解剖学的实验基础。也有不少人认为，弗洛伊德所提倡的精神疗法是有效的，能使精神病患者理解自己烦恼的根源，得到某些解脱。其作用不在其科学价值，而在于其中糅合了科学界的普遍观念：人性具有高度的可塑性。很多人赞赏弗洛伊德敢于提出新思想、建立新科学体系的勇气和坚韧精神。特别是，弗洛伊德提出，人的行为并不完全由精神力量所主宰，它们在很大程度上受潜意识即生物学本能所支配。有人认为这个发现与牛顿力学和达尔文进化论对人类具有同等重要意义。随着现代生物学和分子遗传学的飞速进步，弗洛伊德精神分析学说的作用在逐步减退。到 20 世纪 90 年代，批评弗洛伊德理论的著作出现高潮。据统计，20 世纪末在美国 7.5 万精神病医生、6 万心理医生和 4 万精神病学家中已很少有人相信精神分析论是他们的理论基础 [119]。

内分泌

20 世纪，各学科的研究和发现使科学界认识到，从最高层次上主宰人的生命活动和行为的是神经系统和内分泌系统，它们保证了人体各器官系统活动的协同，同时赋予巨大的适应任务和环境的能力。这两个系统各有不同的任务和信息传递方法，相互之间又有密切的协同关系。某些内分泌腺受神经系统的调节，内分泌的激素又影响着肌体和神经系统的发育和功能发挥。神经细胞（神经元）遍布全身，自成体系，靠电脉冲和化学递质传递信号。内分泌系统对生命活动的控制和调节完全由化学物质（激素）通过血液循环传布的。

激素（Hormones，荷尔蒙）是动植物肌体内分泌产生的化学信使。是由内分泌腺（Endocrine glands）分泌进入血流传布全身的化学物质。内分泌物质可以是蛋白质、单氨基酸、胆固醇或简单的有机分子，以调控被作用细胞（靶细胞）的功能和动作。内分泌的特点是：（1）内分泌腺分泌激素有明显的节律变化，与昼夜、日照、饮食、作息等时间和间隔同步。（2）每种激素只作用于少数靶细胞的固有反应，并不引起新的反应。（3）激素发挥调控作用时用量少，效率高。血中的激素浓度可非常小即能发生巨大的生理效应。（4）多种激素可以联合起来发挥某种生理调控功能，一种激素也可以有多种功能。（5）激素在血液中的作用都是短命的，很快即被降解、失活。例如肾上腺分泌的皮质激素（Adrenal cortical hormone）在血中的半衰期仅 1 小时，胰岛素只有 10 分钟。

关于动植物生长过程中必须有激素的调控作用，数代生物学家花了 50 年，于 20 世纪中叶才搞清楚。早在 1880 年达尔文之子（Francis Darwin）就注意到大多数植物都有趋光性，嫩芽向阳光方向弯曲，他们猜想一定有一种物质驱使茎芽长向阳光。1910 年左右丹麦人 P. Boysen-Jensen 用燕麦实验证明，嫩芽顶部会放出一种化学物质，引起背光一边长得快些。20 世纪 20 年代荷兰植物学家文特（Went, F.A.F.C.，1863—1935）实验证明了这种化学物质的存在，并命名为生长素（Auxin）。20 世纪 40 年代人们从菠萝嫩枝和燕麦胚芽中提纯了生长素，证明它是一种吲哚乙酸（Indole acetic acid，IAA）。到 20 世纪下半叶，化学家们已能人工合成 IAA，中国也已大量生产，比植物天然释放的生长素更为有效（见表 2.6–1）。实验证明，正是生长素的作用使植物枝叶长向阳光，具有向阳性（Phototropism），根部向下长，有向地性（Geotropism）。花子房中新种子的形成需要生长素，未受粉的花通常脱落，选择杂交也可使种子不能正常发育，用生长素和其他激素可让果不脱落而继续发育，无籽西瓜、黄瓜、西红柿等就是这样得到的。生长素 IAA 的发现为激素和内分泌的研究开辟了新道路。日本植物学家黑泽明（E. Kurosawa）和薮田（T. Yabuta）于 1926 年—1935 年期间发现并从赤霉菌中提取出能使植物的茎长高延长的激素——赤霉素（Gebberellins）的晶体 [120]。1955 年美国植物学家（F. Skoog and C. O. Miller）证实并提纯了能促使植物发育和生长的细胞分裂素（Cytokinins）。1910—1930 年间人们发现乙烯（Ethylene，$CH_2=CH_2$）有促进果实成熟的作用，而且植物本身能合成乙烯当作激素利用。

表 2.6–1　数种植物激素，生长素（Auxin IAA）、细胞分裂素（Cytokinins）、赤霉素（Gibberellins，GA）、乙烯（Ethylene）和脱落酸（Abscisic acid，ABA）

名称	作用及分泌部位
生长素（IAA）	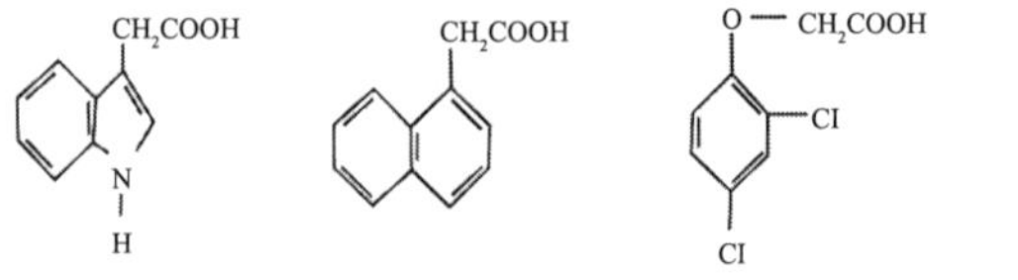 CH_2COOH … 引哚乙酸(IAA)　CH_2COOH … 萘乙酸(NAA)　O — CH_2COOH, Cl, Cl … 2,4 – D 二氯苯氧乙酸 促进纤维组织生长，抑制侧芽。芽顶部新生组织分泌。

续表

细胞分裂素（Cytokinins）	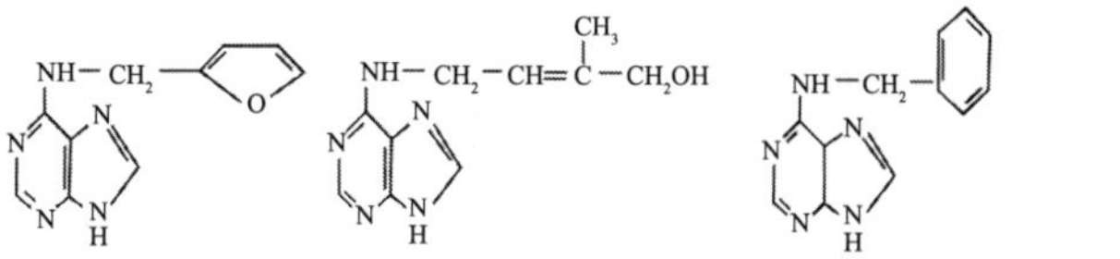 激动素(Kinetin)　玉米素　苄基腺嘌呤(BAP) 与生长素一起促进细胞分裂和分化。分泌于根部并输往其他地方。
赤霉素（GA_1）	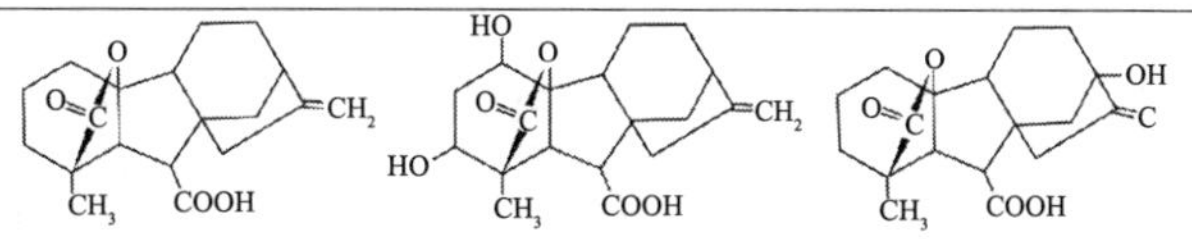 赤霉素A_9(在赤霉菌和植物体中发现)　赤霉素A_{16}(只在赤霉菌中发现)　赤霉素A_{20}(只在植物体中发现) 促进茎和节间延长和种子萌发。根和芽顶部分泌。
乙烯（Ethylene）	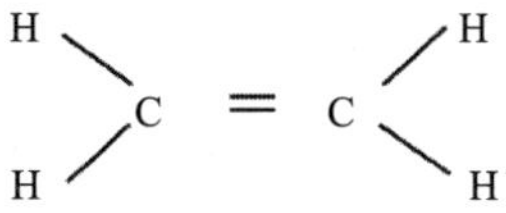 控制落叶和加速花、果、种子成熟。抑制侧枝生长。由叶、花、果柄和果实分泌。
脱落素（ABA）	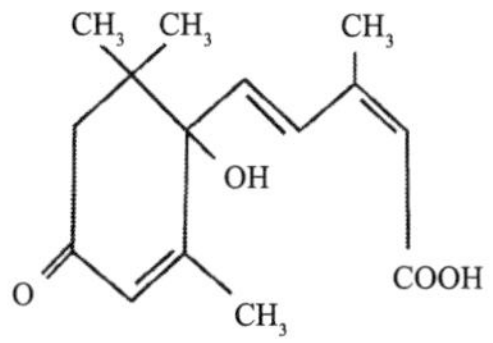 脱落酸 抑制芽叶生成，催促落叶，开启叶孔。成熟叶、果和根冠分泌。

1960年代植物学家发现另一种抑制植物生长激素脱落酸（Abscisic acid，ABA），是从棉花落果、马铃薯和枫、桦树叶中分离出来的含15个碳化合物，能迅速抑制植物生长，引起花、叶和果实的脱落。1961年—1975年越南战争期间，美国曾大量生产和大规模使用脱落剂当作化学武器，导致越南广阔丛林和红树林落叶焦枯。美军曾投洒含有65%的三氯间苯氧基乙酸(2,4,5-Trichlorophenoxyacetic acid)、二恶英脱叶酸和除草剂的“橙色化学剂”(Agent Orange)3650万升，约10万吨，毁灭数十万平方公里热带雨林，致百万居民伤残，儿童畸形，毒害民众达数十年之久[121]。实践表明，人长期接触这种物质后极易出现淋巴癌(Hodgkin's lymphoma)和软组织癌变。越战失败30年后，美国国会决定给接触过这种橙色脱落剂的美军越战老兵以赔偿[122]。

20世纪对动物生理研究的一系列重大发现使人们对人的内分泌系统有了全面认识。动物体内分泌的激素种类远比植物多，特异性高，有专门生产激素的器官即内分泌腺(Endocrine glands)。它们都是没有分泌管的一类腺体，分泌物直接排入血液，通过血流传播到靶细胞，所以称为无管腺。早在1849年德国生理学家切除雄雏鸡的睾丸后不能发育成雄鸡，断定睾丸除产生精子外必分泌某种物质，影响其进一步发育。1914年从甲状腺中分离出甲状腺素(Thyroxine)，证实它是含碘的激素，简称T_4。后来又分离出称为T_3的三碘甲腺原氨酸(Triiodothironine)。T_3和T_4都有提高体内糖类代谢和赋予氧化磷化酶的活性作用。1886年—1922年对胰脏功能的研究导致胰岛素(Insulin)的发现。美国于1954年测出了它的氨基酸序列(F. S. Anger)，1960年代中国生物化学家人工合成了牛胰岛素。它是由A、B两个链组成的蛋白质，A链由21个氨基酸、B链由30个氨基酸连接而成。胰岛素是由胰脏产生的重要激素，其作用是提高肌体各种细胞氧化葡萄糖或将其转为糖原和脂肪而贮存起来的能力。20世纪30年代发现肾上腺分泌一种激素——肾上腺素(Adrenaline或Epinephrine)和去甲肾上腺素(Norepinephrine)，1948年实现了人工合成，这就是现在的常用药可的松类(Cortisone)，它能使蛋白质转化为葡萄糖使血糖增加，为身体提供能量等。

到20世纪末，已确认成人体中有15种腺体，其中7种是最重

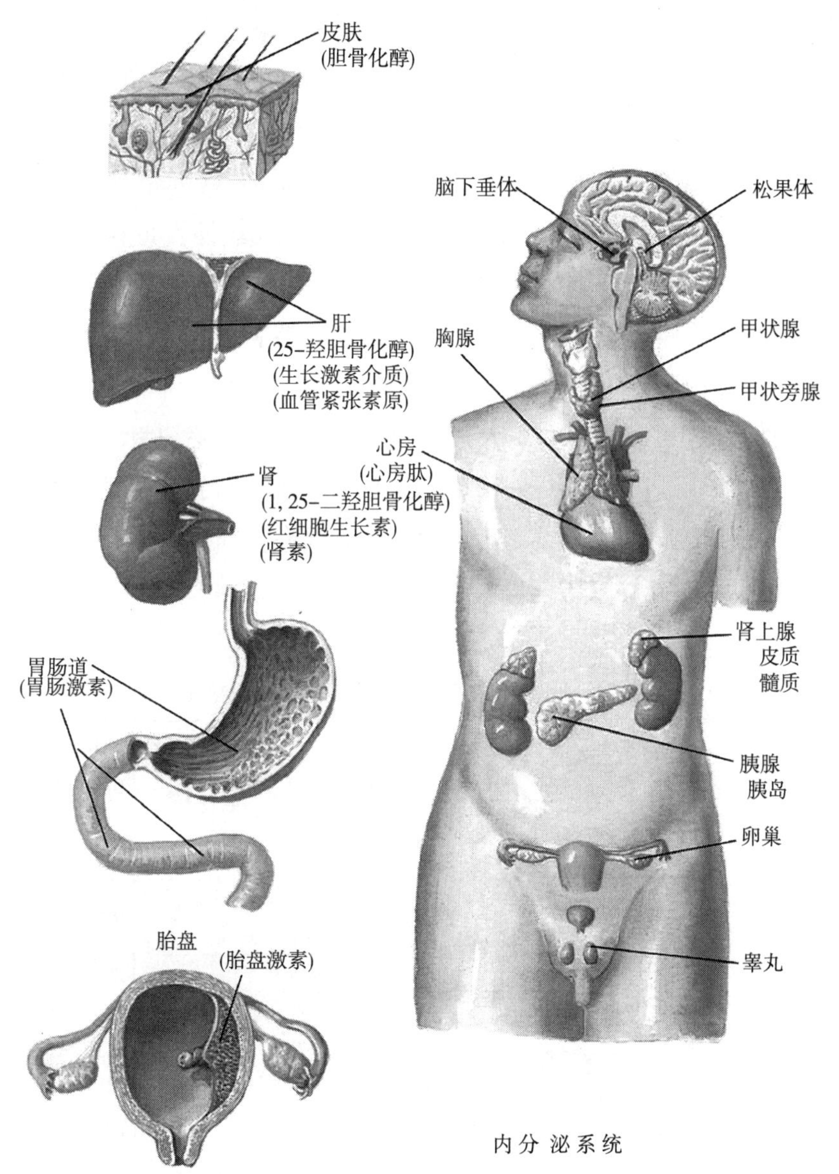

图 2.6–9 人的内分泌系统

要的内分泌腺，分布在身体各处。它们是脑垂体（Pituitary body，前叶和后叶），甲状腺（Thyroid gland），副甲状腺（Parathyroid gland），肾上腺（Adrenal glands），胰腺（Islets of Langerhans），生殖腺（或称性腺，Gonad gland）的睾丸和卵巢（见图 2.6–9）。其中脑垂体是“首领”，它能指挥和控制其他腺体的活动。松果体（Pineal body）和胸腺（Thymus）也是腺体，但主要在胎儿期和儿童期发挥作用，成年后萎缩。目前对其全面功能尚不完全了解。

有一些专门的内分泌细胞分布在其他器官中，如消化道黏膜、肺、前列腺中都有专门的内分泌细胞分泌某些激素，调节和影响消化道、血液循环系统的功能和活动。还有一些非内分泌细胞常有内分泌功能，如下丘脑中某些细胞可分泌下丘脑激素，调节垂体促激素的分泌。肾小球能分泌促红细胞生成素，刺激提高骨髓造血功能等。人体主要腺体和所分泌的激素见表 2.6–11。

表 2.6–2　人体主要内分泌腺及其释放的激素

腺体	激素	靶组织	作用	化学本质
脑后叶垂体	催产素（Oxytocin）	子宫、乳腺、肾	收缩子宫，催乳	由9个氨基酸组成的短肽
	后叶激素（ADH）	肾脏	抑尿，回收尿中水分	
脑前叶垂体	生长激素（GH）	全身	促进蛋白质合成，裂解脂肪	蛋白
	催乳激素（PRL）	乳腺	刺激乳腺产乳	蛋白
	促甲状腺激素（TSH）	甲状腺	促甲状腺分泌激素	糖蛋白
	促肾上腺皮质激素（ACTH）	肾上腺皮质	促肾上腺分泌	多肽
	促卵泡激素（FSH）	性腺	促卵子、精子产生	糖蛋白
	促黄体激素（LH）	性腺	促女性排卵和黄体形成，促男性分泌雄激素	糖蛋白

续表

腺体	激素	靶组织	作用	化学本质
甲状腺	甲状腺激素（Thyroxine）	全身	提高代谢速度，促肌体发育生长	含碘氨基酸
	降血钙素	骨骼	降低血钙含量，防止骨钙丢失	多肽（32个氨基酸）
副甲状腺	副甲激素	骨、肾、消化道	提高血钙含量，促肾回收钙，提高Vit. D活性	多肽（34个氨基酸）
肾上腺	肾上腺素、去甲肾上腺素	骨架、心肌、血管	提高心率、血压、扩张血管，提高血糖	氨基酸衍生物
	醛甾酮	肾小管	保持钠、钾离子平衡	类固醇
	可的松（皮质醇）	全身	长期兴奋，提高血糖，分解脂肪	类固醇
胰腺（胰岛）	胰岛素	全身	降低血糖，增加肝内糖原贮备	多肽（51个氨基酸）
	高血糖激素	肝、脂肪组织	提升血糖，促肝内糖原分解	多肽（29个氨基酸）
卵巢	雌激素	女性生殖系统	促进第二性征发育，青春期性器官发育	类固醇
	孕酮、黄体酮	子宫、乳房	完成受孕准备，促胎儿发育	类固醇
睾丸	雄性激素（睾丸素）	全身、男性生殖系统	性器官发育，精子产生	类固醇

性激素

从表 2.6–2 中可看出，人的内分泌系统是生命活动的调节器，用微量的简单化学物质向肌体发出信号去协调基因功能表达，调控代谢过程，影响特定的器官发育，保障全局的生理效应。内分泌的信号物质分四类：蛋白质，由氨基酸组成的短肽或多肽，儿茶酚胺和类固醇。激素是通过改变特异细胞的代谢并与基因组相互作用打开或关闭基因活性，直接或间接对靶细胞和组织进行调控。有的激素要穿过细胞膜进入细胞内或细胞核内发生作用，如甲状腺素。有的在细胞膜外与特异受体引发生物化学反应，利用原有通道影响细胞内的“第二信使”的协同，才能发生作用。钙离子（Ca^{2+}）和环磷酸腺苷（CAMP）都是第二信使。至少有 13 种激素利用 CAMP 作为第二信使来实现其功能。当一个激素分子（第一信使）与受体结合时，激活腺苷酸环化酶（Adenylate cyclase），催化 ATP 转化成 CAMP，后者激活或失活细胞内特定的酶系，完成激素的任务。

生殖系统的正常功能是由遗传基因决定的，由内分泌系统保障的，是不以人的意志而转移的祖传植物性功能，从表 2.6–11 中可看出，大部分内分泌腺与人的生殖系统有关。首先性腺（Gonads）的内分泌功能是决定人的生殖能力的关键器官。睾丸除大批量生产精子外，另一任务是分泌雄性激素（Androgene）、睾酮（Testosterone），决定男性的第二性征和驱动性行为。女性卵巢生产卵子，同时分泌雌性激素（Estrogens），主要是雌二醇（Estradiol）和孕酮（Progesterone），发育和维持女性的第二性征，维持月经周期和排卵活动。分泌孕酮是为怀孕培育后代做准备。脑垂体（Pituitary gland）有前、后叶之分，至少分泌 7 种激素。垂体后叶（Posterior pituitary）即下丘脑向下生长的部分，负责接受、贮存和释放催产素（Oxytocin），使子宫在生育时发生肌肉收缩，把胎儿挤出体外，同时控制乳腺分泌乳汁哺育婴儿。脑垂体前叶（Anterior lobe），被称为拉克氏袋囊（Rathke’s pouch），它的腺垂体（Adenohypophysis）分泌的“促释放激素”（Tropic hormone），统领全局，诱导其他内分泌腺释放激素。腺垂体还分泌生长激素（Growth hormone, GH），调节肌体和各器官的生长和界限，防止肢体的不协调发育。脑垂体前叶还分泌催乳素（Prolactin），调控乳汁的生产；促卵泡激素（Follicle-stimulating hormone，FSH）刺激男性曲精细管生成精子和女性卵巢成熟；促黄体生成素（Luteinizing hormone, LH），促进雌激素的分泌，增进黄体和孕酮释放，催促排卵，刺激男性性器官中雄激素的合成与分泌。此外脑垂体还分泌促肾上腺皮质激素（ACTH），促进肾上腺皮质的生成和分泌类固醇；促甲状腺激素（TSH），推动甲状腺的成长和分泌；黑色细胞刺激素（MSH），增加黑色素的生成和扩散等。

下丘脑（Hypothalamus）是脑的一部分，位于垂体上方，通过神经干与垂体后叶相连，故与神经系统有密切联系。在某些神经刺激信号的指挥下能生产各种激素如催产素和抗利尿激素等，送入后叶贮存，伺机向血液中释放。

尽管20世纪对内分泌系统的研究取得了突破性进展，已成为现代生物学、生理学和医学的重要科学基础，但还有很多问题尚未彻底弄清。例如中枢神经系统本身的内分泌物质及效应和对其他腺体的调控作用等，目前知道得还甚少。但是，对一些基本科学问题已有了广泛的共识。100年前，弗洛伊德提出，“力比多”即“原欲”，是人的生命活力和精神力量的原动力。他当时没有或者没注意到内分泌激素对人的生理和心理状态的影响和调节功能，所以他的精神分析理论缺乏物理和生理基础，也没有令人信服的实验证据。到20世纪末，人们已经看到，如果继续使用已在科学界流行百年之久的力比多（Libido）这个词，即使按弗洛伊德的原义，主要指性欲和生殖欲，那么力比多的物质基础就是内分泌。性欲和性行为是一切哺乳类动物的植物性功能，在生物界的其他门类中也普遍存在。它是地球上的生命在30多亿年的进化历程中由自然（选择）造就的，是物种的繁衍和延续的强大和唯一的技巧，已深深地印记在遗传基因中。对人类来说，它是和吃饭睡觉同等重要的生理活动，是人类得以持续发展进步，通向未来的根本保障。

禁欲陋俗

人类毕竟与其他动物不同。人类有强大的中枢神经系统和认知、记忆、学习以及逻辑思维和创新能力，又生活于迅速变化的社会文化影响之中。习俗、宗教、信仰、艺术、理念、生活条件和社会风气等，常与生物本性相抵触，人的生理需求常被剥夺和压制，甚至在社会风气和舆论压力下自馁自残，伤害自己的生育能力和性功能。阉割（Castration）就是历史上时常发生的陋俗。阉割就是去势，切除睾丸或“幽闭”子宫，使其丧失生育能力，改变第二性征，体态和性格都发生根本性变化，也必然会引起心理状态和思维能力的改变，影响智慧能力的发育。

公元前2000年西亚两河流域的古亚述国（Assyria）用阉刑惩罚罪人。古波斯帝国（Persian Empire，前550—前330）和古罗马帝国（Roman Empire，前27—公元476）和拜占廷帝国（Byzantine Empire，395—1453）都有使用阉人的习俗。奥斯曼帝国（Ottoman Empire，1299—1922）直到20世纪初仍在宫廷之中使用阉人。中国周朝开始在帝王后宫使用阉人，亦称宦人，多为贫困父母养不起子女而送往宫中受阉。秦宦中车令赵高，靠侍公子得势。前210年秦始皇死，赵高诈死长子扶苏，扶少子胡亥即位秦二世，2年后又杀掉，戮杀18个公子，10个公主和数个高级将领。祸起萧墙，天下大乱，仅三年秦灭。殆秦者，赵高第一，盖自身心残疾所萌。从东汉起，宫内佣人全部改为阉人。隋、唐、宋朝廷专设内侍省，由宦官主持。明朝曾达顶峰，设十二监、四司、八局、二十四衙门，均由宦官太监主管。明朝数度发生宦官专权。明武宗时（1506—1521），宦官刘谨控制朝政，权擅天下，迫害菁英，营私贪贿，民怨沸腾，被凌迟处死。100 年后明代熹宗时（1621—1628），宦官魏忠贤等纠集阉党集团，昵太子而得势，残酷镇压知识界，虏杀东林党等正直朝臣，毁书院、禁学校、封杀言论。思宗即位后（1628）严惩阉党，拘捕 260 多人，魏忠贤畏罪自杀。浩翰史籍，宦官恶政，鲁迅称之为“半个女人”专政，不遑列举，盖与阉人身心残变有关，尚俟人类学家和医学家们剖析。

意大利于 17 世纪—18 世纪曾流行培养阉人歌手（Castrato），歌剧中的男歌手大部分是阉人。最著名的有卡洛·布罗斯基（Carlo Broschi，1705—1782），艺名法里内利（Farinelli），对意大利歌剧享誉世界起过重要作用。

基督教独尊于欧洲的 1500 年中，按《圣经·马太福音》的启示，数度流行过神职人员自愿阉割，以防止世俗性引诱和性罪恶。公元 3 世纪基督教神学家、圣经学者奥利金（Origin，185—254）是历史上著名代表。他青年时自阉，以“火的洗礼”而进行洗炼，以便辅导新入教的妇女教徒。

宗教改革以前的基督教一直提倡神职人员持独身主义（Celibacy），与性生活、家庭、工作等世俗生活分开，才能“代表天庭与人民对话”，称为司铎制独身（Sacerdotal celibacy）。天主教认为与异性发生关系是对圣体和个人品德的污染，只有独身的神父才具有仪礼的纯洁性。很多牧师、主教和神职人员自愿发誓不婚。修道院中的修女和部分隐性仕女保持独身，是为追求品德和贞洁的“精神净化”，如英国奥秘神学家，以《神爱的启示》一书著称的女爵朱利安夫人（Dame Julian of Norwich，1342—1413）即然。在某些秘教派的核心组织中实行禁欲苦行主义，成员必须放弃婚姻。16 世纪宗教改革后，路德派和英国圣公会废止了不准神职人员结婚的禁令，停止了平民教徒独身的习俗。天主教于 1962 年第二届梵蒂冈理事会后也放松了禁令，允许已婚的教士出任执事（Diaconate），很多神父纷纷离职结婚。此后欧、美天主教会相继废止禁婚令，是否结婚由教士们自己选择。

佛教始祖释迦牟尼（前 563—前 480）死后，佛教传至中国、东亚、南亚和日本，分裂成 20 多个宗派，都继承了四谛（苦、集、灭、道），八正道（见、思、语、业、命、精进、念、定），十二因缘（无名、行、识、名色、六入、触、受、爱、取、有、生、老死）和五蕴（色、受、想、行、识）的基本教义。佛教初期，印度的圣人（Sadhus，Holymen）都实行节欲，摆脱家庭和尘世的连累，但并没有纪律约束。男女信徒皆可结婚，配偶死后或离婚后均允许“脱离红尘”而出家，获得最后的“解放”。东南亚的小乘佛教中流行青年人出家当和尚一年，有如劳动锻炼，毕业后返回社会正常生活。隋唐时代佛教传到日本，不干涉教徒的家庭生活，也有当和尚锻炼一年的习俗。日本的神道寺院和莲宗创价协会都不设独身神职，也不收养和尚尼姑。汉传佛教 2000 多年来分化很大，各宗派的戒律不同，但大都继承了佛教早期的习俗。靠化缘谋生的游僧和寺院庙宇中过集体生活的和尚都守四戒：戒色、戒盗、戒杀人、戒越货，不准结婚成家，违者要还俗，革出教门。

唐初终南山高僧道宣依佛经《四分律》创建律宗或称南山宗，专重研传戒律，曾兴盛一时。律宗强调戒法即佛法戒律。“戒体”是从师受戒规范，“戒行”为行业准则，“戒相”是戒的形式。后来戒律益增，有五戒、十戒，最多的有二百五十戒。三国时代传入中国的密宗，以善神咒，役鬼魅的巫术著称。唐高僧不空赴狮子国（今斯里兰卡）学回秘法，于长安、洛阳、武威寺院传授。佛教各宗派都严守戒色禁欲，离弃尘世烟火，以求“身心纯净”。

东汉兴起的道教，崇神仙，炼丹符箓以求长生，唐宋曾列为国教，对男女婚配无严格限制。南宋后金、元对峙，北方全真道和南方金丹派重兴，流传至今。各派都认为儒释道同源，致力于三教融合。全真道吸取佛戒，出家道观者应单身，禁性净心。但对居家修炼的男女居士无严格规定。以孔子为始祖的儒家始终坚持三纲(君、父、夫)五常（仁义礼智信）。婚姻家庭是天命，“不孝有三，无后为大”。舜因无后私娶，君子不啧而喻，人们都能理解。

20 世纪以来世界各宗教派别都在进行改革，摒弃了那些与自然规律相悖又损害人身健康的昧规陋习，以基督教新教（Protestant）最为显著。中国佛教界也正在改革之中。中国佛教协会于 1983 年 12 月发布《关于汉族佛教寺庙剃度传戒的决议》，废除了自唐以来流行的烧身供奉和燃顶受戒（头上烧香疤）等危害僧人身体的陈规旧习。佛教是与基督教、伊斯兰教并列的世界三大宗教之一。逐恶行善，自净身灵，永葆爱心，悟道而涅槃，是佛教的基本理念，有与各时代不同文化和谐结合的良缘。人们对 21 世纪佛教的改革抱有很高的期盼。

婚 配

生存和发展是每代人的历史任务。为了生存，首先必须生产满足生存需要的物资。为了发展，人人都有繁育新人的责任 [123]。这是人类社会得以持续发展的前提。

人类是从动物界走过来的，从蒙昧野蛮走向文明，经历了数百万年的漫长历史。恩格斯高度评价美国人类学先驱摩尔根关于人类古代社会、亲属关系和文明起源与进化的奠基性研究和发现 [124，125]。摩尔根确切证实了历史上和现在某些地方仍然存在的最古老、最原始的家庭形式是群婚。在人类历史上，杂婚、群婚、多妻、多夫、一夫一妻制都存在过。人类只有在群体联合的集体行动中，才能脱离动物界，实现自然界中最伟大的进步——向人的社会状态过渡。群婚是人类在一定发展阶段中对群体社会生活的初级适应。古代游牧民族都是一夫多妻[126]。灵长目中类人猿亚目（Haplorhini 或 Simians）中的动物，如猕猴，是人类的远亲。人超科（Homioidea）中的林猿科（Hyolbatidae）和猩猩科（Pongidae）是我们的近亲。20 世纪动物学家们对大猩猩、黑猩猩和恒河猴等的群居生活的婚配关系做过深入的研究[127—130]。正像恩格斯所预见，关于动物社会的研究对推断早期人类社会确有一定价值。动物学的科学考察和研究证明，人类社会的发展过程和类人猿社会有许多相似点和共同根源。

据史书记载，古巴比伦国王汉穆拉比（Hammurabi，前 1792—前 1750 年在位），以征服两河中下游地区闻名于史，后宫妻室达数千人。中美印第安阿兹台克第九代皇帝蒙提祖马二世（Montezuma，1466—1520 在位）有 4000 个妻子。埃及法老阿克拿顿（Akhenaten，前 1379—1362 在位）的妻子有 350 个。以凶恶残暴著称的近代摩洛哥苏丹摩雷（Moulay，1672—1727）生有 888 个子女，计儿子 548 个，女儿 340 个[131]。

中国历代皇帝率范的多妻制绵延了 4000 多年，史籍有详录，直到新中国成立后才被废止。古者天子后立六宫，三夫人，九嫔，二十七世妇，八十一御妻（《礼・昏仪》）。夏桀（约前 1600 年）宫女 3000[132]。周王“九妃六嫔，陈妾数千”（《管子・小匡》），合法妻子 121 人。俗传“三宫六院七十二妃”自周始。秦代孝文公最爱华阳夫人，但有后宫三千。秦始皇嬴政（前 258—前 210），殿观（夫人）百四十五，后宫列女万人，儿子 21，女儿 22。汉初，后妃爵列八品，后宫嫔妃三千，分十四级。汉武帝刘彻（前 158—前 87）后宫 18000 人，（《旧唐书・食货志》），自言“能三日不食，不能一日无妇人”。魏武帝曹操（155—220）妻妾 15 人，生 25 个儿子 [133]。晋武帝司马炎（236—290）登基后全国选美，选前禁天下婚嫁，首选 5000，8 年后又选 5000，后宫过万。唐高祖李渊（566—635）有 122 个夫人、贵妃和御妻，生了 22 个儿子和 19 个女儿。唐玄宗李隆基（685—762）的后宫，创世界最高纪录，最爱杨贵妃，还有四个夫人和庞大的后宫，设六局二十四司，有品级的嫔妃 190 人，花寂至老的宫女多达 4 万人。宋元明清各朝后宫规模减至 2000—3000 人。比较简朴的清圣祖康熙（1654—1722）妻妾成群，生了 35 个儿子和 20 多个女儿 [134]。清东陵贵妃园寝中有乾隆 36 个嫔妃的墓 [135]。

清末太平天国（1851—1864）那场全国规模的农民革命运动领袖洪秀全（1814—1864），以基督教为思想支柱，创立拜上帝会。1851 年于广西桂平金田村起义反清，次年攻占武汉，第三年攻占金陵，定都天京。当年北征，西征，经安徽、河南、河北、山西直逼京津，控制了长江南北 18 个省，清廷大震。14 年后，被清朝和外国联合扑灭。起义初期，天王洪秀全宣布：“天下多男子，尽是兄弟。天下多女子，尽皆姊妹之群，天堂子女，男有男行，女有女行，不得混杂”。实行男女分营，夫妻隔离，不准授受相亲，若有违犯天条者，严拿斩首示众。到 1855 年定都天京后，很多“老兄弟”因不准带家属而纷纷离队逃逸。洪秀全改变了政策，颁多妻诏：“今椐天旨，东王、西王各 11 妻，自南王至豫王等各 6 妻，高级官员 3 妻，中级官员 2 妻，低级官员及其余人等 1 妻。自高而低，依次递减，上多下少，切莫妒忌” [136]。自此，太平军内高官妻妾成群，出现了互赠美女之风，成为多妻纳妾的手段。洪秀全本人，金田起义成为天王后，第一年（1852）有 15 位娘娘，年底攻克永安，妻妾增至 36 个。次年攻占武汉，选美女入后宫 60 人。太平天国晚期，天王死前有妻妾嫔妃 88 位 [137]。东王杨秀清对美国记者说，“兄弟聘妻妾，婚姻天定，多少听天”。史学家们认为，虽然天朝内生活奢侈、荒淫女色，这却不是它失败的主要原因。奋战 14 年后，导致云飞烟灭完全失败的主要原因是政治和政策的失误。

中国社会四千年来，有过大小王朝 83 个，559 个帝王（柏杨译版《资治通鉴》），是多妻纳妾之风之根源，民间也成习俗。据《梁书 · 卷九》记，南齐明帝（494—498）末吴郡张環，家富豪，使妾盈房，自布曰：“平生嗜欲，无复一存，唯未能遣此耳。”“有夏侯夔者，性奢豪，后房使妾曳罗縠饰金翠者亦有百数，穷极锦绣。”梁朝(502—557）武将曹景宗，妓妾数百。南郡王刘义宣多蓄嫔媵，后房千余，尼媪数百 [138]。

《宋书 · 卷七》记有关于一妻多夫的案例。南宋（420—479），山阴公主谓帝曰：“妾与陛下，虽男女有殊，俱托体先帝。陛下六宫万数，而妾唯驸马一人。事不均平，一何至此!”帝乃为主，置面首左右 30 人 [138]。

原始社会末期以父权制代替母权制的时代即已出现一夫一妻制。天主教、东正教及基督教的主要教派、印度教等都提倡一夫一妻制。中世纪的欧洲教会法，关于家庭、婚姻、财产继承都有规定，对所有居民都有强制性效力。12 世纪出版的《格拉奇教令》(Decretum Gratiani，1159)，综合《圣经》、教皇诏令和宗教会议决议中要素，曾是欧洲各法庭、大学和社会各界共同遵守的法规。16 世纪教皇格里高利十三（Gregorius XIII，1502—1585）主持编定了《教会法大全》(Corpus Juris Canonici，1582)，替代了前者。1917 年又出版了《天主教会法典》(Codex Juris Canonici)。所有教令法典都坚持严格的一夫一妻制，禁止离婚，反对计划生育。

经过 17 世纪—18 世纪英法资产阶级革命以后，教会逐步与政权分离。法国率先颁布了《法国民法典》（1804）和后来的《德国民法典》，都部分地继承了基督教关于婚姻、生育教规和风俗习惯。非基督教占优势的国家和地区自古至今仍实行多妻制，有些伊斯兰国家至今允许一夫多妻制。《古兰经》规定男人同时至多可以有4个妻子[139]。

中国辛亥革命后，《中华民国民法》（1929）继承了半殖民地半封建社会制度，继续确认中国封建家族主义的原则和婚姻、继承制度，允许一夫多妻[140]。中国共产党领导的中央苏区于1934年颁布了《中华苏维埃共和国婚姻法》，实行一夫一妻制，禁止一夫多妻，男女平等，保护妇女和子女的合法权益等。陕甘宁边区、晋冀鲁豫边区都制定了相应的婚姻条例。新中国成立后，1950年5月1日颁布施行了《中华人民共和国婚姻法》。全国人大于1980年9月10日又通过新的婚姻法，1981年1月1日起实施。中国婚姻法的原则是：婚姻自由（自主），一夫一妻，男女平等，保护妇女、儿童和老人，实行计划生育。全世界人类学家和社会学家们普遍认为这是人类进化史和文明史上最先进、最适应现代社会的家庭组织形式。

在人类历史上，杂交、群婚、多妻、多妇、一夫一妻制都存在过。现代人不必为过去和古人的婚姻习俗感到羞耻，就像无须因我们的远祖曾与兽类同侪而自卑一样。按照“最近的共祖”（MRCA，Most Recent Common Ancestors）理论，13亿中国人最近的共同祖先当在30代以前。55代以前的每一个留有后代的人都可能是我们的共同祖先。一个简单的逻辑是，每人有双亲，4位祖父母，8位曾祖，缺了任何一人，都不会有你的出世。8代前你必须有250个玄玄祖，20代前100万个，25代前有3350万个远祖。据MRCA理论推断，曾生活在唐朝以前的每一个留有后代的人，无论男女都是今天每一个人的直系祖先，我们身上都有他（她）们的遗传基因。

情爱天赋

有史以来，情爱是人类文化艺术的永恒主题。《诗经》300 篇，以情爱为主题的国风有 160 首。“窈窕淑女，君子好逑”；“寤寐求之辗转反侧；琴瑟友之，钟鼓乐之。”（《风 · 关雎》）“恋而不见，忧心忡忡，惙惙悲伤”（《草虫》）。“死生契阔，与子成说；生死离合，山盟海誓”（《击鼓》）；等等。故怊怅述情必始乎风。“歌其情，咏其声，动天地，感鬼神，莫近于诗；近山川溪古，禽兽草木，牝牡雌雄，故长于风。”

古希腊荷马（Homer，约前 9 世纪—8 世纪）史诗《伊利昂记》记希腊阿凯亚的阿喀琉斯（Achilleus）英雄业绩，为争夺美女海伦攻打伊里昂城，血战 10 年，成为“英雄时代”的象征。莎翁（Shakespeare W.，1564—1616）的《罗密欧与朱丽叶》，何占豪和陈钢的《梁祝》（1959）都把情爱与生死视为等价。17 世纪英国桂冠诗人德莱顿（Dryden，John，1631—1700）在《鲁克列斯》中把情爱提升为生命的主宰：

维纳斯女神啊，爱之母！
你的星带来情爱春风，
使大地芬芳，百花吐艳。
鸟儿成双歌唱，欢迎你的到来。
雄牛腾原渡水，追牝求偶。
点燃乡民爱欲之火，蕃衍后代，
听从你的美对生命的主宰。

中国历代思想家虽学说纷繁，但情自生来是共识，与现代科学密合。孔孟把情爱归为孝，放弃情爱是大不孝。食、色，性也，生之为性（《孟子》）。性者，生之质也（《庄子·庚桑楚篇》）。性是与生俱生，情是接物而生（韩愈：《原性》）。情由性而生，性者天之命也（李翱：《復性书》）。天之道在生殖（刘禹锡：《天论》）。佛教定义色欲、形貌欲、威姿欲、语声欲、细滑欲和人想欲为六欲，喜、怒、忧、惧、爱、憎、欲为七情。儒家称为喜、怒、哀、惧、爱、恶、欲为七情《礼记·礼运》。七情六欲皆生而有之，待人接物时才表现出来。

鲁迅讲性爱也直爽：性爱是天赋的东西，但倘没有相当的刺戟和运用，就不发达；逆性大抵相爱，太监只能使人放心，决没有人爱他，因为他已是无性了。夫妻是伴侣，共同劳动者，又是新生命的创造者。

20 世纪的生物学、分子生物学、人类学、医学和动物学研究已充分证实，性爱是织造在遗传基因中从远祖继承下来的器官生物性状，主要由神经和内分泌系统“无意识”操纵的，和饥餐渴饮一样，是生物的本能需求，并非完全由“思想问题引发”。人在胚胎中就为性爱和传代发育出很完善的器官和生理系统。神经和内分泌系统对性爱的驱动有相当准确的时间程序。如女孩 12 岁—13 岁进入青春期，在 2—3 年内第二性征发育齐全，乳腺、卵巢、子宫和各内分泌腺配套长齐，开始月经和排卵循环。男孩 13 岁—14 岁后进入青春期，性腺和生殖器官迅速发育成熟，大量生产和贮存精子，声音变粗，长出胡须，完备所有男性特征。男女少年器官发育在时间上配合得如此和谐，其机理现代科学还了解甚少，只能用遗传或天赋本能来表述。

情爱与理性

人性本能源自兽性，却能远远超过兽性，发达了科学智能，盖因大脑进化，孤家组成了社会，获得了强大的理性思维能力，得以发挥和调控兽性本能，进入人类的科学文明时代。

情爱是高等动物生就的遗传本能。无论什么样的文化、教育、理论、意识都不可能废止它的存在和作用，因为后天获得的性状不能，至少在短期内不可能改变遗传基因所载负的个体发育程序。然而，人与其他动物最大的不同在于他的远程理性思维能力。追求理念和信仰的激奋，在社会、政治、经济或生活的激烈碰撞中，可能使人们为了长远目标，以超凡的理智和精神力量去发扬、抑制或战胜这些祖传本能，转化成更为强大的智能，去完成常人力不能期及的业绩。英国思想家培根（Roger Bacon，1214—1292）早就注意到，“真正伟大的人物，没有一个因性爱而发狂，因为伟大的事业抑制了这种软弱的感情”。匈牙利诗人斐多菲（Petofi Sandor，1823—1848）在革命高潮中曾留下名言：“生命诚可贵，爱情价更高。若为自由故，二者皆可抛。”为反对俄奥联军对匈牙利的侵略，他诀别了新婚爱巢而《投入神圣的战争》(1849)，英勇地“死在哥萨克兵的刀尖上”，为祖国的自由献出了他25岁的生命。

福建闽侯林觉民（1887—1911），1911 年在日本留学时，约集同学回国参加 4 月 27 日的广州起义，黄花岗之役中受伤被捕，从容就义，仅 24 岁。起义前以誓死决心，留《绝笔书》予妻，悲壮凄厉，每诵潸然泪下，不忍卒录：“卿卿如晤：吾今以此书与汝永别矣！吾作此书时，尚是世上一人；汝看此书时，吾已成阴间一鬼。吾作此书，泪珠与笔墨齐下，不能竟书而欲搁笔。……吾至爱汝，即此爱汝一念，使吾勇于就死也。……吾充吾爱汝之心，助天下人爱其所爱，所以敢先汝而死，不顾汝也。汝体吾此心，于啼泣之余，亦以天下人为念，当亦乐牺牲吾身与汝身之福利，为天下人谋永福也。汝其勿悲。……忆初婚三四个月，窗外疏梅筛月影，依稀掩映；吾与汝并肩携手，低低切切，何事不语？何情不诉？……吾诚愿与汝相守以死。（然）天下人之不当死，而死与不愿离而离者，不可数计，钟情如我辈者，能忍之乎？此吾所以敢率性就死不顾汝也。吾今死无余憾，国事成不成，自有同志者在。……吾居九泉之下，遥闻汝哭声，当哭相和也。吾平日不信有鬼，今则又望其真有。今人又言心电感应有道，吾亦望其言是实。则吾之死，吾灵尚依依旁汝也，汝不必以无侣悲。……嗟夫！巾短情长，所未尽者，尚有万千，汝可以模拟得之。……辛未三月廿六夜四鼓，意洞手书。”[141] 这是一曲大义凛然的革命壮烈与情爱谐荡的颂歌。

1928 年 12 月 6 日在广州黄花岗牺牲的烈士周文雍，广州起义时任中共市工委书记、赤卫队总指挥。起义失败后，与未婚妻共产党员陈铁军一起被捕。就义前二人在刑场上举行了婚礼。烈士在牢墙上留下绝笔：

头可断，肢可折，
革命精神不可灭。
志士头颅为党落，
好汉身躯为群裂。

他们赴刑场，沿途高唱《国际歌》，呼口号，向群众作最后演讲：“同志们，永别了。望你们勇敢战斗！未来是属于我们的。”[142]

情爱与生命同构，与未来同伦。为祖国捐躯的千百万烈士们，生得圣洁，爱得忠贞，死得光荣。他们的爱使民族升华，他们的死使中华永生。碧血杜鹃，永伴河山，与祖国同在。

缘由封建和宗教文化的长期浸润，使性爱常被流俗所轻，贬为原罪或末流之耻。然则科学已证明，性爱是新生命的肇始，人类进步的驿站，社会安全的渊薮，创新发展的机杼，精神和智慧的动源。早在 20 世纪 40 年代，科学界根据生物学和医学的进展不断呼吁社会纠正那些有害的流俗。人类学家潘光旦（1899—1967）于 1941 年曾谆诫道，性是人类最大的原动力，而中国人看得太小，只认为是男女关系，同时又看得太神秘了，所以就忽略了性的重要。其实，……性与社会、民族都很有关系。中国人对于性的看法，固然不如天主教和佛教那样十分严重，但也不是用正当的态度去研究的。近代教育对这一点，算是有很大的欠缺，这是应当设法纠正的[143]。抗战时期他在西南联大执教期间，花费 2 年时间把英国科学著作《性心理学》(1933) 译成中文，奉献给抗战中的祖国，以收优生强国之效。他说，“婚姻不特为个人之终生大事，亦为种族之‘终天’大事；而生男育女，不仅家庭祸福攸关，亦社会之安危所系”。

20 世纪中国伟大的革命家和思想家们都谙达性爱可能对人的生理平衡和精神状态产生极大的影响。鲁迅就感叹过：“无情未必真豪杰，怜子如何不丈夫!”在中国革命处于最险恶艰苦的时期，在长征途中，几乎所有担负重大责任的高级领导人都要求带夫人，没有夫人的由“组织”帮助解决。遵义会议前指挥红军长征的最高领导三人团成员，军事顾问李德（Otto Braun，1900—1974）就是由组织帮助解决的。长征结束红军到达陕北后，尽管生活条件依然很艰苦，很快放宽了婚配条件，称为“二八五七团”，即年满 28 岁，5 年党龄，7 年军龄，团级干部，具备其中之一者即允许恋爱结婚。后来的事实证明，这项政策是极为人道的，稳定了红军骨干，照顾了他们家庭和后代的利益，保障了抗日战争和解放战争的胜利[144]。

20 世纪人类学家和生物学家们认为，人生以及一般动物的生命中，两个最基本的生物学需求是食与性。它们是生命个体生存和发展的两大动力源泉。人类文化已发展到极其复杂的程度，影响着行为和思想的因素日益增多，但追根求原，仍然不可能摆脱这两个动原[145]。除生、死以外，性爱是生命的第三大要素，它是先天禀赋和理性思维的共生物，构成家庭的基础，培育后代的摇篮，民族发展的根茎，社会团结和谐的黏合剂，国家繁荣兴旺的营养基。情爱的生物基础是遗传基因、内分泌和神经系统。基因、内分泌腺和神经系统中的自主神经（或植物神经）是思想意识不能直接指挥的部分，中枢神经可以在一定限度内予以发扬、利导和控制，但绝不能把它完全抑制或抹杀。

心 碎

遇到挫折或处于困境时人的神经系统常出现病态，最多见病因是情绪紧张、家庭破裂、情断、失恋或压力超载等。轻者出现精神衰弱（Psychasthenia）、偏执（Paranoia）、抑郁（Depression）、臆想（Hypochondriasis）等，重者狂躁（Bipolar Disorder）、癔暴（Hysteria 歇斯底里）、恐怖（Phobia）、精神分裂（Schizophrenia）、精神变态（Psychosis，mental disorder）。据世界卫生组织（WHO—1999）统计，全世界有 4 亿人患有神经精神病，约占求医总人数的 3%—4%，死亡率占总死亡率的 1%，占总疾病负担的 12% [146]。造成功能残缺的前 10 种疾病中有 5 种与精神障碍有关。预计今后 20 年儿童、少年精神障碍发病率会增长 50%，导致伤残的病症中有 1/3 属精神病，成为 5 种致病、致死、致残的主要原因之一。据中国 1983 年 12 个地区精神病流行病学调查，各类精神病终生患病率为 12.96%，1993 年为 13.47%。据此推算，90 年代末全国精神病患者有 1600 万人 [147]。现代医学研究证实，精神病症不单是通常的"情绪起伏"或"精神疲劳"，而是神经系统以至某些器官发生实质性功能变化，需经药物或其他办法治疗才能有所缓解和恢复。终生不能恢复的占 10%—15% [42]，有的可能导致伤残和死亡。儿童、青春少年和老人都有患精神性疾病的可能性。调查还证明，精神性神经病的发病率与遗传有关。同卵双胞胎有相似的倾向，若其一发病则另一人的发病风险为 50%。双亲都有精神病的子女患病风险有 40%，双亲或同胞兄妹中有一个患者的人风险为 15% [148]。

精神病学和心理学有大量病例指明，爱情的失败或受挫，可能引起剧烈的情绪反应，导致心理、生理和行为发生畸变。有的妒世自戕，或产生攻击性行为，指向臆想的人或事物，或发泄到无关的人身上。打斗、侮辱，甚至伤害别人违法犯罪的事时有发生，成为危害社会安全的重大隐患 [149]。

红军将领“逼婚杀人案” [144]。黄克功，中央苏区参加红军，经历了井岗山的斗争和二万五千里长征，身经百战，到达陕北后任旅长，1937 年调延安抗日军政大学任学员队长。身材魁梧，聪慧英俊，时年 27 岁。在抗大与山西太原来延安参加红军的女学员相恋并公布于众。后女方因故犹豫，黄心碎绝望，转而狂暴不羁，于 1937 年 10 月 5 日晚枪杀女友于延河畔，震动了延安全城。毛泽东于 10 月 10 日致函边区法院院长雷经天，曰：“黄克功过去的斗争历史是光荣的，今天处以极刑，我及党中央的同志都是为之惋惜的。但他犯了不可赦免的大罪，以一个共产党员红军干部而有如此卑鄙的，残忍的，失掉党的立场的，失掉革命立场的，失掉人的立场的行为。……因此中央与军委便不得不根据他的罪恶行为，根据党与红军的纪律，处他以极刑。……一切共产党员，一切红军指战员，一切革命分子，都要以黄克功为前车之鉴”。黄克功于 1937 年 10 月 11 日被枪决 [144]。人们都觉惋惜。爱欲发乎情，人人有之，通常能以理智控制行为。倘若做不到止乎礼，就可能违犯法律和道德规范，酿成惨祸。

历史上因情爱受阻而殉情者不胜枚举，以此为题材的文学作品浩如烟海。《梁祝》、《白蛇传》、《牡丹亭》、《罗密欧与朱丽叶》等情爱悲剧长传不衰。白居易的《长恨歌》演绎千年，“马嵬坡下草青青，今日犹存妃子陵”，咏声不绝。明末扬州少女冯小青哀艳悲惨的经历有潘光旦先生的考证[150]。小青，衍意情字，1595 年生于扬州，16 岁嫁杭州冯姓为妾，被冯妇妒，驱于孤山别室，夫不得入内，禁信札来往。小青身单影孤，孑影自恋，悽惋不已，二年后病死。留下诗画若干，引起文人骚客注目，为其题诗作传，传诵于江浙文坛坊间。小青遗诗种种，如：

冷雨幽窗不可听，
挑灯闲看《牡丹亭》。
人间亦有痴于我，
不独伤心是小青。

均被后人收入《情史类略》（冯梦龙选编）和《西湖遊览志》中，流传 300 多年至今。据潘光旦先生考证和推断，冯小青死于神经官能症（Psychoneurosis），是情爱受阻和家庭纠纷所致，力比多使然。

历史上所有的宗教信仰、社会学说和政治主义都是人的生存和育后这两个动原的延伸和幻想或遐想。孔子的忠孝仁义，柏拉图的《理想国》，礼运中的天下为公（约前 300 年），基督教的救世主，佛教的除恶成佛、转世轮回等，本意都指向更好的生存和后代的幸福。马克思主义的唯物史观以生存和发展为经，生产和分配为纬，把两个动原提升为科学原理，视优化生产方式和谋后代幸福为人类历史的近期目标。任何政治学说和思想理论都不应与这两个动原相悖。或者说，所有能为人们接受的学说、理论、信仰和政策都是生存和育后这两个基本动原的升华，始终与人类文明进步的历程和方向相向而行。这两个动原是推动人类文明进步的终极动力。

某谓合乎自然的情爱不是错，有如杜鹃做巢，蜜蜂酿蜜，蜘蛛结网，天性禀赋使然。它是一棵大树，根源自先祖，盘桓地上，长在人间，依存社会，春花秋实，连亘未来。爱有泛论曰，爱心是人类高贵的美德。

2.7 永生和死亡

自古至今，人们总希望长生不老。现代医学出现以前的数千年中，帝王将相、教会秘宗和坊间术士萌作了很多金丹圣药，丹书符箓，占星相命，驱邪招魂等灵丹医术，以求消灾避难，长生不死。早在原始社会人们就认为有灵魂寓于人体，人死后出窍而去。基督教认为人死后灵魂由上帝处置，根据生时表现分遣至天堂享福、地狱服罪或炼狱改造[151]。佛教讲轮回报应，涅槃再生。伊斯兰教《古兰经》说，真主是世界的创造者，人的命运完全由真主决定。真主依人对他的态度和生时行为善恶来判定发落，死后进入幸福天园或痛苦火狱。

古巴比伦第一王朝时代（前 18 世纪—前 16 世纪）留有楔形文字著作，论述星象与人的命运之间关系。前6世纪—前4世纪传至埃及、希腊、印度、远东，后来传至中国、日本和东南亚。当时人们相信日月星辰的位置和变化与人间事件有因果关系。人出生时行星和 12 宫（星座）的位置能预卜他一生的性格和命运。某些天象会决定或预示人间社会中将发生重大事件。前 3 世纪—前 4 世纪埃及托勒密王朝时代，把天象数学化，使占星术变成秘方。17 世纪以后哥白尼的太阳系学说普及后，占星术逐步被摒弃。

炼丹术发源于印度。据《吠陀》记载，公元前 1000 年左右，有人以为黄金与人的寿命有关，故出现把一般金属炼成贵金属之图。公元 4 世纪埃及有佐西莫斯（Zosimos of Panopolis，Egypt，公元 300 年）炼金术巨著，论述金属经死亡、复活、完善成黄金能反映人的生、死、升迁过程。炼金术于 8 世纪达到高峰，公元 10 世纪传至希腊，9 世纪—10 世纪盛行于阿拉伯各国。基督教欧洲 10 世纪—12 世纪炼金术成风，积累了大量技术知识。直到 19 世纪之前，用化学方法制金的可能性仍未被化学证据否定，包括牛顿在内的一些科学家们都作过炼金术尝试。17 世纪以后炼金术转为宗教和术士的神秘行为[152]。中国春秋战国期间就有崇拜神仙的记录。佛教秘宗和道教兴起后，炼丹术从印度传入中国，汉朝以降在道教推动下广为传播，唐朝达到极盛，宋朝以后才衰落[153]。

求长生不老，制灵丹圣药，信星象占卜，崇神敬物，求仙拜佛等，和宗教信仰相似，是科前时代人类认识世界能力的写照，古代文明程度的反映，是人类历史文化的组成部分。鲁迅说，"古所未知，后无可愧，且也无庸讳也。""世有哂神话为迷信，斥古故为谫陋者，胥自迷之徒耳，足悯谏也。"（《科学史教篇》）更何况，占星术和炼金术对天文、物理、化学、冶金、生物和医药等现代科学的诞生和发展起过历史性推动作用，科学史称之为现代科学的先兆。在科前时代宗教和迷信历来是社会意识形态的一部分，与社会政治、经济、文化、法律制度等上层建筑紧密相织，在相当程度上影响了人类历史发展的进程。基督教主宰了欧洲逾千年，它促进了欧洲的开发，遏止了意大利人的荒淫，排干了欧洲的沼泽，改善了气候，建立了交通、医院，教人读书识字，人口登记，搜存历史资料，消灭了奴隶制度，组成了前所未有的政治社会[154]。中国战国时代崇尚鬼神。秦始皇笃信鬼神，渴求仙药，得知上当后又镇压儒术方士，酿成焚书坑儒的史案，涟漪二千多年而不淀。汉武帝罢黜百家独尊儒术。东晋、南北朝大兴道教，几成官办。唐初定道教为三教之首，尊重佛、儒，加封太上老君李耳为“大圣祖玄元皇帝”。北宋追尊秦代道士赵玄坛为皇室始祖，加封“玉皇大帝”、“赵公元帅”。信仰是古代上层建筑的思想支柱。

仙　药

《史记》详记了秦代有徐福东渡仙岛采仙药一事，与政治文化相耦联，涟漪 2000 多年了，至今还一直在中、日两国人民间流传，成为两国文化交流史上的趣话。

秦始皇嬴政于公元前 221 年灭六国统一了全国。两年后，嬴政 28 年（前 219 年），“齐人徐市（福）上书曰，海中有三神山，蓬莱、方丈、瀛洲，仙人居之。请得斋戒，与童男女求之。嬴政遣徐福发童男女数千人，乘船入海求仙”（《史记・秦始皇本纪第六》）。南朝宋范晔所编的《后汉书・东夷列传》、《三国志》、《隋书》、《括地志》、《义楚六帖》等史书均有记载。徐姓家谱中记，徐福生于齐王建 10 年（前 225 年），东渡时 36 岁，名议，字君房，另名市（福），徐偃王 29 世孙，上书秦始皇率众东渡寻不老药，云云。

中国民间史家研究徐福的兴致至今不衰。因司马迁说他是齐人，江苏赣榆徐阜村或山东琅琊或黄县徐乡城（今龙口市）可能是他的故里。徐福奉诏组百艘船队，载 3000 名童男女，农桑百工，五谷种子，浩浩荡荡，启程东渡，必为惊动秦朝大事。近代人们评论，徐福确有其人，他至少是一位伟大的航海家、探险家，文韬武略的方士。

隋唐以后，《史记》传至东瀛，日本史家文献中频现。最早见于北鼻亲房著《神皇正统记》（1339）[155]。有迹象表明，徐福的船队曾过济州岛，有“徐福过此”刻石遗存。最后在日本九州熊野县登岛，找长生药不得，不敢回国，便定居于此。3000 男女蕃衍后代，向当地人传授农耕、桑蚕、渔猎、医药，故徐福被尊为农耕、桑蚕和医药之神，对日本文化从绳文时代到弥生时代的过渡有重要影响。九州佐贺县有“徐福故居”、供奉徐福的“金立神社”，海边竖有“徐福上陆地”石碑，不远处有“徐福洗手井”，已历长久岁月。“金立神社”每 50 年举行大祭，1980 年 4 月大祭两天纪念徐福登岛 2200 周年。和歌山县新宫市的徐福公园中有花岗岩《绝海与太祖师碑》，车站附近有蓬莱山徐福墓。本岛北部秋田市有徐福冢。广岛、爱知、长野、山梨、东京等地均有遗迹。各地今存徐福纪念遗迹 23 处。

日本前首相羽田孜自称是徐福船队后裔，他说：徐福东渡后，所率人员分两支，一支去山梨县定居，仍以秦为姓，另一支去长野取姓羽田，至今族祠中有《秦阳舘》匾额供祭。

高僧绝海中津（1326—1405）曾于明初去杭州天竺寺留学悟禅九年。洪武 9 年（1376）受朱元璋在英武楼接见时，献诗《应制服三山》曰：

熊野峰前徐福祠，满山药草雨余肥。

只今海上波涛稳，万里好风须早归。

朱元璋必记得 1500 年前秦始皇曾怒叱儒生和采药术士，“谤议朝政，耗费巨万而不归，徒奸利相告以闻”，遂有焚书坑儒之举。明太祖不相信长生不老，他说“秦始皇、汉武帝都好神仙，宠方士，想求长生不老，末了一场空”。“我所要的是全国人民长寿和快乐”，“瑞祥靠不住，灾异确是不可不当心的”(《明太祖实录》)。朱遂和复绝海曰：

熊野峰前血食祠，松柏琥珀亦应肥。

当年徐福求仙药，直到如今更不归。[156]

2200 年过去，中华大地上已更换了 70 代人间，时过情迁。“文化大革命”刚过，中日签和平友好条约，中国实行改革开放，邓小平于 1978 年访日。在东京记者招待会上邓小平又提到徐福采仙药之事，“日本早有蓬莱之称，听说日本有长生不老药。这次访问，就是为了得到它。或许没有长生不老药，但是我想把日本发展科学技术的先进经验带回去。”[156]

秦始皇命徐福东渡求仙药4年之后，于嬴政32年酬重金派燕人卢生访寻仙人，同年又使韩终、侯公、石生等人寻仙找药。6年后无一成功，嬴政大失所望。寻药术士们惶惶不安，支吾蒙混，企图逃离咸阳。嬴政大怒，下令缉拿关押，严刑拷问。术士们编造供词，推委责任，相互揭发，骗局暴露无遗。更有以齐人博士淳于越为首的一批儒生对秦政不满，引用古典，借古非今，反对不分封诸侯的中央集权政策。嬴政采纳承相李斯的建议：“以古非今者族。天下敢有藏诗、书、百家语者，悉诣守、尉杂烧之。”共审押禁犯460余人，活埋于骊山脚下的坑儒谷，焚烧了除农、医以外的大量书籍，并诏告天下。实际上这些被活埋的460人中多为求仙炼丹术士。这就是历史上著名的“焚书坑儒”案。三年后（前210年），嬴政50岁病死于东巡途中。秦二世上台后仅3年，以陈胜、吴广起义始，天下大乱，公元前206年秦朝被项羽、刘邦推翻。秦亡千年后，唐代章碣叹曰（《焚书坑》，872年）：

竹帛烟销帝业虚，
关河空锁祖龙居。
坑灰未冷山东乱，
刘项原来不读书。

这简洁犀利的讽刺诗使焚书坑儒一案家喻户晓，流传至今。岂知，这一连串悲剧都大抵发轫于徐福东渡采仙药一事。古代历史文化，充满荒诞怪异，悲歌哀怨。那是历史的必然，我们祖上履历。

真人成仙

得道可成仙是道教的千年信仰。修炼得道而成仙的人称为真人。

"关尹老聃乎，古之博大真人哉。"（《庄子 · 天下》）变成神仙的真人长生不老，养形驻颜，返老还童。移住天宫琼楼，或仙山洞府，神海仙岛。能超脱自然力束缚，隐身遁形，翱翔于空，来去无踪。道寓于方术，有休粮避食，餐霞食气，变幻造物，喷雾吐火，遥念致动，遥感致知的本领。这些功夫和技能都可依靠修炼养生，服用仙药金丹，打坐祈祷，吃符念咒，诵经修炼等而获得[157]，从而避妖祛邪，战胜疾病和死亡。现代科学出现以前，医巫不分，道教术士尽情擢升古代神话的鬼神幽灵奇闻和幻想，编成专著和手册，以经书、科仪、斋醮、丹法和符箓等文字形式传播。这些教材都是道家后人杜撰的。

道教原为由东汉张道陵（34—156）创立的五斗米教，谥张天师，以道统世界、修道成仙和长生不老为宗旨，编制了整套养身术、服食术（练金丹大药、求仙药）和内丹术（画符念咒、斋醮符箓）等，以辟妖除邪，战胜疾病和死亡。从东汉至今流传近 2000 年，唐宋时几成国教而大兴。传入民间后，形成三清（玉清元始天尊、上清灵宝天尊、太清道德天尊）、四御、五方帝君、三十二天帝，分管日月星辰、五岳四海、阴曹地府等事。民间有门神、灶神、财神、土地神、三官、妈祖等分管民事。设庵堂、道观、道场，祈福清灾超度亡灵等，从而把道教拉近到百姓身边。

古代思想家、哲学家老子(约公元前 500 年）被追奉为太上老君，《道德经》为经典。庄子（前 369—前 286）被封为南华真人，庄门著作《逍遥游》、《齐物论》、《大宗师》等被追认为《南华真经》。其实老子和庄子与后来道教的教旨教规并没有直接关系。老子对生死看得很淡，他说："飘风不终朝，骤雨不终日。孰为此者？天地。天地尚不能久，而况于人乎？"（《老子 · 河上公章句第二》）庄子对生死看得也很淡，他说："人生天地之间，若白驹过郤，忽然而已；""一生一死，一偾一起，生死如昼夜"。庄子妻亡，他击盆而贺曰，"生于芒芴之间，变而有形。有生，今又死，是为人的春秋冬夏四时也，人偃然寝于巨室，我通乎命故，（我）不哭”。他希望自己死后要天葬，“吾以天为棺椁，以日月为连璧，星辰为珠玑，万物为赍送。”弟子们坚持墓葬，他反对说：“在上为鸟鸢食，在下为蝼蚁食，夺彼如此，何其偏也！”（《逍遥游》）

道教追求的修炼成仙和长生不老的教旨不是源自老子或庄子，而是张道陵以后的1500年中逐步发展起来的教义。晋代葛洪（约281—341，字稚川，自号抱朴子，丹阳句容人），著《抱朴子·内篇》，以玄虚阐述修道成仙的可能性，使神仙方术与道儒结合起来，“以道为内，以儒为外”，为道教奠定了“理论框架”。他还搜集了社会上流传的神仙故事和民间金丹方术，编写《神仙传》一书，讲述94人修炼成仙故事，在民间广为普及，成为道教宣传神仙信仰的主要手段。

东晋南北朝时期又有嵩山的寇谦之（365—448）、庐山的陆修静（406—477）和茅山派陶弘景（458—536）等玄论道士著书立论，整编道经，鉴定经戒、方药、符图、仙术等，形成《道藏》。唐宋时期全国大建道教观庵，遍及名川大山。唐初李世民定道教为三教之首，自称是太上老君老子李耳后裔。唐玄宗封老子为《大圣祖元皇帝》。宋真宗赵恒、徽宗赵佶、尊秦代终南山道士赵玄坛为皇宫始祖，奉为“赵公元帅”。唐末五代山西道士吕洞宾被宋徽宗封为“妙通真人”，元世祖忽必烈又加封为“纯阳演正警化真君”，成为八仙之一。道教把皇权神授原理推衍到社会生活，造神运动达到顶峰。

进化的代价

哥白尼《天体运行论》（1543）出版后近500年中没有一项科学观察和实验能证明各宗教的中心教义成立。

所有学科的观察、实验和理论都证明，地球上所有生物都要靠世代交替和遗传后代去延续物种的生存。就每一代生物而言，适者生存，不能适应环境的必然灭亡。即使能适应环境，死亡也是每一代生物不可逃避的归宿。老一代生物的死亡是为后代创造获得新的性状和能力的条件，为整个物种的进化、进步和繁荣发达必须付出的代价。地球上的所有生物个体都必须经历发育、生长、育后、衰老和死亡这个过程，无一例外。人人必有一死，尊卑概无幸免。现代医药学的宗旨是治疗和防止意外病害，提高人们的生活质量，延缓死亡，而不可能避免死亡。

衰老和死亡是自然界的普遍规律。曹操的名言“神龟虽寿，犹有竟时。腾蛇乘雾，终为土灰”是很合乎自然规律的观察。20世纪以来分子遗传学取得了重大成就以后，生物学界普遍认为任何生物的发育、生长、衰老和死亡都是由遗传基因控制的，是执行基因中先天预定程序的结果。各种动物生存环境的变化对生物寿命有重要影响。地质史上各种物种的灭绝，如中生代末白垩纪恐龙的消失，总伴有地球上生存环境的剧烈变化。即使在比较稳定的环境条件下，衰老和死亡终不可能避免，最高寿限似不因环境而改变。表2.7–1是20世纪动植物学家们对一些物种最高寿命的观察结果。蜉蝣朝生暮死，果蝇最多活1个月，而鲸、鳄能活300年，菩提和松树寿长达2000年以上[158，159]。

草本科植物一岁一枯荣，开花结籽，把生命之灵隐藏于种子中，以度过严寒或干旱，第二年再生。1952年在辽宁新金县泡子屯地下泥炭层发现千年古莲子，种下后有90%发芽后长成荷花。有些禾本科植物种子在适宜条件下保存数年至数十年后仍能发芽，表明显花植物种子的潜藏生命力很强。树的寿命可按年轮计算，比较准确。尽管松柏是裸子植物，已有1.5亿—2.0亿年的历史，能活2000年—3000年，俗称“不老松”。低等植物苔藓也能活2800年，但至今从未发现有长生不死者。

表 2.7–1　各种生物观察到的最高寿命 [158，159]

	物　种	最高寿命（年）
哺乳类动物	鲸鱼	300—400
	人	120—150
	黑猩猩	37
	家犬	34
	印度象	57
	马	62
	灰熊（Ursus horribilis）	31
	牛	30
	猫	21
	山羊（Capra hircus）	18
	小鼠（Mus musculus）	3
爬行类和两栖类	鳄鱼	300
	海龟	150
	大陆龟（Testudo elephantopus）	177
	蛙（Rana）	5—15
鸟类	鹦鹉（Ara macao）	64
	家鸽（Columba livia domestica）	35
	大山雀（Parus major）	9
鱼类	鲟鱼（Acipenser transmontanus）	50
	金鱼（Carassius auratus）	25
	梭鱼、鳗鱼	40
昆虫	蚂蚁（Lasius）	15
	果蝇（Drosophila melanogaster）	0.1
	蜉蝣（Ephemeroptera）	0.01—0.001
植物（按年轮计算）	刺松（Juniperus communis）	2000
	云杉（Picea abies）	1200
	菩提树（Ficus religiosa）	2000—3000
	苔藓	2800
	草本植物	1—2

古代传说，殷时有彭祖，姓篯名铿，生于夏代（前2070—前1600），被尧封于彭城（今徐州），至殷末已767岁（一说800岁），被殷王纣封为大夫。道家列入《神仙传》和《列仙传》，成为长寿的象征而家喻户晓。晋代王羲之斥“齐彭殇为妄作”。唐代吕严评曰：“徒夸篯寿千来岁，也是云中一电光”，（《寄白龙洞道人》），也非长生不死。

欧洲1670年去世的一位老人，名叫亨利·詹金斯的，享年169岁，经调查认为是传闻。18世纪有可靠的长寿记录是日本的万部，活了194岁，1795年去世时妻子173岁，儿子153岁，孙子105岁，成为最高寿的家庭，轰动日本，全家被请去东京受日本宰相接见。20世纪初有匈牙利农民活到195岁，死于1905年，儿子155岁。据中国1954年调查，当年中国高于80岁的老人有185万，最高龄的是155岁[160]。

为了评价社会人口的健康水平，人口学定义“剩余期望寿命”（Remaining life expectancy），是指已活到一定岁数的人平均还能再活多少年。表2.7–2是联合国人口司2002年对中国人口形势的预测，2000年—2005年（分子）和2025年—2030年（分母）各年龄组的剩余期望寿命和新生人口存活比例。不特指某岁数的人群时，人口期望寿命是指新生婴儿即零岁人口的预期寿命，可由当年各年龄组人口死亡率算出[9]。例如，表中第一行分子数字表示2000年—2005年新生儿期望寿命71.2岁，年满60岁的人，平均能再活18.1岁。于2025年—2030年出生的期望寿命76.3岁，彼时年满60岁的人平均能再活20.6岁。存活比例分子是指2000年—2005年新生人口中有83.8%的人能活到60岁，77%的人活到65岁，35.9%的人活到80岁。

表 2.7–2 中国 2000—2005 时期（分子）和 2025—2030 时期（分母）各年龄组的剩余期望寿命和存活比例[161]

各年龄组期望寿命（岁） 2000—2005/2025—2030	年龄组			
	0岁	60岁	65岁	80岁
全国人口	71.2/76.3	18.1/20.6	14.5/16.7	6.5/7.7
女性	73.5/78.7	20.1/22.7	16.1/18.6	7.2/8.7
男性	69.1/74.1	16.3/18.6	12.9/14.9	5.4/6.4
新生人口存活比例（%） **2000—2005出生/2025—2030出生**				
全国人口	100/100	83.8/89.9	77/84.7	35.9/48.6
女性	100/100	86.5/91.6	81.5/87.8	44.8/57.2
男性	100/100	81.3/88.2	73.0/81.7	28.1/40.3

随着现代医药学的进步和社会医疗服务系统的建立，世界大多数国家的人口平均（期望）寿命迅速提高。据欧洲的人口统计，15 世纪以前居民平均寿命为 20 岁—30 岁，1700 年为 30 岁，1850 年为 40 岁，1940 年提高到了 75 岁。19 世纪以前欧洲每一妇女常生 7 个—8 个孩子，能活下来只有 2 个—3 个。20 世纪末西欧和日本又进一步把期望寿命提高到近 80 岁[9，162]。中国 1949 年以前没有关于人口寿命的统计，据推算，1928—1933 年全国人口平均寿命 35 岁，1935 年南京市为 34 岁，1950 年北京市为 52 岁。1955 年全国平均 60 岁，1975 年为 68 岁，2000 年超过 70 岁，2005 年达到 73.4 岁。容易理解，5 岁以前的幼儿死亡率是决定人口平均寿命的重要因素。19 世纪以前，欧洲和中国的幼儿死亡率都在 500‰以上。中国近年来婴儿死亡率迅速下降，从 20 世纪 50 年代的 180‰，1999 年的 41‰，下降到 2003 年的 25.5‰和 2007 年的 15.3‰。预计今后 10—20 年中国 14 亿人口中每年将有 400 万人能活到 90 岁（3‰），10 万人超过 100 岁（0.07‰）[9]。

人口统计表明，在没有战争和灾荒的情况下，一个国家人口死亡率短期内大致是常数。中国从 1970 年—2000 年的 30 年中，每年人口死亡率都在6.3‰—7.2‰之间，表2.7–3中列出从1950年—2010年每年出生人口数和死亡人口数统计表。例如，从1995年—2005年这十年中共死亡8500万人，平均每年死亡850万。2005年—2010年五年共新生8000万婴儿，死亡人口4600万。2007年—2012每年新生1600万，死亡950万，每年净增650万。这是新陈代谢老少交替这个自然规律在全国范围内的体现。据国家人口和计划生育委员会的估计，只要继续执行保持低生育率政策，中国人口总数将于2030年—2040年期间达到15亿—16亿时实现零增长，即每年新出生人口与死亡人口数量相等，都在1500万人左右[163]。

表2.7–3　中国每年出生人口和死亡人口数（1950—2000）[9，164]

年代	期末人口总数（亿）	每年出生人数万人）	年出生率（‰）	每年死亡人数（万人）	年死亡率（‰）	五年人口增长数（万人）
1950—1955	5.7482（1952）	2546.8	43.8	1454.7	25.0	
1955—1960	6.465（1957）	2288	36.1	1304.5	20.6	
1960—1965	7.2538	2640	38.1	1185.6	17.1	3640
1965—1970	8.2992	2853	36.6	850.1	10.9	10454
1970—1975	9.2420	2513	28.6	553.9	6.3	9420
1975—1980	9.8705	2066.4	21.5	643.7	6.7	6285
1980—1985	10.5851	2112.4	20.4	667.8	6.6	7146
1985—1990	11.4333	2472.3	22.2	745.2	6.7	8482
1990—1995	12.1121	2171.3	18.3	852.4	7.2	6788
1995—2000	12.6743	2020.6	16.2	866.9	7.0	5622
2000—2005	13.0756	1662	12.67	831.3	6.51	4013
2005—2010	13.41	1600	12.0	930	6.9	3400
2025*	14.451	1615	11.2	1354	10.2	0.08%（自然增长率）
2050*	13.952	1468	10.4	1958	13.9	–0.37%（自然增长率）

* 联合国预测值（中方案）[UN, 2002]

衰老的机制

超过规定的劳动年龄的劳动者退出工作岗位休息养老的制度称为退休。各国政府和企业对退休年龄的规定不尽相同。新中国的退休制度源于1950年，后经4次修改，1978年6月颁布的《国务院关于安置老弱病残干部的暂行办法》执行至今。该文件规定的退休年龄为男60岁，女55岁，女工50周岁。中国古称60岁以上为耆老，80岁以上为耄耋。医学界近年对老年人群的定义为：60岁—80岁为老年，80岁—90岁为高龄，90岁以上为长寿老人。

人们都希望能长寿，轻度70岁，活过80岁，越过90岁，超跃100岁，但只有极少数的人能达到这个目标。大多数人在这以前就因意外事故或疾病而死亡。据国家统计局公布，2011年中国大陆人口13.47亿，出生1604万，死亡960万，到年底60岁以上的人口1.85亿，占总人口的13.7%；65岁以上的1.2288亿，占9.1%；2000年统计局公布的数据是，80岁以上的老人为1152万，占总人口的0.9%；90岁以上的88万，占0.7%；100岁以上的老人有约12200人，占10万分之一[9]。简略地说，按目前阶段的健康和医保水平，每千人只有10人能活过80岁，每万人有7人能越过90，每10万人才有一个能活过100岁。联合国人口机构估计，再过30—40年，共和国成立100周年时人口的平均寿命可超过80岁，绝大多数人能轻度70岁，80岁以上老人的所有上述数字都会增长10倍。

任何生物都要衰老，这是不可抗拒的自然法则。临床生理观察表明，人到60岁—65岁以后，身体组织成分发生变化，器官开始老化：水分减少，细胞数减少，内脏和肌肉组织萎缩；皮肤松皱，丧失弹性；掉牙，秃顶；心脏、肝脏和肾脏效率下降；骨骼变轻变脆；听觉和视觉减退；免疫力下降，易感染疾病；内分泌减少等。人的所有器官、组织、骨骼、大脑都是由细胞组成的，衰老的根本原因是组成肌体的细胞老化和死亡，再生能力减弱，耗损多而补充少。老年人的细胞总数比壮年时减少 70%。每一个细胞中的细胞器如线粒体功能减退，效率降低。细胞内出现大量代谢废物脂褐质是老化的重要标志[146，170]。

首先，老人的神经系统出现衰萎。成人的脑髓中约有 1.5×10^{10} 个神经细胞，60 岁以后部分脑细胞开始死亡而不能再生，细胞总数减少，脑细胞内一半空间被代谢废物脂褐素占据而不能排出，影响细胞的活力。神经细胞突触囊泡的神经递质减少，传递信号速度减慢。脑的重量逐渐减轻，到 70 岁脑重比青壮年时降低 5%，80 岁降低 10%，90 岁时降低 30%，大脑逐渐萎缩。脑室扩大，脑积液增多，脑组织水分、蛋白质、脂肪和核酸等含量减少和代谢变慢。从中年到老年，记忆力逐步减弱，特别是短期记忆能力变差，但认知、理解、判断和分析能力随着知识和经历的增长则有所提高。这是脑细胞老化但系统功能增强的特征。大脑需要心脏输出血量的 20%。由于老人心脏供血能力下降，大脑供血量减少，氧气供应不足，易患脑血管疾病，如脑缺血或因血管硬化而出血或梗阻，称为中风或卒中，造成中枢信号传递障碍，四肢运动受阻。轻度的常头昏或眩晕，严重的半身瘫痪以至昏迷。老人易患震颤麻痹症，又称帕金森综合症（Parkinsonism），患者四肢或头部颤动，肌肉强直，运动有障碍，以至吞咽食物困难。此病也是由脑神经细胞老化、中枢神经系统发生功能性障碍所致。因大脑萎缩和神经细胞退化而产生的老年痴呆症，现称为阿尔茨海默病（Alzheimer’s disease），也是老年人的常见病，英美老人发病率在 5%—10% 之间。患者智力减退，记忆丧失，忘记自己名字、家庭地址，不认识亲人，易怒、吵闹，对周围事物无兴趣。患老年痴呆晚期病人常丧失语言能力，身体衰竭，生活不能自理[170]。

老人随着年龄的增长，心率减慢，心搏出血量减少。主动脉增厚，向主动脉供血的左心室壁变厚，功能降低；动脉管弹性降低，硬度增大，血压特别是收缩压增高。

呼吸系统支气管萎缩，管腔变细，肺胞数目减少，肺活量下降、残气量增多，呼吸功能减退，易患肺气肿病。老年人的消化系统中，牙易脱落，味蕾萎缩，唾液减少且其中淀粉酶含量下降，对消化食物不利。胃、肠消化吸收功能下降，胃酸分泌可下降40%—50%，各种消化酶分泌减少，对钙、铁、糖吸收能力衰退。肠运动能力降低，易发生便秘。肝重下降，肝细胞数减少，胆石症发生率提高。泌尿系统中，肾小球数目减少，肾重量减轻，过滤血液能力下降，滞钠和对磷酸的重吸收作用降低，肌酐和尿素氮清除率减弱。膀胱肌萎缩，容量减少，括约肌松弛。男性前列腺肥大，尿频以至失禁。

血液中红、白细胞数量减少，以男性为甚，原因是睾丸酮分泌减少，后者是促进机体代谢，肌、骨生长和生产血红细胞的重要激素。红细胞变脆，对温度和血液的pH值变得敏感。细胞寿命缩短，沉降速度加快。免疫系统衰退，胸腺萎缩，生产的白细胞（T细胞）尚未成熟即释放入血流。淋巴结中产生的淋巴细胞减少，对外来抗原产生抗体的免疫功能降低，但对自身抗原产生抗体的能力亢进，故易患肿瘤、癌症等免疫性疾病。

肌细胞内水分减少，肌组织和肌腱萎缩，但细胞间水分增多，肌组织收缩能力下降，肌腱韧带萎缩僵硬。妇女生殖器官退化，绝经后不再排卵，子宫萎缩，阴道黏膜变薄，弹性纤维和分泌物减少。男性生殖器官随年龄变化较少，精子生产能力可维持到高龄。两性性欲均减退，但不会完全消失，性生活仍能继续。

人为什么会衰老？这是近来发育生物学研究的活跃领域，越来越受到科学界的重视，但至今没有充分的实验证据和一致的意见。自古以来就有很多假说，采用各种方法延年益寿。19 世纪有人采用“抗老血清”注射，移植年轻猿猴睾丸等办法，都归于失败。20 世纪分子生物学取得突破性进展以后，越来越多的人认为衰老是由遗传程序决定的，是由动物的“生物钟”控制的，但没有找到这生物钟的所在。不同生物的寿命各异，但同种生物的寿命类同，最高寿命都不能突破。观察发现，父母长寿子女也长寿，同卵双胞胎寿命相近。鲑鱼（Salmo salar——大西洋鲑，太平洋的大马哈鱼 Oncorhynchus keta）成熟后从海中上溯江河溪流中产卵，产后不久就自然死亡；桑蚕蛾不食不飞，产卵后 2 天—3 天即死去等，都似由基因程序在制约。关于细胞的衰老与凋亡的分子机理已有比较仔细的研究，但尚未找到影响衰老的基因分布。

人自胎儿发育到成人完全靠受精卵单细胞的有丝分裂增殖和分化而成。人的体细胞每 2 年—2.5 年要分裂一次才能满足身体生长的需要。每次分裂时都要复制一套 DNA 给新细胞，每次复制都可能发生少许差错。从单细胞受精卵发育到成人，体细胞增长到 10^{13} 个，要分裂 44 次（$2^{44}=1.7\times10^{13}$）。估计人的一生中受精卵细胞要分裂约 50 次。由于复制误差的积累，老年时再生的新细胞已经损耗很大，可能是功能衰退的重要原因。据实验观察，各染色体损耗最大的是染色体末端称为端粒的部分。人每条染色体单粒的 DNA 长约 10 千碱基（kb），是由 DNA 重复序列和蛋白质结合形成的，随年龄增长和细胞分裂次数的增多而逐渐缩短。合成端粒的酶的突变也会使端粒缩短。端粒缩短到一定程度，染色体功能降低，细胞则变衰老。癌变细胞可激活端粒酶而阻碍其缩短，但有可能转化成具有无限分裂能力的恶性肿瘤细胞。取人类胚胎第 20 代成纤维细胞贮藏于液氮中，融化后只能再分裂增殖 30 次即停止。如取第 10 代细胞冷冻，融化后还能增殖 40 次才停。根据这类实验，有的生物学家认为，细胞分裂时 DNA 复制错误积累是细胞衰老的主要原因，称为“错误成灾老化学说”[158]。

还有一种假说是自由基损害 DNA 造成衰老。细胞的代谢是靠细胞器线粒体中氧化糖类而生产 ATP（三磷酸腺苷）“小电池”供给能量的。在生产 ATP 过程中同时产生一些高度活泼的小分子——自由基，即带有单电子的分子团，如 OH，极易与 DNA 发生化学氧化反应。人体的每一个细胞中的 DNA 每天都要受到自由基的成千上万次攻击，引起基因突变，传至后代细胞中积累，导致组织和器官的耗损、衰老和死亡。自由基也容易与蛋白和脂类氧化反应，产物常滞留细胞内部而不易清除，老年脂褐色素就是自由基与脂质细胞膜化学反应的产物，常占据胞内空间 1/2 以上，阻碍细胞的代谢活动。自由基攻击细胞器溶酶体膜使其破裂，导致细胞的死亡。自由基与脂质反应生成的过氧化脂质可使血小板凝集在血管壁上，使血管硬化。故检测出过氧化脂质过多是判断动脉硬化的重要指标[53]。

上述三种机制假说，遗传基因决定论、细胞复制错误积累成灾论和自由基致 DNA 耗损论，哪一种是主要衰老原因，目前尚无定论。也可能三种因素都对细胞和肌体的衰老有影响。无论如何，上述实验和假说都支持生物学中至今达到的共识：任何生物个体都要经历发育、生长、衰老和死亡这个连续过程，死亡是生命过程中不可避免的一环。

人和所有高等动物可因生理衰老而自然死亡，或因事故而意外死亡。据统计，人的自然死亡仅占死亡总数的 0.2%。绝大多数是由各种疾病导致的病理死亡。医学把死亡分为两个阶段，临床死亡和生物学死亡。临床死亡是指生物学死亡前的一个短暂阶段，此时心跳、呼吸停止，反射消失，但机体尚有微弱的代谢活动。因溺水、触电、创伤、中毒、心律失常而处于临床死亡的人经积极抢救，仍可能恢复生命。生物学死亡亦称脑死亡，此时整个机体的生理功能停止而陷于不能恢复的状态。大脑皮质和整个中枢神经发生永久不可逆性功能丧失，各器官和组织的功能完全停止，躯体变冷僵化，是生物学死亡，个体生命的终结 [165]。

20 世纪的生理学、医学对衰老和死亡的特征已有仔细的观察记录，但制约衰老的中心机制仍未找到。寻找肌体衰老的主要生理和遗传机制是对现代科学的艰巨挑战。既然绝大多数死亡是由疾病引起的，心脏病、脑血管病和恶性肿瘤占死亡率的 66%，自然衰亡终其天年者只占死亡人数的 2‰，故医生们总以医治疾病为第一要务。当代科学的中心目标是保障健康，治疗疾病，延缓死亡和健全社会医疗服务体系，以提高整个人口的期望寿命。

现代科学的所有学科都认为，衰老和死亡可能延缓，平均寿命能够继续提高，但长生不老是不可能的。50 年后能活过 90 岁的人只有 1%[9]。每人都要进入老年，撤出一线，交班退休。你已经为社会、为美好的未来作出了自己的贡献，未竟事业有更年轻力壮的人去接续完成。如果身体尚好，你会以另外方式工作，继续放出能量，推动社会前进。或者向将要离别的这个世界酿洒陈年的酒，尽奉人生未了的情。

豁达死亡

达尔文的进化论被广泛接受以后，人们对生死的观念发生了深刻变化。炼丹术、寻仙药以求永生的活动逐步绝迹。20 世纪的思想家、哲学家和科学家们对死亡都采取很豁达的态度。鲁迅青年时代学医，对进化论有深刻的理解。他解释说，“生物进化的途中总有新陈代谢。所以新的应该欢天喜地的向前走去，这便是壮，旧的也应该欢天喜地的向前走去，这便是死。各各如此走去，便是进化的路。老的让开路，催促着，奖励着，让他们走去。路上有深渊，便用那个死埋平了，让他们走去。少的感谢他们填了深渊，给自己走去。老的也感谢他们从我填平的深渊上走去。明白这事，便从幼到壮到老到死，都欢欢喜喜的过去；而且一步一步，多是超过祖先的新人。这是生物界正当开阔的路！人类的祖先都已这样做了。”（《热风》）

进化论的核心是自然选择。一切物种的形成和进化都是在换代过程中经由自然选择实现的。适应环境者将生存下去，否则被淘汰，是谓适者生存的自然选择。凡有严重遗传病的患者常夭折而不能生育后代就是这一理论的诠释。偶然的遗传基因变异赋予后代新的特征和生存能力。没有换代就没有像现代人类（Homo sapiens）这个新物种的出现，也没有进化的可能。

哲学家们把生死存亡原理推广到阐释整个自然界。德国哲学家黑格尔（Hegel，Georg Wilhem Freedrich，1770—1831）的最大贡献是把整个自然的、历史的和精神的世界都如实地看成是一个过程，一切都处在不断运动、变化、转变和发展中。自然界，包括人类，不是存在着，而是生成着并消失着。“在这个宇宙中，除永恒变化着、永恒运动着的物质运动和变化所依据的规律外，再没有什么永恒的东西。”（恩格斯：《自然辩证法》）[68] 这就是辩证唯物主义的中心命题。

英国近代思想家、数学家、文学家罗素是位大寿星，享年 98 岁。他对进化论深信不疑，称害怕死亡的老人为可怜可悲。他宣布：“我相信，我死后，我将腐烂，我的自我没有任何东西会残存。我已不年轻，我热爱生活，但是我蔑视因想到死亡而吓得战栗。幸福并不因它终会完结而不是真的幸福，思想与爱情也不因它们不能永存而失去价值。”[166]“人生有如岩缝的泉水，山涧的细流，汇入小溪涌进大河，最后平静地流入大海，融进无穷，消失于汪洋。老人不必害怕死亡，你的未竟事业会有人继续，年老体衰理应休息。”[167]

毛泽东晚年对死亡旷朗豁达。1961 年 9 月 24 日他在武汉与英国陆军元帅蒙哥马利（Montgomery of Alamein，Bernard Law，1887—1976）谈话时说：“元帅是特别的人物，相信能活到 100 岁去见上帝。我不能。我现在只有一个‘五年计划’，到 73 岁去见上帝。中国有句俗话，‘七十三、八十四，阎王不请自己去’。人总是要死的，我随时准备死亡，我会怎么死呢？有五种死法：一是被敌人开枪打死；二是飞机掉下来摔死；三是火车撞死；四是游泳淹死；五是生病时被细菌杀死。人死后最好火葬，把骨灰丢到海里喂鱼。”[168] 70 岁以后，毛泽东常说：“人生哪有长生不老的？古代帝王找长生不老药，最后还是死了。在自然规律的生死面前，皇帝和贫民都是平等的。有生必有死，生老病死，新陈代谢，这是辩证法规律。人如果不死，孔夫子有 2500 岁，那世界还成什么样子。”“我死了，你们开庆祝会，胜利大会。毛泽东死了，大家庆祝辩证法的胜利。”“沉舟侧畔千帆过，病树前头万木春，这是事物发展规律。”[65,171]毛泽东没活过 84 岁这个坎。与比他大 6 岁的蒙哥马利同年去世，享年 83 岁，自己先走了。

人生苦短。20 世纪上半叶中国人平均寿命只有 35 岁，现在已超过 70 岁，21 世纪可望普遍享年 80 岁，来者不胜幸运。须知今人所享大致都是先人的积淀，人类文明的赋存，先烈们的哺育，科技恩惠的飨佑。有了一万年前从狩猎采集到畜牧农耕的跃进，积累了 300 代人的经验，创造了现代科学技术，今天的世界才得以生存 70 亿人口，中国土地上才能养活 13.5 亿人。从鸦片战争到独立解放有四代以上的先贤和先烈们付出了他们的血泪和生命。现代科技知识积攒到今日的瑰丽丰硕，花去了数十代科学家、工程师们的心血，每一代人都在享用着前人遗留下来的财富、资金、知识、经验、社会组织和生产力，保障着今人的生存和进步。每代人都在继承着前辈的事业，都在改造着旧东西，创造新的事物，总结新经验，发现新理念，向遗产宝库中添加新的内容，再传给下一代。我们每一个人都在奋斗着，为了当代人的生存和发展，更多的是为了后代，积累财富，建造设施，承先启后，涤旧砺新，让后来人生活得更康宁，更强壮，更理智，更幸福。

人类社会每项伟大的工程都是跨时代的，由数代人接力才能完成。研制一项大型装备要10年，完成一项大工程需要20年，国土基本绿化要50年，中国要实现现代化需要100年。回顾人类的近代史，建立新的社会制度和理念，都曾花费了数十到近百年的时间。16世纪基督教社会的宗教革命，从1517年路德（Luter, Martin，1483—1546）的造反大字报《九十五条论纲》开始，经过4代—5代人130多年的斗争和残酷的宗教战争，直到1648年南（天主教国家）北（新教国家）签署威斯特伐利亚和约（Peace of Westphalia），结束了西班牙与荷兰的80年战争和德国30年大混战，才奠定了天主教（Catholicism）和新教（Protestantism）在欧洲的分布格局，直到今日，维持了350年。17世纪英国的资产阶级革命，从1648年保王党和议会党的内战开始，1649年处死了国王查理一世，到1688年的“光荣革命”，推翻复辟王朝，1707年正式形成大不列颠王国，经历了65年。1789年爆发的法国大革命，弥蒙曲折，五次复辟，三次起义，法国人民流了三代人的血，把国王路易十六送上断头台，战斗了86年，1875年通过宪法，正式建立了第三共和国，奠定了现代法国的基础，为全世界留下了马赛曲战歌和巴黎公社史诗。伟大的俄国革命（1905—1991）辉煌了86年，在无尽的悲愤中落幕。中国的近代民主革命，从1898年的戊戌变法算起，用了半个世纪，付出了数千万人的生命和数代人的心血，才建立了人民共和国。

进化是流血的事业。社会的进步，科学的发展，事业的成就，都缘数代人或数十代人的接续奋斗牺牲而成。每代人只能做出自己的那份贡献。定位何处？或初始筹划，或中间接力，或终竣后续，或新型运作，那由历史环境决定。每代人都有自己的责任，完成自己的任务。开辟道路，填平沟壑，让后来人顺利前进，这就是每一代人的使命和归宿。死是永远的生。

一件不可避免的事总要发生。会有一天，丝尽烛灭，你会无怨无悔地与亲人、大地和祖国告别，像印度诗人泰戈尔（Rabindranath Tagore，1861—1941，1913 年获诺贝尔文学奖）那样从容上路：

我要走了。和我告别吧，兄弟们。
我向你们鞠躬辞行。
我交还门上的钥匙，放弃屋内一切所有。
只求你们最后说几句好话。
我们是久邻。我接受的多，付出的少。
现天已破晓，书房中灯光已灭，
召命已到，我已准备好上路远行。

——（Gitanjali, XCIII）[169]

参考文献

[1] 廉有轩主编：《环境地学》，中国环境科学出版社 2008 年版。

[2] 刘嘉麒、袁宝印主编：《中国第四季地质与环境》，海洋出版社 1997 年版。

[3][美] 艾 · 杰 · 布里特：《瘟疫与苦难——人类历史对流行性疾病的影响》，周娜、朱连成、刘沛主译，化学工业出版社 2008 年版。

[4] Xu D. Y., Yan Zheng et. al, Astrogeological Events in China, 中国地质出版社 1989 年版。

[5] 任振球：《全球变化》，科学出版社 1990 年版。

[6] Comins, N.F., *Discovering the Essential Universe*, W. H. Freeman and Co., New York, 2003.

[7] 刘本培:《地史学教程》，地质出版社 1986 年版。

[8] 陈述彭主编:《地球系统科学》，中国科学出版社 1998 年版。

[9] 宋健、于景元:《人口控制论》，科学出版社 1985 年版。

[10] 张家诚主编、李文范副主编:《地学基本数据手册》，海洋出版社 1986 年版。

[11] 王绍武、董光荣主编:《中国西部环境演变评估》，科学出版社 2002 年版。

[12] Rothery, D.A., *Geology*, Hodder Headline Ltd., 2003.

[13] 陈颙、陈鑫连、傅征祥主编:《十年尺度中国地震灾害损失预测研究》，地震出版社 1995 年版。

[14] 任锦章、赵淑贞主编:《火山研究与发展（1989 会议文集)》，地震出版社 1990 年版。

[15] 吕宗文:《我国新生代火山活动特征及危险区》，《火山研究与发展》，地震出版社 1990 年版。

[16] International Council for Science（ICSV）, A Science Plan for Integrated Research on Disaster Risk, 2008. http://www.icsu.org/9-latestnews/files/ICSU_IRDR_Science_Plan.pdf

[17] 严陆光:《发展非水能再生能源，构建能源可持续发展体系》，《科技导报》2008 年第 13 期。

[18] 刘波、黄寰、唐华:《天地人系统预测与对策》，安徽教育出版社 2002 年版。

[19] 倪衡建、石立增主编:《基础医学概论》（上、下册)，科学出版社 2005 年版。

[20] Beazley, M., *Caring for the Earth–A Strategy for Survival*, IUCN, UNEP, WWF, 1993.

[21] 温克刚、阮水根、周天军:《气象与可持续发展》，中国科技出版社 1999 年版。

[22] 曲格平:《中国环境问题及对策》，中国环境科学出版社 1980 年版。

[23]《中国大百科全书》天文卷，中国大百科全书出版社 1980 年版。

[24] Koelle, H.H., Handbook of Astronautical Engineering, McGraw Hill, New York, 1961.

[25] Murck, B.W., *Geology*, John Wiley & Sons, New York, 2001.

[26] 杜汝霖:《前寒武纪古生物学》，地质出版社 1992 年版。

[27] Kutter, G.S., *The Universe and Life*, Jones and Bartlett Publish, Boston, 1987.

[28] 刘本培、全秋琦:《地史学教程》，地质出版社 1996 年版。

[29] [美] 菲利普 · 纳尔逊:《生物物理学: 能量、信息和生命》，黎明、戴陆如译，上海科技出版社 2006 年版。

[30] 陈阅增主编:《普通生物学》，高等教育出版社 2004 年版。

[31] 国家环境保护总局:《中国环境保护标准汇编》，中国环境科学出版社 2003 年版。

[32] WMO and UNEP, *Scientific Assessment of Ozone Depletion*, 2002.

[33] Considine, D.M. (ed.), *Van Nostrand's Scientific Encyclopedia*, Van Nostrand Reinhold Co,1983.

[34] 闫国东、康建成:《全球环境变化 / 影响及其国际行动》,《科学》第 59 卷 , 第 5 期 , 2007 年。

[35] UNEP, *GEO Year Book*, 1999.

[36]《全国安全生产应急管理工作座谈会交流材料之十二》，2007 年 5 月。

[37] Eubanks, L.P., Middlecamp, C.H.et al, *Chemistry in Context-Applying Chemistry to Society, A Project of American Chemical Society*, McGraw Hill, Higher Education, 2006.

[38] USEPA Report 454/R– 00–002, *National Air Pollutant Emission Trends 1900–1998*, 2001.

[39] IPCC, *Climate Change 2001: The Scientific Basis, Contribution of Working Group I to the Third Assessment of the Intergovernmental Panel on Climate Change*, Cambridge University Press, 2001.

[40] 曾庆存、董超华、彭公炳、赵思雄、方宗义等:《千里黄沙——东亚沙尘暴研究》,科学出版社 2006 年版。

[41] Sun Jimin and Tung-Sheng Liu, "The Age of the Taklimakan Desert", *Science*, Vol.312, 16 June, 2006.

[42] 夏训诚、H. E. 德雷根主编:《沙漠的过去、现在和未来》,《干旱区研究季刊》,《塔克拉玛干沙漠国际科学大会论文集》,中国科学院新疆生物土壤沙漠研究所 1995 年版。

[43] UNEP, *GEO Year Book 2006*, UNEP, Nairobi, 2006.

[44] 柴巍中:《水与我们的肌肤之亲》,《人民政协报》2005 年 4 月 20 日。

[45] 金若水、王韵华、芮承国:《现代化学原理》,高教出版社 2003 年版。

[46] 宋健:《航天纵横》,高等教育出版社 2007 年版。

[47] 傅献彩:《大学化学》,高等教育出版社 1999 年版。

[48] Raven, P.H., Johnson, G., *Biology*, Mosby Year Book,1992.

[49] 胡玉佳主编:《现代生物学》,高等教育出版社、斯普林格出版社 1999 年版。

[50] Van Nostrand's, *Scientific Encyclopedia, Part I*, Van Nostrand Reinhold Co, 1983.

[51] Brower, J. and Chalk, P. *The Global Threat of New and Emerging Infectious Disease*, Rand Corporation, 2003.

[52] *The New Encyclopedia Britanica*, Vol.16, 1993.

[53]《中国大百科全书》现代医学卷,中国大百科全书出版社 1998 年版。

[54]《原子能名词浅释》,原子能出版社 1978 年版。

[55] National Academy of Sciences. *BEIR Report III*. Committee on Biological Effects of Ionizing Radiation. Washington DC, 1987.

[56]《简明不列颠百科全书》第 8 卷,中国大百科全书出版社 1986 年版。

[57]《简明不列颠百科全书》第 7 卷,中国大百科全书出版社 1986 年版。

[58] 国家人口计生委:《国家人口发展战略研究报告》,国家人口发展战略研究

课题组办公室，2005 年。

[59] 杨树清：《21 世纪中国和世界水危机及对策》，天津大学出版社 2004 年版。

[60]《国家中长期科技发展研究报告：能源、资源与海洋问题研究》，科技部，2004 年。

[61]《中国可持续发展水资源战略研究》，中国工程院 2005 年。

[62] 胡四一：《中国水资源可持续利用》，水利部报告 2007 年。

[63] 水利部：《南水北调工程总体规划》，2002 年 2 月。

[64]《中华人民共和国国家标准：生活饮用水卫生标准》，中国标准出版社 2007 年版。

[65] 逄先知、金冲及主编：《毛泽东传》（下册），中央文献出版社 2004 年版。

[66]《马克思恩格斯选集》第 1 卷，人民出版社 1974 年版。

[67] [美] 沃森：《基因的分子生物学》，科学出版社 1982 年版。

[68] [德] 恩格斯：《自然辩证法》，《马克思恩格斯选集》第 3 卷，人民出版社 1974 年版。

[69] *The New Encyclopedia Britanica*, Vol. 25, 1993.

[70] 湖南医学院编：《农村医生手册》，人民卫生出版社 1969 年版。

[71] 葛可佑总主编：《中国营养科学全书》（上、下册），人民卫生出版社 2004 年版。

[72] FAO/WHO/UNU, *Energy and Protein Requirement Report of Joint Expert Consultation*, Tech. Report, ser. 1985, No. 724.

[73] 陈炳卿：《营养与食品卫生学》，人民卫生出版社 2001 年版。

[74] 中国营养学会：《中国居民膳食营养素参考摄入量》，中国轻工业出版社 1998 年版。

[75] [美] 费里德 G.H.、[美] 里德莫诺斯 G.J：《生物学》，田清涞、殷莹、马洌等译，科学出版社 1998 年版。

[76] Rose, S., *The Chemistry of Life*, Penguin Books, 1991.

[77] [美] 加利 · 纽尔:《家庭健康宝典》，尹文存、吴仕和译，海南出版社 2001 年版。

[78] 世界粮农组织:《世界食品不安全状况 2006》, FAO, FIAT, Rome, Italy。

[79]《世界人口前景（2004 年修订本)》第一卷，综合表，联合国出版物，Sales No. E. 05. XIII. 5, 2005.

[80] Borlang, N., "Feeding a Hungry World", *Science*, Vol.318, p.359. 19 October, 2007.

[81]《人口、资源、环境可持续性研究》，国家环境保护总局环境与经济政策研究中心, 2004 年。

[82]《中华人民共和国统计年鉴 2007》，中国统计出版社 2007 年版。

[83] 何昌垂主编:《粮食安全》，社会科学出版社 2013 年版。

[84] Considine D.M. (ed.) and Considine G.D. (mangg. ed.), *Van Nostrand Scientific Encyclopedia*, Vol. 2, Van Nostrand Reinhold Co. 1983.

[85] 易蓉蓉:《中国艰难走过乙肝反歧视之路》,《科学时报》,2007 年 11 月 22 日。

[86] 胡锦涛:《在党外人士座谈会上的讲话》，《人民日报》，2007 年 11 月 28 日。

[87] 全国食品工业标准化技术委员会秘书处编:《食品国家标准和行业标准目录》，中国标准出版社 2007 年版。

[88] 刘布涛、曹艳、孙楠、贝世光:《对现行国家食品卫生标准的几点看法》，《职业与健康》21 卷，第 3 期，2005 年 3 月。

[89]《孙中山全集》第 9 卷，中华书局出版社 1985 年版。

[90] Watanabe, Y., Evengard, B. et al, *Fatigue Science for Human Health*, Springer, 2008.

[91] China Daily, August 13, 1986, July 7, 1987.

[92] 陈阅增:《普通生物学——生命科学通论》，高等教育出版社 1997 年版。

[93] Alberts, B. et al, *Molecular Biology of the Cell*, Garland, 1983.

[94] Gopnic. A., Meltzoff, A., Kuhl, P., *The Scientist in the Crib: What Early*

Learning Tell Us about the Mind, Harper Colliins Publishers, New York, 1999.

[95] Abbott, A., “The Molecular Wake-up Call”, *Nature*, Vol.447, pp.368–370, 2007.

[96] Schiff N. D., Giacino. J. F. et al,“Behavioural Improvement with Thalamic Stimulation after Severe Traumatic Brain Injury”, *Nature*, Vol.448,pp. 600–603,2007.

[97] *Encyclopedia Britannica*, Macropaedia, 27, p. 304, 1993.

[98] Kales, A., *Sleep: Psychology and Pathology*, Lippincott. 1969.

[99] Koella, W. P., *Sleep: Its Nature and Psylogical Organization*, C. C. Thomas, 1967.

[100] Freeman, F. R., *Sleep Research: A Critical Review*, C.C. Thomas, 1972.

[101] Hartmann, E., *The Functions of Sleep*, 1973.

[102] 车文博主编:《弗洛伊德文集》第 3 卷，长春出版社 2004 年版。

[103] 王文清主编:《脑与意识》，科学技术文献出版社 1999 年版。

[104] Seung, S., *Connectome*, Houghton Mifflin Harcourt Pub.Co.,New York,2012.

[105] *Collier's Encyclopedia, Vol. 21*, Macmillan Educational Co. & P. F. Collier In. London, New York, 1979.

[106] 沈桂芳、丁仁瑞:《走向后基因组时代的分子生物学》，浙江教育出版社 2005 年版。

[107] Lockshin, R.A. and Zakeri, Z., “Programmed cell death and apoptosis: origin of the theory”, Nat., Rev., Mol., *Cell Biol.* 2 (7), pp.545–550, 2001.

[108] 姜泊:《细胞凋亡基础与临床》，人民军医出版社 1999 年版。

[109] Gewies, A., *Introduction to Apoptosis*, 2003. http://www.celldeath.de/encyclopaedia/aporev/aporev.htm.

[110] 钱学森:《论人体科学》，四川教育出版社 1989 年版。

[111] Sleep and Dreams, Encyclopedia Britanica, Vol. 27,1993.

[112] Larsen, W.J., Human Embryology, 人民卫生出版社影印 2002 年版。

[113] Williams, G.C., *Sex and Evolution*, Prinston University Press, Prinston, 1975.

[114] Frohlich, M.W. and Chase, M.W. Revieu, The origin of angiosperms, *Nature*, Vol.450. pp.1184–1189, 27 December, 2007.

[115] "Sex and Sexuality", The New Encyclopedia Britannica, Vol. 27. pp.233–252, 1993.

[116] 车文博主编：《弗洛伊德文集》第 1—8 卷，长春出版社 2004 年版。

[117] 车文博：《弗洛伊德文集总序》，《弗洛伊德文集》第 1 卷，长春出版社 2004 年版。

[118] [法] 卡特琳・梅耶尔编：《弗洛伊德批判》，郭庆岚、唐志安译，山东人民出版社 2005 年版。

[119] 王文清主编：《脑与意识》，科学技术文献出版社 1999 年版。

[120] Lucas, M.de, Daviere J.M. et al, "A molecular framework for light and gibberellins control of cell elongation", *Nature*, Vol.451, pp.480–484, 004 Tan, 2008.

[121] Stellman, J.M., Stellman, S.D. et al, "The extent and patterns of usage of Agent Orange and other herbicides in Viet Nam", *Nature*, Vol.422, pp.681–684, 17 April, 2003.

[122] Butler, D., "Further delays to full Agent Orange study", *Nature*, Vol. 452,17 April, 2008.

[123] [德] 马克思、[德] 恩格斯：《费尔巴哈提纲》，《马克思恩格斯选集》第 1 卷，人民出版社 1974 年版。

[124] Morgan, L.H., *Ancient Society or Researches in the Lines of Human progress from Savagery through Barbarism Civilization London*, 1877.

[125] [德] 恩格斯：《家庭、私有制和国家的起源》，《马克思恩格斯选集》第 4 卷，人民出版社 1974 年版。

[126] [法] 孟德斯鸠：《论法的精神（1748）》，张雁深译，商务印书馆 2005 年版；严复译，《法意》，1913 年版。

[127] Brosnan, S.F., "Our Social Roots", *Nature*, Vol.450,pp.1160–1161, 27 December, 2007.

[128] Harcourt, A.H. and Stewartt, K., *Gorilla Society: Conflict, Compromise and Cooperations between the Sexes*, University of Chicago Press, 2007.

[129] Waal, F.de., *Chimpanzee Politics: power and sex among Apes*, Johns Hopkins University Press. 2007.

[130] Maestripieri, D., *Macachiavellian Intelligence: How Rhesus Maques and Humans Have Conquered the World*, University of Chicago Press, 2007.

[131] Sykes, B., *Adam's Curse*, W. W. Norten & Company, New York and London, 2003.

[132] 杜富山:《华夏上古志》，辽宁少年出版社 1989 年版。

[133] 易中天:《品三国》(上册)，上海文艺出版社 2006 年版。

[134] 戴逸:《简明清史》，人民出版社 1988 年版。

[135] 戴逸:《乾隆帝及其时代》，中国人民大学出版社 1992 年版。

[136] 戴逸、李文海主编:《清通鑑》第 14 卷，山西人民出版社 1999 年版。

[137] 太平天国历史博物馆:《太平天国资料汇编》第一册，中华书局 1980 年版。

[138] 张承宗:《六朝民俗》，南京出版社 2002 年版。

[139]《简明不列颠百科全书》第 9 卷，中国大百科全书出版社 1986 年版。

[140]《中华民国时期法规》，《中国大百科全书》法学卷，中国大百科全书出版社 1984 年版。

[141] 徐中玉主编:《古文观赏大辞典》，浙江教育出版社 1989 年版。

[142] 萧三主编:《革命烈士诗抄》，中国青年出版社 2004 年版。

[143] 王燕妮:《光旦之华》，长江文艺出版社 2006 年版。

[144] 李崇山:《延安黄克功逼婚杀人案始末》，《人民政协报》，2007 年 11 月 29 日。

[145] [英] 霭理士:《性心理学》，潘光旦译，上海三联书店 2006 年版。

[146] [英] 杰弗里 · R.M. 孔兹、[英] 阿舍 · J. 芬克尔著:《家庭医疗指南》，姜庆尧译，知识出版社 1995 年版。

[147] 李鲁主编:《社会医学》，人民卫生出版社 2006 年版。

[148] [美] 巴巴拉 · 费德姆 、[美] 史蒂文 · 希姆林:《精神病学》，李占江等译，中信出版社、辽宁教育出版社 2004 年版。

[149] 章志光主编:《心理学》，人民教育出版社 1995 年版。

[150] 潘光旦:《冯小青心理变态揭秘》，文化艺术出版社 1990 年版。

[151] [意] 但丁 · 阿利基埃里:《神曲》，黄文捷译，上海译林出版社 2005 年版。

[152]《简明不列颠百科全书》第 5 卷，中国大百科全书出版社 1986 年版。

[153] 胡孚琛、吕锡琛:《道学通论》，社会科学文献出版社 1999 年版。

[154] [法] 圣西门:《论万有引力》，《圣西门选集》第 1 卷，王燕生等译，商务印书馆 1997 年版。

[155] 张云方:《关于徐福研究》，《中日关系史研究》，2006 年第 3 期和 2007 年第 1 期。

[156] 汪向荣:《古代中日关系史话》，时事出版社 1986 年版。

[157] 胡孚琛、吕锡琛:《道学通论：道家 · 道教 · 丹道》，社会科学文献出版社 2004 年版。

[158] 胡玉佳主编:《现代生物学》，高等教育出版社、斯普林格出版社 2004 年版。

[159]《简明不列颠百科全书》第 7 卷，中国大百科出版社 1986 年版。

[160] 黄树则主编:《老年保健顾问》，北京出版社 1982 年版。

[161] United Nations, *World Population Ageing 1950–2050*, New York, 2002.

[162] Strickberger, M. W., *Evolution*, 科学出版社影印 2002 年版。

[163] 国家人口发展战略研究课题组办公室编:《国家人口发展战略研究报告》(上)，中国人口出版社 2007 年版。

[164] 中国统计年鉴 2001，2007，中国统计出版社 2001 年版和 2007 年版。

[165] [英] 杰弗里 · R.M. 孔兹、[英] 阿舍 · J. 芬克尔著:《家庭医疗指南》，姜庆尧译，知识出版社 1995 年版。

[166] Kubler-Ross, E., *On Death and Dying*, Scribner, 1969.

[167] [英] 罗素：《罗素道德哲学》，李国山等译，九州出版社 2006 年版。

[168] [英] 罗素：《罗素论人生》，翟玉章译，世界知识出版社 2000 年版。

[169] 史一帆：《激扬文字——告诉你一个诗人的毛泽东》，长虹出版社 2007 年版。

[170] [印] 泰戈尔：《吉檀迦利》（1910 英文版），冰心译，人民文学出版社 1955 年版。

[171] Sadock, B.J. and Sdock, V.A. , *Comprehensive Textbook of Psychiatry*, Vol.II, 8th Edition, 2006, Chapt. 51, Geriatric Psychiatry.

[172] 林克、徐涛、吴旭君：《历史的真实》，中央文献出版社 1998 年版。

[173] Fernand Verger, Isabelle Sourbès-Verger et al., *The Cambridge Encyclopedia of Space*, Cambridge University Press, 2003.